现代概率论基础导论

王玉文　刘冠琦　王筱凌　张译元　编著

科　学　出　版　社

北　京

内 容 简 介

本书是一本以介绍现代概率论基础理论和方法为主的概率论教材. 共分三部分. 第 1 章和第 2 章为测度论, 用较短的篇幅完整地叙述了测度与积分的一般理论, 包括了一般测度、Lebesgue-Stieltjes 测度、Lebesgue 测度、积分与期望的定义及单调收敛定理、Fatou 引理、Lebesgue 控制收敛定理、Fubini 定理等主要的测度与积分结果. 第 3 章和第 4 章为极限论, 介绍了概率论和统计中的常用的分布、分布函数、特征函数和四种收敛性, 并侧重于中心极限定理和各种大数定律及其证明. 第 5 章为鞅论, 从经典条件概率出发引入一般条件期望的定义, 利用广义的 Radon-Nikodym 定理证明了其存在性, 以 Markov 链作为其应用, 介绍了以条件期望为基础的鞅的基本概念和结果.

本书可作为研究生高等概率论课程教材以及数学系高年级本科生的学习参考书或选修课教材, 也可作为统计学和应用数学研究的工具书.

图书在版编目 (CIP) 数据

现代概率论基础导论/王玉文等编著. —北京: 科学出版社, 2020.12
ISBN 978-7-03-066987-2

I. ①现⋯ II. ①王⋯ III. ①概率论–高等学校–教材 IV. ①O211

中国版本图书馆 CIP 数据核字 (2020) 第 230526 号

责任编辑: 胡庆家 孙翠勤 / 责任校对: 彭珍珍
责任印制: 赵 博 / 封面设计: 无极书装

科 学 出 版 社 出版

北京东黄城根北街 16 号
邮政编码: 100717
http://www.sciencep.com

中煤 (北京) 印务有限公司印刷
科学出版社发行 各地新华书店经销

*

2020 年 12 月第 一 版 开本: 720×1000 B5
2025 年 1 月第二次印刷 印张: 11 1/4
字数: 230 000

定价: 78.00 元
(如有印装质量问题, 我社负责调换)

前　言

概率论是一门研究随机现象运行规律的学科, 自从创立以来, 已经逐步从最初的分析赌博事件中的问题发展为现代数学的主流分支之一. 现代概率论的研究方向和研究方法已经获得了极大发展, 特别是最近几十年, 概率论和其他学科正逐渐交叉结合, 形成新的学科分支和增长点, 并在科学研究和实际应用中都取得了突出成果. 这些成果的取得, 都要归功于概率论公理化体系的建立. 1933 年, Kolmogorov 提出的公理化体系已经成为目前为止得到最为广泛认可的概率论的基础理论, 公理化测度与积分体系的建立标志着概率论成为一门具有坚实逻辑基础的数学分支, 它不仅让概率理论结构清晰、逻辑严密, 并且让概率理论本身以及以概率论为基础的的其他数学理论获得了实质性发展.

现在, 概率论的思想方法被引入到各个自然科学、工程技术学科和社会学科, 在物理、化学、生物系统、通信、自动控制、地震和天气预报、产品质量控制、农业试验、公用事业以及金融、经济、管理等方面得到了重要的应用. 概率论进入其他学科领域的趋势还在不断发展, 正如 Laplace 所说:"生活中最重要的问题, 其中绝大多数在实质上只是概率问题." 初等概率论列入高等学校工学、理学、经济学、管理学等学科门类的基础课. 初等概率论对于事件、概率、随机变量采用直观描述方法定义, 对于统计学、数学高年级本科生及硕士研究生来说, 需要提升以测度为基础的高等概率论为继续发展奠定基础.

高等概率论是统计学专业和应用数学专业金融与精算数学方向的专业必修课, 应用非常广泛. 课程主要讲授现代概率论的基本理论和方法, 目的是搭设一条从初等概率论到现代概率论之间的桥梁, 为深入研究打下坚实的概率论基础. 近些年来, 国内外出版社出版过多部相关的优秀著作和教材, 内容丰富, 方法齐备, 但需简明.

本书借鉴各种现代概率论基础专著和教材的特点, 在讲授过程中逐步编写了《现代概率论基础导论》, 讲稿经过五次讲授修改, 吸收了国内外同类教材的精华, 内容简明, 叙述扼要. 本书可分为四部分: 测度论 (第 1 章、第 2 章)、极限论 (第 3 章、第 4 章)、鞅论 (第 5 章) 和附录. 第一部分仅用 50 页篇幅, 从把概率论中的事件作为集合开始, 完整叙述了测度与积分的一般结果, 其中包括了一般测度、Lebesgue-Stieltjes 测度、积分与期望的定义及单调收敛定理、Fatou 引理、Lebesgue 控制收敛定理、Fubini 定理等主要的测度与积分的结果. 第二部分介绍了概率论和统计中常用的分布、分布函数、特征函数、四种收敛性, 并将重点放在在统计学中起核心作用的中心极限定理和各种大数定律及其证明. 第三部分从经典条件概率出发, 循序渐进, 逐步引入一般条件期望的定义, 给出了广义的 Radon-Nikodym 定理, 证明条件期望的存在性, 以 Markov 链作为条件期望的一个应用, 介绍了以条件期望为基础的鞅的基本概念和结果. 最后一部分作为本书的附录是高等概率论的基本知识在金融精算中的一些应用, 其中附录 B 介绍了作者及所指导的研究生崔婷婷的一些结果.

　　本书注意应用, 例如在第 4 章中介绍了大数定律的应用——Monte-Carlo 方法; 在第 5 章中介绍了鞅变换在金融中的一个应用——期权定价, 介绍了连续参数 Markov 链的应用——含有对手信用风险的信用违约互换定价.

　　本书篇幅合理, 是数学专业和统计专业研究生学习高等概率论的入门书, 可作为研究生高等概率论课程教材, 利用 54 学时左右学习完成, 又是进入学科前沿的参考书, 更是统计学和应用数学研究的工具书. 作为高等概率论的导论, 也可供数学系高年级本科学生学习参考, 可作为高年级本科生的选修课教材.

　　本书的第 1 章由王玉文执笔, 第 2 章、第 3 章的 3.1 节和 3.2 节及第 4 章由刘冠琦执笔, 第 3 章的 3.3 节与第 5 章由王筱凌执笔, 附录 A 由张译元执笔. 王玉文对全书选材、框架进行审定并统稿, 附录 B 选自崔婷婷的学位论文.

　　本书得到国家自然科学基金 (项目编号: 11471091)、哈尔滨师范大学研究生课程建设项目 (“高等概率论”研究生教材建设) 资助, 在此一并致谢.

编　者
2020 年 5 月

目　　录

第 1 章　可 测 空 间

1.1　集合及其运算律

一般地, 设 Ω 为一个非空集合, $\varnothing$ 记为空集. Ω 的元素 ω 记为 $\omega \in \Omega$. Ω 的子集为由 ω 构成的集合, 记为 A, B, C 等. $\omega \in A$ 表示 ω 为 A 中的元素. $A \subset B$ 表示 A 中的元素都在 B 中.

对于 Ω 的子集 A, B, A_1, A_2 等, 有如下的常见运算.

(1) A^C (**余**)　表示 A 的对立事件. $\omega \in A^C$ 当且仅当 $\omega \in \Omega$, 且 $\omega \notin A$.

(2) $A \cap B$ (**交**), 亦记为 AB　表示事件 A 与 B 同时发生. 多个事件的交表示为 $\bigcap\limits_{n \geqslant 1} A_n$ 或 $\bigcap\limits_{\alpha \in I} A_\alpha$, $\bigcap\limits_{\alpha \in I} A_n = \{\omega \in \Omega : \forall \alpha \in I, \omega \in A_\alpha\}$.

(3) $A \cup B$ (**并**)　表示事件 A 发生或事件 B 发生. 多个事件的并表示为 $\bigcup\limits_{n \geqslant 1} A_n$ 或 $\bigcup\limits_{\alpha \in I} A_\alpha$, $\bigcup\limits_{\alpha \in I} A_\alpha = \{\omega \in \Omega : \exists \alpha_0 \in I, \text{s.t.} \omega \in A_{\alpha_0}\}$.

(4) $A \backslash B$ (**差**)　表示事件 A 发生而事件 B 不发生, 即 $A \backslash B = A \cap B^C$. 若 $B \subset A$, 则用 $A - B$ 表示 $A \backslash B$.

(5) $A \triangle B$ (**对称差**)

$$A \triangle B = (A \backslash B) \cup (B \backslash A) = (A \cup B) \backslash (A \cap B).$$

(6) $\sum\limits_{\alpha} A_\alpha$ (**和**)　如果 $A \cap B = \varnothing$, 则称 A, B 不相交. 对于两两不相交的 $\{A_\alpha\}$, $\bigcup\limits_{\alpha \in I} A_\alpha \triangleq \sum\limits_{\alpha \in I} A_\alpha$ 称为 $\{A_\alpha\}_{\alpha \in I}$ 的和.

对于集合运算, 有下面运算律.

(1) **交换律**　$A \cup B = B \cup A$; $A \cap B = B \cap A$.

(2) **结合律**　$(A \cup B) \cup C = A \cup (B \cup C)$; $(A \cap B) \cap C = A \cap (B \cap C)$.

(3) **分配律**　$(A \cup B) \cap C = (A \cap C) \cup (B \cap C)$; $(A \cap B) \cup C = (A \cup C) \cap (B \cup C)$.

(4) **De Morgen 法则**　$\left(\bigcup\limits_{\alpha \in I} A_\alpha\right)^C = \bigcap\limits_{\alpha \in I} A_\alpha^C$; $\left(\bigcap\limits_{\alpha \in I} A_\alpha\right)^C = \bigcup\limits_{\alpha \in I} A_\alpha^C$.

定义 $\{A_n, n \geqslant 1\}$ 的上限点集 $\varlimsup\limits_{n \to \infty} A_n$ 及下限点集 $\varliminf\limits_{n \to \infty} A_n$ 分别为

$$\varlimsup_{n \to \infty} A_n = \limsup_{n \to \infty} A_n$$

$$= \bigcap_{k=1}^{\infty} \bigcup_{n=k}^{\infty} A_n$$

$$= \{\omega \in \Omega : \omega \in A_n \text{对无限个} n \text{成立}\}$$

$$= \{\omega \in \Omega : \forall m \geqslant 1, \exists n(\omega) > m, \text{s.t.}\, \omega \in A_n(\omega)\};$$

$$\varliminf_{n\to\infty} A_n = \liminf_{n\to\infty} A_n$$

$$= \bigcup_{k=1}^{\infty} \bigcap_{n=k}^{\infty} A_n$$

$$= \{\omega \in \Omega : \exists m_0(\omega) \geqslant 1, \forall n > m_0(\omega), \text{s.t.}\, \omega \in A_n(\omega)\}.$$

若 $A_1 \subset A_2 \subset A_3 \subset \cdots$, 则 $A_n \to A = \bigcup_{k=1}^{\infty} A_k$, 记为 $A_n \uparrow A$. 若 $A_1 \supset A_2 \supset A_3 \supset \cdots$, 则 $A_n \to A = \bigcap_{k=1}^{\infty} A_k$, 记为 $A_n \downarrow A$. 所以 $\varlimsup_{n\to\infty} A_n = \lim_{k\to\infty} \bigcup_{n=k}^{\infty} A_n$, $\varliminf_{n\to\infty} A_n = \lim_{k\to\infty} \bigcap_{n=k}^{\infty} A_n$. 事实上, $\varliminf_{n\to\infty} A_n \subset \varlimsup_{n\to\infty} A_n$.

当 $\varliminf_{n\to\infty} A_n = \varlimsup_{n\to\infty} A_n$ 时, 记 $\lim_{n\to\infty} A_n = \varlimsup_{n\to\infty} A_n = \varliminf_{n\to\infty} A_n$, 称 $\{A_n\}$ 为有极限.

对 $A \subset \Omega$, 定义示性函数

$$I_A(\omega) = \begin{cases} 1, & \omega \in A, \\ 0, & \omega \notin A. \end{cases}$$

示性函数可以将集合运算转换为数的运算. 事实上, $I_{\bigcup_\alpha A_\alpha} = \bigvee_\alpha I_{A_\alpha} \left(\bigvee_\alpha \text{表示取最大值}\right)$, $I_{\bigcap_\alpha A_\alpha} = \bigwedge_\alpha I_{A_\alpha} \left(\bigwedge_\alpha \text{表示取最小值}\right)$, $I_{A^C} = 1 - I_A$, $I_{\sum_\alpha A_\alpha} = \sum_\alpha I_{A_\alpha}$, $I_{A\triangle B} = |I_A - I_B|$.

命题 1.1.1(首次进入分解) 给定集合 $\{A_i, 1 \leqslant i \leqslant n\}$, 则

$$\bigcup_{i=1}^{n} A_i = \sum_{i=1}^{n} \left(A_i \setminus \bigcup_{j \leqslant i-1} A_j \right).$$

证明 由数学归纳法证.

首次进入分解定理可以直观解释为, 对 $\omega \in \bigcup_{i=1}^{n} A_n$, 一定有一个最小的 i, 使得 ω 在 A_i 中, 而不属于 $A_1, A_2, \cdots, A_{i-1}$ 中任一个.

1.2 半代数、代数和 σ-代数

在研究随机现象的规律性的过程中, 我们常常要研究事件之间的关系, 即要研究一个集族, 而且希望这些集族对运算封闭.

定义 1.2.1 Ω 的非空子集族 $\mathscr{J}$ 称为半代数, 如果

(1) $\Omega \in \mathscr{J}$, $\varnothing \in \mathscr{J}$;

(2) 若 A_1, $A_2 \in \mathscr{J}$, 则 $A_1 \cap A_2 \in \mathscr{J}$;

(3) 若 $A \in \mathscr{J}$, 则 $A^C = \sum_{i=1}^{n} A_i \in \mathscr{J}$, 其中 $A_i \in \mathscr{J}$, $A_i \cap A_j = \varnothing (i \neq j)$.

例 1.2.1 (1) $\mathscr{J} = \{A : A = (a, b], -\infty \leqslant a < b \leqslant +\infty\}$ 为 $\mathbb{R}$ 上的一个半代数.

(2) $\mathscr{J} = \{(a, b] \text{ 或 } [a, b) \text{ 或 } [a, b] \text{ 或 } (a, b), a = (a_1, a_2, \cdots, a_n), b = (b_1, b_2, \cdots, b_n), a_i, b_i \in \mathbb{R}, 1 \leqslant i \leqslant n\}$ 为 n 维空间 $\mathbb{R}^n$ 中的半代数.

定义 1.2.2 Ω 的非空子集族 $\mathscr{A}$ 称为代数 (或域), 如果

(1) 若 $A_1, A_2 \in \mathscr{A}$, 则 $A_1 \cup A_2 \in \mathscr{A}$;

(2) 若 $A \in \mathscr{A}$, 则 $A^C \in \mathscr{A}$.

命题 1.2.2 设 $\mathscr{A}$ 是代数, 则

(1) $\Omega \in \mathscr{A}$, $\varnothing \in \mathscr{A}$;

(2) 若 $A_1, A_2 \in \mathscr{A}$, 则 $A_1 A_2 \in \mathscr{A}$, $A_1 \backslash A_2 \in \mathscr{A}$, $A_1 \triangle A_2 \in \mathscr{A}$;

(3) 若 $A_j \in \mathscr{A}, 1 \leqslant j \leqslant n$, 则 $\bigcup_{j=1}^{n} A_j \in \mathscr{A}$, $\bigcap_{j=1}^{n} A_j \in \mathscr{A}$.

证明 留作练习.

例 1.2.3 (1) 记 $\mathscr{P}(\Omega) = \{A : A \subset \Omega\}$, 则 $\mathscr{P}(\Omega)$ 为一个代数;

(2) 设 $A \subset \Omega$, 则 $\mathscr{A} = \{\varnothing, A, A^C, \Omega\}$ 为一个代数;

(3) $\mathscr{A} = \{A : A = (a, b], -\infty \leqslant a < b \leqslant +\infty\}$ 为一个代数.

命题 1.2.4 若 $\mathscr{C}$ 是 Ω 的一个子集族, 则必存在包含 $\mathscr{C}$ 中所有集合的最小 (半) 代数 $\alpha(\mathscr{C})$.

证明 记 $\mathscr{D}$ 为含 $\mathscr{C}$ 的 (半) 代数的全体, $\mathscr{P}(\Omega) \in \mathscr{D}$, 故 $\mathscr{D} \neq \varnothing$, 令

$$\alpha(\mathscr{C}) = \bigcap_{\mathscr{B} \in \mathscr{D}} \mathscr{B},$$

则 $\alpha(\mathscr{C})$ 就是命题中所要求的最小 (半) 代数.

定义 1.2.3 称上述 $\alpha(\mathscr{C})$ 为由 $\mathscr{C}$ 生成的代数.

由定义 1.2.1 和定义 1.2.2 可知, 代数一定为半代数, 但半代数不一定为代数. 那么如何由半代数生成代数呢?

命题 1.2.5 若 $\mathscr{J}$ 为半代数, 则

$$\mathscr{A} = \left\{ A = \sum_{i=1}^{n} A_i : A_i \in \mathscr{J}(i = 1, \cdots, n) \text{ 且 } A_i \cap A_j = \varnothing (i \neq j) \right\}$$

为由 $\mathscr{J}$ 生成的代数.

证明 先证 $\mathscr{A}$ 为一个代数. 设 $A = \sum\limits_{i=1}^{n} A_i, B = \sum\limits_{j=1}^{m} B_j$, 其中 $A_i, B_j \in \mathscr{J}$, 即 $A, B \in \mathscr{A}$. 由半代数的定义, $A_i \cap B_j \in \mathscr{J}$, 而 $A \cap B = \sum\limits_{i=1}^{n}\sum\limits_{j=1}^{m} A_i \cap B_j \in \mathscr{A}$, $\mathscr{A}$ 对有限交封闭.

若 $A = \sum\limits_{i=1}^{n} A_i \in \mathscr{A}, A_i \in \mathscr{J}$, 则 $A^C = \bigcap\limits_{i=1}^{n} A_i^C$. 由半代数的定义,

$$A_i^C = \sum_{j=1}^{l_i} A_{ij}, \quad A_{ij} \in \mathscr{J}.$$

由 $\mathscr{A}$ 的定义直接有 $A_i^C \in \mathscr{A}$. 又由 $\mathscr{A}$ 对有限交封闭得 $A^C = \bigcap\limits_{i=1}^{n} A_i^C \in \mathscr{A}$.

由 De Morgen 法则, $\mathscr{A}$ 对有限并也封闭, 即 $\mathscr{A}$ 是一个代数.

同时, $\mathscr{A} \supset \mathscr{J}$. 若 $\mathscr{A}'$ 也是包含 $\mathscr{J}$ 的代数, 则对 $A_i \in \mathscr{J}$, 形如 $A = \sum\limits_{i=1}^{n} A_i$ 的集合必属于 $\mathscr{A}'$, 即 $\mathscr{A}' \supset \mathscr{A}$, $\mathscr{A}$ 必为包含 $\mathscr{J}$ 的最小代数.

注记 1.2.1 由一个集族 $\mathscr{C}$, 可以生成半代数 $\mathscr{J}$ 且 $\mathscr{J} \supset \mathscr{C}$, 再由命题 1.2.4, 可由 $\mathscr{J}$ 生成代数 $\alpha(\mathscr{J})$.

定义 1.2.4 Ω 的非空子集族 $\mathscr{F}$ 称为 σ-代数, 如果

(1) 若 $A \in \mathscr{F}$, 则 $A^C \in \mathscr{F}$;

(2) 若 $\forall n \geqslant 1, A_n \in \mathscr{F}$, 则 $\bigcup\limits_{n=1}^{\infty} A_n \in \mathscr{F}$.

定义 1.2.5 Ω 为一个集合, $\mathscr{F}$ 为 Ω 的子集构成的 σ-代数, 则 $(\Omega, \mathscr{F})$ 称为可测空间. $\mathscr{F}$ 中的任意集合 A, 称为 $\mathscr{F}$ 可测集, 简称可测集.

σ-代数一定为代数, 但代数不一定为 σ-代数.

命题 1.2.6 如果 $\mathscr{F}$ 为一个 σ-代数, 则 $\mathscr{F}$ 为一个代数.

证明 若 $A_1, A_2 \in \mathscr{F}$, $A_1 \cup A_2 = A_1 \cup A_2 \cup A_2 \cup \cdots \in \mathscr{F}$, 故 $\mathscr{F}$ 为一个代数.

例 1.2.7 (1) 记 $\mathscr{P}(\Omega) = \{A : A \subset \Omega\}$, 则 $\mathscr{P}(\Omega)$ 是一个最大的 σ-代数.

(2) $\mathscr{F} = \{\varnothing, \Omega\}$ 是一个最小的 σ-代数.

(3) $\mathscr{F} = \{\varnothing, A, A^C, \Omega\}$ 是包含 A 的最小的 σ-代数.

(4) 若 $\mathscr{F}$ 表示 Ω 中有限或可列子集及其余集全体构成的集族, 则 $\mathscr{F}$ 为一个 σ-代数; 它是包含 Ω 中一切单点集的最小 σ-代数.

证明 留作练习.

命题 1.2.8 如果 $\mathscr{F}$ 为一个 σ-代数, 且 $\{A_n, n \geqslant 1\} \subset \mathscr{F}$, 则 $\bigcap\limits_{n=1}^{\infty} A_n \in \mathscr{F}$, $\varliminf\limits_{n \to \infty} A_n \in \mathscr{F}$, $\varlimsup\limits_{n \to \infty} A_n \in \mathscr{F}$.

证明 由

$$\bigcap_{n=1}^{\infty} A_n = \left(\bigcup_{n=1}^{\infty} A_n^C\right)^C,$$

$$\varliminf_{n\to\infty} A_n = \bigcup_{k=1}^{\infty} \bigcap_{n=k}^{\infty} A_n,$$

$$\varlimsup_{n\to\infty} A_n = \bigcap_{k=1}^{\infty} \bigcup_{n=k}^{\infty} A_n$$

可得.

命题 1.2.9 若 $\mathscr{C}$ 是 Ω 的一个子集族, 则必存在包含 $\mathscr{C}$ 的最小 σ-代数.

证明 类似命题 1.2.4 的证明.

定义 1.2.6 包含集族 $\mathscr{C}$ 的最小 σ-代数称为由 $\mathscr{C}$ 生成的 σ-代数, 记为 $\sigma(\mathscr{C})$.

命题 1.2.10 $\mathscr{C}$ 是 Ω 的一个子集族, 定义 $\mathscr{C} \cap A = \{BA : B \in \mathscr{C}\}$, $\sigma(\mathscr{C} \cap A)$ 表示由 $\mathscr{C} \cap A$ 生成的 A 的子集最小 σ-域, 则

$$\sigma(\mathscr{C}) \cap A = \sigma(\mathscr{C} \cap A).$$

命题 1.2.11 若 $\mathbb{R} = (-\infty, +\infty)$ 表示实数轴, $a < b$, 则

$$\sigma\{(a, b] : a, b \in \mathbb{R}^1\} = \sigma\{(a, b) : a, b \in \mathbb{R}^1\}$$
$$= \sigma\{[a, b] : a, b \in \mathbb{R}^1\} = \sigma\{(-\infty, b] : b \in \mathbb{R}^1\};$$

$$\sigma\{[a, b) : a, b \in \mathbb{R}^1\} = \sigma\{(-\infty, b) : b \in \mathbb{R}^1\} = \sigma\{(a, +\infty) : a, b \in \mathbb{R}^1\}$$
$$= \sigma\{U : U \text{为} \mathbb{R}^1 \text{中开集}\} = \sigma\{B : B \text{为} \mathbb{R}^1 \text{中闭集}\}$$

证明

$$(a, b] = \bigcap_{n=1}^{\infty} \left(a, b + \frac{1}{n}\right), \quad (a, b) = \bigcup_{n=1}^{\infty} \left(a, b - \frac{1}{n}\right),$$

$$(-\infty, b] = \bigcup_{n=1}^{\infty} (-n, b], \quad (a, b] = (-\infty, b] \backslash (-\infty, a].$$

其他类似.

命题 1.2.11 得到了一个很重要的 σ-代数.

定义 1.2.7 $(-\infty, +\infty)$ 或 $[-\infty, +\infty]$ 或 $(-\infty, +\infty]$ 上的由开集全体生成的 σ-代数, 称为直线上的 Borel σ-代数, 记为 $\mathscr{B}_{\mathbb{R}}$ 或 $\mathscr{B}$. $\mathscr{B}$ 中的集合称为一维 Borel 集. 这时, $(\mathbb{R}, \mathscr{B})$ 为可测空间.

1.3 单调类定理

σ-代数在建立概率空间的定义中有非常重要的作用, 我们希望能找到由一个代数生成 σ-代数的方法. 在实际解决问题中, 检验一个集族是否为 σ-代数往往比较麻烦, 但如果把 σ-代数和单调类联系起来, 就会比较容易判断.

定义 1.3.1　$\mathscr{P}(\Omega)$ 的非空子集族 $\mathscr{M}$ 称为单调类, 如果对任一集合序列 $\{A_n, n \geqslant 1\} \subset \mathscr{M}$,

(1) 若 $A_1 \subset A_2 \subset A_3 \subset \cdots$, 则 $A_n \uparrow A = \bigcup_{k=1}^{\infty} A_k \in \mathscr{M}$;

(2) 若 $A_1 \supset A_2 \supset A_3 \supset \cdots$, 则 $A_n \downarrow A = \bigcap_{k=1}^{\infty} A_k \in \mathscr{M}$.

一个 σ-代数一定是一个单调类, 一个单调类不一定是一个 σ-代数.

例 1.3.1　(1) $\mathscr{P}(\Omega)$ 是一个单调类;

(2) $\{\varnothing, (-\infty, a), (-\infty, a], \mathbb{R} : a \in \mathbb{R}^1\}$ 为一个单调类, 但它不是一个代数, 也就不是一个 σ-代数.

命题 1.3.2　若 $\mathscr{C}$ 是 Ω 的一个非空子集族, 那么存在包含 $\mathscr{C}$ 的最小单调类, 它也称为由 $\mathscr{C}$ 生成的单调类. 记为 $\mathscr{M}(\mathscr{C})$.

证明　同命题 1.2.4.

命题 1.3.3　$\mathscr{A}$ 为一个代数, 那么 $\mathscr{A}$ 是 σ-代数当且仅当 $\mathscr{A}$ 是单调类.

证明　$\Rightarrow$ 显然.

$\Leftarrow$ 设 $\mathscr{A}$ 为一个单调类. 那么对 $\forall \{A_n, n \geqslant 1\} \subset \mathscr{A}$, 因为 $\mathscr{A}$ 为代数, 故 $B_n = \bigcup_{i=1}^{n} A_i \in \mathscr{A}$, 且 $B_n \subset B_{n+1}$, $n = 1, 2, \cdots$. 又由 $\mathscr{A}$ 为单调类, $B_n \uparrow \bigcup_{k=1}^{\infty} B_k = \bigcup_{i=1}^{\infty} A_i \in \mathscr{A}$. 类似的有 $\bigcap_{i=1}^{\infty} A_i \in \mathscr{A}$. 所以 $\mathscr{A}$ 为 σ-代数.

下面说明 σ-代数与单调类之间的联系.

定理 1.3.4(单调类定理)　设 $\mathscr{A}$ 为代数, 则 $\sigma(\mathscr{A}) = \mathscr{M}(\mathscr{A})$.

证明　由命题 1.3.3 知 $\mathscr{M}(\mathscr{A}) \subset \sigma(\mathscr{A})$.

下面证: $\sigma(\mathscr{A}) \subset \mathscr{M}(\mathscr{A})$. 同样由命题 1.3.3, 只需证: $\mathscr{M}(\mathscr{A})$ 为代数.

记

$$\underline{\mathscr{M}} = \{A : A \in \mathscr{M}(\mathscr{A}),\quad A^C \in \mathscr{M}(\mathscr{A}) 且 A \cup B \in \mathscr{M}(\mathscr{A}), \forall B \in \mathscr{A}\}.$$

下证 $\underline{\mathscr{M}}$ 为单调类.

设 $\{A_n\}$ 为 $\underline{\mathscr{M}}$ 中的单调列, 则 $A_n, A_n^C \in \mathscr{M}(\mathscr{A})$, 所以

$$(\lim \uparrow A_n)^C = \lim \downarrow A_n^C \in \mathscr{M}(\mathscr{A}),$$

$$(\lim \downarrow A_n)^C = \lim \uparrow A_n^C \in \mathscr{M}(\mathscr{A}),$$

$$(\lim \uparrow A_n) \cup B = \lim \uparrow (A_n \cup B) \in \mathscr{M}(\mathscr{A}), \quad \forall B \in \mathscr{A},$$

$$(\lim \downarrow A_n) \cup B = \lim \downarrow (A_n \cup B) \in \mathscr{M}(\mathscr{A}), \quad \forall B \in \mathscr{A}.$$

因此, $\lim \uparrow A_n \in \underline{\mathscr{M}}, \lim \downarrow A_n \in \underline{\mathscr{M}}$, 即 $\underline{\mathscr{M}}$ 为单调类, 且 $\underline{\mathscr{M}} \supset \mathscr{A}$. 故 $\underline{\mathscr{M}} \supset \mathscr{M}(\mathscr{A})$.
由此可知 $\mathscr{M}(\mathscr{A})$ 对余运算也封闭, 且对 $A \in \mathscr{M}(\mathscr{A})$,

$$A \cup B \in \mathscr{M}(\mathscr{A}), \quad \forall B \in \mathscr{A}. \tag{1.1}$$

令

$$\overline{\mathscr{M}} = \{B : B \in \mathscr{M}(\mathscr{A}), A \cup B \in \mathscr{M}(\mathscr{A}), \forall A \in \mathscr{M}(\mathscr{A})\}.$$

由 (1.1) 可知 $\overline{\mathscr{M}} \supset \mathscr{A}$. 设 $\{B_n\}$ 为 $\overline{\mathscr{M}}$ 中单调列, 由

$$(\lim \uparrow B_n) \cup A = \lim \uparrow (B_n \cup A), \quad \forall A \in \mathscr{A}$$

$$(\lim \downarrow B_n) \cup A = \lim \downarrow (B_n \cup A), \quad \forall A \in \mathscr{A}$$

可得 $\overline{\mathscr{M}}$ 为一个单调类, 所以

$$\overline{\mathscr{M}} \supset \mathscr{M}(\mathscr{A}).$$

由此, 可知 $\mathscr{M}(\mathscr{A})$ 对并运算封闭. 所以 $\mathscr{M}(\mathscr{A})$ 为一个代数, 且为单调类, 从而为 σ-代数. 定理得证.

1.4 乘积可测空间

以下引入空间间的运算及相关的概念.

定义 1.4.1 若 $(\Omega_i, \mathscr{F}_i), 1 \leqslant i \leqslant n$ 是 n 个可测空间,

(1) 集合

$$\Omega = \{(\omega_1, \cdots, \omega_n) : \omega_i \in \Omega_i, 1 \leqslant i \leqslant n\}$$

称为乘积空间, 记为 $\Omega = \Omega_1 \times \Omega_2 \times \cdots \times \Omega_n$.

(2) 对 $A_i \subset \Omega_i, 1 \leqslant i \leqslant n$, 集合

$$A = \{(\omega_1, \cdots, \omega_n) : \omega_i \in A_i, 1 \leqslant i \leqslant n\} = A_1 \times A_2 \times \cdots \times A_n$$

称为矩形. 特别, 当 $A_i \in \mathscr{F}_i$ 时, $A = A_1 \times A_2 \times \cdots \times A_n$ 称为可测矩形.

命题 1.4.1 如果 $(\Omega_i, \mathscr{F}_i), 1 \leqslant i \leqslant n$ 是 n 个可测空间, $\Omega = \Omega_1 \times \Omega_2 \times \cdots \times \Omega_n$ 是乘积空间. 那么

(1) $\mathscr{C} = \{A : A = A_1 \times A_2 \times \cdots \times A_n, A_i \in \mathscr{F}_i, 1 \leqslant i \leqslant n\}$ 为一个半代数;

(2) $\mathscr{A} = \{$有限不相交的可测矩形 $A = A_1 \times A_2 \times \cdots \times A_n$ 的并$\}$ 为一个代数.

证明 (1)

$$\varnothing = \varnothing \times \cdots \times \varnothing \in \mathscr{C}, \quad \Omega = \Omega_1 \times \cdots \times \Omega_n \in \mathscr{C}.$$

如果 $A = A_1 \times A_2 \times \cdots \times A_n \in \mathscr{C}$, $B = B_1 \times B_2 \times \cdots \times B_n \in \mathscr{C}$, 则

$$AB = (A_1 B_1) \times (A_2 B_2) \times \cdots \times (A_n B_n) \in \mathscr{C}.$$

(2) 如果 $A = A_1 \times A_2 \times \cdots \times A_n \in \mathscr{C}$, 则

$$A^C = A_1^C \times \Omega_2 \times \cdots \times \Omega_n + A_1 \times A_2^C \times \Omega_3 \times \cdots \times \Omega_n$$
$$+ \cdots + A_1 \times A_2 \times \cdots \times A_{n-1}^C \times \Omega_n + A_1 \times \cdots \times A_{n-1} \times A_n^C \in \mathscr{C}.$$

因此, $\mathscr{C}$ 为一个半代数, 应用命题 1.2.5, 可知 $\mathscr{A} = \alpha(\mathscr{C})$ 为一个代数.

定义 1.4.2　若 $(\Omega_i, \mathscr{F}_i)$, $1 \leqslant i \leqslant n$ 是 n 个可测空间, $\mathscr{C} = \{A : A = A_1 \times A_2 \times \cdots \times A_n, A_i \in \mathscr{F}_i, 1 \leqslant i \leqslant n\}$ 是 Ω 中可测矩形全体, 在 $\Omega = \Omega_1 \times \Omega_2 \times \cdots \times \Omega_n$ 上, 由 $\mathscr{C}$ 生成的最小 σ-代数 $\mathscr{F} = \sigma(\mathscr{C})$ 称为乘积 σ-代数, 并记为 $\mathscr{F} = \mathscr{F}_1 \times \cdots \times \mathscr{F}_n$, 而 $(\Omega, \mathscr{F})$ 称为乘积可测空间, 记为

$$(\Omega, \mathscr{F}) = (\Omega_1, \mathscr{F}_1) \times (\Omega_2, \mathscr{F}_2) \times \cdots \times (\Omega_n, \mathscr{F}_n).$$

乘积可测空间有如下性质.

命题 1.4.2　若 $(\Omega_i, \mathscr{F}_i)$, $1 \leqslant i \leqslant n$ 是 n 个可测空间, $1 \leqslant m < n$, 则
(1)

$$\Omega_1 \times \Omega_2 \times \cdots \times \Omega_n = (\Omega_1 \times \cdots \times \Omega_m) \times (\Omega_{m+1} \times \cdots \times \Omega_n); \tag{1.2}$$

(2)

$$\mathscr{F}_1 \times \cdots \times \mathscr{F}_n = (\mathscr{F}_1 \times \cdots \times \mathscr{F}_m) \times (\mathscr{F}_{m+1} \times \cdots \times \mathscr{F}_n); \tag{1.3}$$

(3)

$$(\Omega_1, \mathscr{F}_1) \times (\Omega_2, \mathscr{F}_2) \times \cdots \times (\Omega_n, \mathscr{F}_n)$$
$$= ((\Omega_1, \mathscr{F}_1) \times \cdots \times (\Omega_m, \mathscr{F}_m)) \times ((\Omega_{m+1}, \mathscr{F}_{m+1}) \times \cdots \times (\Omega_n, \mathscr{F}_n)).$$

证明　只需证 (1.3).
令

$$\mathscr{A}_1 = \mathscr{F}_1 \times \cdots \times \mathscr{F}_m,$$
$$\mathscr{A}_2 = \mathscr{F}_{m+1} \times \cdots \times \mathscr{F}_n.$$

首先, $\forall A \in \mathscr{A}_1$, 有

$$A \times \Omega_{m+1} \times \cdots \times \Omega_n \in \mathscr{F}, \tag{1.4}$$

其中 $\mathscr{F} = \mathscr{F}_1 \times \cdots \times \mathscr{F}_n$.

事实上, 设 $\mathscr{H} = \{A \in \mathscr{A}_1 : A \times \Omega_{m+1} \times \cdots \times \Omega_n \in \mathscr{F}\}$, 那么 $\mathscr{H}$ 包含 $\mathscr{A}_1$ 中可测矩形全体 $\mathscr{C}$, 且 $\mathscr{H}$ 为 σ-代数, 从而 $\mathscr{H} \supset \sigma(\mathscr{C}) = \mathscr{A}_1$. 即 $\forall A \in \mathscr{A}_1 \subset \mathscr{H}$, (1.4) 成立.

同理, $\forall B \in \mathscr{A}_2$, 有 $\Omega_1 \times \cdots \times \Omega_m \times B \in \mathscr{F}$.

下面证明 (1.3) 成立.

因为 $\mathscr{A}_1 \times \mathscr{A}_2 = \sigma_\Omega(\{A \times B : A \in \mathscr{A}_1, B \in \mathscr{A}_2\})$, 且

$$A \times B = (A \times \Omega_{m+1} \times \cdots \times \Omega_n) \cap (\Omega_1 \times \cdots \times \Omega_m \times B) \in \mathscr{F}, \tag{1.5}$$

所以

$$\mathscr{A}_1 \times \mathscr{A}_2 \subset \mathscr{F}.$$

另一方面, 由乘积 σ-域的定义,

$$\mathscr{F} = \sigma\{A_1 \times A_2 \times \cdots \times A_n : A_i \in \mathscr{F}_i, 1 \leqslant i \leqslant n\},$$

而

$$A_1 \times A_2 \times \cdots \times A_n = (A_1 \times \cdots \times A_m) \times (A_{m+1} \times \cdots \times A_n) \in \mathscr{A}_1 \times \mathscr{A}_2,$$

因此, $\mathscr{F} \subset \mathscr{A}_1 \times \mathscr{A}_2$, 得

$$\mathscr{A}_1 \times \mathscr{A}_2 = \mathscr{F}.$$

定义 1.4.3 若 $(\Omega_i, \mathscr{F}_i), 1 \leqslant i \leqslant n$ 是 n 个可测空间, $(\Omega, \mathscr{F})$ 为其乘积可测空间, $A \in \mathscr{F}$. 取任意固定的 $(\omega_1, \omega_2, \cdots, \omega_m)(m < n)$, A 的截口集定义为

$$A(\omega_1, \omega_2, \cdots, \omega_m) = \{(\omega_{m+1}, \cdots, \omega_n) : (\omega_1, \cdots, \omega_n) \in A\}.$$

命题 1.4.3 定义 1.4.3 中的截口集

$$A(\omega_1, \omega_2, \cdots, \omega_m) \in \mathscr{F}_{m+1} \times \mathscr{F}_{m+2} \times \cdots \times \mathscr{F}_n. \tag{1.6}$$

证明 对任意固定的 $(\omega_1, \omega_2, \cdots, \omega_m)$, 记

$$\mathscr{A} = \{A \in \mathscr{F} : A(\omega_1, \omega_2, \cdots, \omega_m) \in \mathscr{F}_{m+1} \times \cdots \times \mathscr{F}_n\}.$$

只需证 $\mathscr{A} \supset \mathscr{F}$.

设 $A = A_1 \times A_2 \times \cdots \times A_n, A_i \in \mathscr{F}_i$, 则

$$A(\omega_1, \omega_2, \cdots, \omega_m) = \begin{cases} A_{m+1} \times \cdots \times A_n, & \omega_i \in A_i, 1 \leqslant i \leqslant m, \\ \varnothing, & \text{其他} \end{cases}$$

$$\in \mathscr{F}_{m+1} \times \mathscr{F}_{m+2} \times \cdots \times \mathscr{F}_n.$$

设 $\mathscr{C} = \{A : A = A_1 \times A_2 \times \cdots \times A_n, A_i \in \mathscr{F}_i, 1 \leqslant i \leqslant n\}$ 是 Ω 中可测矩形全体, 那么 $\mathscr{A} \supset \mathscr{C}$.

下面只需再证 $\mathscr{A}$ 为一个 σ-代数. 那么就有 $\mathscr{A} \supset \sigma(\mathscr{C}) = \mathscr{F}$. 由 $\mathscr{A}$ 的定义可得 $(A(\omega_1, \cdots, \omega_n))^C = A^C(\omega_1, \cdots, \omega_m)$, 所以若 $A \in \mathscr{A}$, 则有 $A^C \in \mathscr{A}$. 同时, 由

$$\left(\bigcup_{n=1}^{\infty} A_n\right)(\omega_1, \cdots, \omega_n) = \bigcup_{n=1}^{\infty} A_n(\omega_1, \cdots, \omega_n)$$

知, $\mathscr{A}$ 对可列并运算封闭, 所以 $\mathscr{A}$ 为 σ-代数.

定义 1.4.4　若 $\{(\Omega_\alpha, \mathscr{F}_\alpha) : \alpha \in J\}$ 为一族可测空间, 则

$$\Omega = \{(\omega_\alpha, \alpha \in J) : \omega_\alpha \in \Omega_\alpha, \alpha \in J\}$$

称为 $\{\Omega_\alpha : \alpha \in J\}$ 的乘积空间, 记为

$$\Omega = \prod_{\alpha \in J} \Omega_\alpha.$$

若 I 为 J 的有限子集, 对于 $A_\alpha \in \mathscr{F}_\alpha, \alpha \in J$, 集合

$$B = \{(\omega_\alpha, \alpha \in J) \in \Omega : \omega_\alpha \in A_\alpha, \alpha \in I\},$$

称 B 为有限维基底可测矩形柱, 简称有限维矩形柱, $\prod_{\alpha \in I} A_\alpha$ 称为 B 的底.

命题 1.4.4　若

$$\mathscr{C} = \left\{B : B \text{为以} \prod_{\alpha \in I} A_\alpha \text{为底的矩形柱}, A_\alpha \in \mathscr{F}_\alpha, \alpha \in \text{有限的} I\right\}, \qquad (1.7)$$

其中 I 取遍 J 的一切有限子集, 即 $\mathscr{C}$ 表示有限维基底可测柱形全体, 则 $\mathscr{C}$ 为半代数.

证明　与命题 1.4.1 类似.

定义 1.4.5　在 $\Omega = \prod\limits_{\alpha \in J} \Omega_\alpha$ 上, $\mathscr{F} = \sigma(\mathscr{C})$ 称为 $\{\mathscr{F}_\alpha : \alpha \in J\}$ 的乘积 σ-代数, 记为

$$\mathscr{F} = \prod_{\alpha \in J} \mathscr{F}_\alpha,$$

其中 $\mathscr{C}$ 满足 (1.7).

而 $(\Omega, \mathscr{F})$ 称为乘积可测空间, 记为

$$(\Omega, \mathscr{F}) = \prod_{\alpha \in J} (\Omega_\alpha, \mathscr{F}_\alpha).$$

1.5 随机变量

1.5.1 映射

定义 1.5.1 设 $f : \Omega_1 \to \Omega_2$ 为映射, 对 $A \subset \Omega_2$, A 的原像定义为

$$f^{-1}(A) = \{\omega \in \Omega_1 : f(\omega) \in A_2\}.$$

Ω_2 的子集族 $\mathscr{A}$ 的原像定义为

$$f^{-1}(\mathscr{A}) = \{f^{-1}(A) : A \in \mathscr{A}\}.$$

命题 1.5.1 设 $f : \Omega_1 \to \Omega_2$ 为映射, 那么有以下结论.
(1)

$$f^{-1}(\varnothing) = \varnothing, \quad f^{-1}(\Omega_2) = \Omega_1. \tag{1.8}$$

(2) 取 "原像" 运算保持交、并、余的集合运算不变:
(i)

$$f^{-1}(A^C) = (f^{-1}(A))^C; \tag{1.9}$$

(ii) 设 $\alpha \in J$, J 为不一定可数的指标集, 则

$$f^{-1}\left(\bigcup_\alpha A_\alpha\right) = \bigcup_\alpha f^{-1}(A_\alpha), \quad A_\alpha \in \Omega_2,$$

$$f^{-1}\left(\bigcap_\alpha A_\alpha\right) = \bigcap_\alpha f^{-1}(A_\alpha), \quad A_\alpha \in \Omega_2; \tag{1.10}$$

(iii)

$$f^{-1}\left(\sum_\alpha A_\alpha\right) = \sum_\alpha f^{-1}(A_\alpha), \quad A_\alpha \in \Omega_2. \tag{1.11}$$

(3) 如果 $\mathscr{A}$ 为 Ω_2 上的 σ-代数, 则 $f^{-1}(\mathscr{A})$ 为 Ω_1 的 σ-代数.
(4) $\mathscr{C}$ 为 Ω_2 为子集族, 则

$$\sigma(f^{-1}(\mathscr{C})) = f^{-1}(\sigma(\mathscr{C})).$$

证明 (1) 和 (2) 可直接验证.
(3) 由 (1) 和 (2), $f^{-1}(\mathscr{A})$ 对余集和可数并封闭, 所以 $f^{-1}(\mathscr{A})$ 也是 σ-代数.
(4) 由于 $\mathscr{C} \subset \sigma(\mathscr{C})$, 所以 $f^{-1}(\mathscr{C}) \subset f^{-1}(\sigma(\mathscr{C}))$. 由命题 1.5.1(3), 可知 $f^{-1}(\sigma(\mathscr{C}))$ 为 σ-代数, 从而

$$\sigma(f^{-1}(\mathscr{C})) \subset f^{-1}(\sigma(\mathscr{C})).$$

还需证 $f^{-1}(\sigma(\mathscr{C})) \subset \sigma(f^{-1}(\mathscr{C}))$.

令

$$\mathscr{G} = \{B : B \in \sigma(\mathscr{C}), f^{-1}(B) \in \sigma(f^{-1}(\mathscr{C}))\},$$

则 $\mathscr{G} \supset \mathscr{C}$. 由命题 1.5.1(2), 可知 $\mathscr{G}$ 为 σ-代数, 所以 $\mathscr{G} \supset \sigma(\mathscr{C})$. 即

$$f^{-1}(\sigma(\mathscr{C})) \subset \sigma(f^{-1}(\mathscr{C})).$$

1.5.2 可测映射

定义 1.5.2 设 $(\Omega_1, \mathscr{F}_1)$, $(\Omega_2, \mathscr{F}_2)$ 为可测空间, $f : \Omega_1 \to \Omega_2$ 为映射. 如果 $\forall A \in \mathscr{F}_2$, $f^{-1}(A) \in \mathscr{F}_1$, 则称 f 为 $(\Omega_1, \mathscr{F}_1)$ 到 $(\Omega_2, \mathscr{F}_2)$ 的可测映射.

命题 1.5.2 设 $(\Omega_1, \mathscr{F}_1)$, $(\Omega_2, \mathscr{F}_2)$ 为可测空间, 设 $\mathscr{C}$ 为 Ω_2 的子集族且 $\mathscr{F}_2 = \sigma(\mathscr{C})$, 则 f 为 $(\Omega_1, \mathscr{F}_1)$ 到 $(\Omega_2, \mathscr{F}_2)$ 的可测映射的充要条件是 $f^{-1}(\mathscr{C}) \subset \mathscr{F}_1$.

证明 $\Rightarrow \mathscr{C} \subset \sigma(\mathscr{C}) = \mathscr{F}_2$, 故

$$f^{-1}(\mathscr{C}) \subset f^{-1}(\sigma(\mathscr{C})) = f^{-1}(\mathscr{F}_2) \subset \mathscr{F}_1.$$

$\Leftarrow$ 由命题 1.5.1(4) 知

$$f^{-1}(\mathscr{F}_2) = f^{-1}(\sigma(\mathscr{C})) = \sigma(f^{-1}(\mathscr{C})) \subset \mathscr{F}_1.$$

1.5.3 一维随机变量

随机变量是一类可测映射.

定义 1.5.3 由 $(\Omega, \mathscr{F})$ 到 $(\mathbb{R}, \mathscr{B}_{\mathbb{R}})$(或 $(\overline{\mathbb{R}}, \mathscr{B}_{\overline{\mathbb{R}}})$) 的可测映射 X 称为可测函数或 (有限值/广义实值) 随机变量, 这时称 X 为 $\mathscr{F}$ 可测的, 记为 $X \in \mathscr{F}$.

命题 1.5.3 若 $E = \{r\}$ 为 $\mathbb{R}$ 中稠密集, 则 X 为随机变量的充要条件为对每个 $r \in E$, $\{\omega : X(\omega) \leqslant r\} \in \mathscr{F}$.

证明 $\Rightarrow \{\omega : X(\omega) \leqslant r\} = X^{-1}((-\infty, r]) \in \mathscr{F}$.

$\Leftarrow$ 取 $\mathscr{C} = \{(-\infty, r] : r \in E\}$, 则 $X^{-1}(\mathscr{C}) \subset \mathscr{F}$, 且 $\sigma(\mathscr{C}) = \mathscr{B}_{\mathbb{R}}$. 由命题 1.5.2 知, X 为 $(\Omega, \mathscr{F})$ 到 $(\mathbb{R}, \mathscr{B}_{\mathbb{R}})$ 的可测映射.

注记 1.5.1 命题 1.5.3 中 $\mathbb{R}$ 中稠密集 E 也可换成 $\mathbb{R}$. 记 $\{\omega : X(\omega) \leqslant r\} \triangleq \{X \leqslant r\}$, 其中 $r \in \mathbb{R}$ 或 $r \in E$, 将 $\{X \leqslant r\}$ 换为 $\{X < r\}$, $\{X > r\}$ 或 $\{X \geqslant r\}$, 命题 1.5.3 仍然成立.

命题 1.5.4 如果 X, Y 为随机变量, 那么 $aX + bY(a, b \in \mathbb{R})$, $X \vee Y$, $X \wedge Y$, XY, X^2, $\frac{X}{Y}(Y \neq 0)$, $X^+ = X \vee 0$, $X^- = (-X) \vee 0$ 也都是随机变量.

证明 留作练习.

命题 1.5.5 若 $X_1, X_2, X_3, \cdots$ 为随机变量列, 则

$$\sup_{n \geqslant 1} X_n, \quad \inf_{n \geqslant 1} X_n, \quad \overline{\lim_{n \to \infty}} X_n, \quad \underline{\lim_{n \to \infty}} X_n, \quad \lim_{n \to \infty} X_n$$

也都是随机变量.

证明 $\forall c \in \mathbb{R}$, 由

$$\left\{ \sup_{n \geqslant 1} X_n \leqslant c \right\} = \bigcap_n \{ X_n \leqslant c \},$$

$$\left\{ \inf_{n \geqslant 1} X_n < c \right\} = \bigcup_n \{ X_n < c \},$$

$$\left\{ \overline{\lim_{n \to \infty}} X_n \leqslant c \right\} = \bigcap_{k=1}^{\infty} \bigcup_{n=k}^{\infty} \{ X_n \leqslant c \},$$

$$\left\{ \underline{\lim_{n \to \infty}} X_n \leqslant c \right\} = \bigcup_{k=1}^{\infty} \bigcap_{n=k}^{\infty} \{ X_n \leqslant c \},$$

$$\left\{ \lim_{n \to \infty} X_n \leqslant c \right\} = \left\{ \overline{\lim_{n \to \infty}} X_n \leqslant c \right\}$$

立得.

定义 1.5.4 可测空间 $(\Omega, \mathscr{F})$, Ω 的一个有限分割是

$$D = \left\{ D_i : 1 \leqslant i \leqslant n, D_i D_j = \varnothing, D_i \in \mathscr{F}, \sum_{i=1}^{n} D_i = \Omega \right\},$$

设 $\{ x_i : x_i \in \mathbb{R}, 1 \leqslant i \leqslant n \}$, x_i 不完全相同. 那么

$$X(\omega) = x_i, \quad \omega \in D_i, \quad 1 \leqslant i \leqslant n \text{ 或} X(\omega) = \sum_{i=1}^{n} x_i I_{D_i}(\omega)$$

为 Ω 上的函数, 称为阶梯随机变量.

显然, 阶梯随机变量为随机变量, 且当 x_i 互不相同时, x_i, D_i 由 X 唯一确定.

注记 1.5.2 对于 $A \in \mathscr{F}$, 示性函数 $I_A(\omega)$ 为一个阶梯随机变量.

命题 1.5.6 若 X 为 $(\Omega, \mathscr{F})$ 上的随机变量, 那么一定存在一列阶梯随机变量 $X_1, X_2, X_3, \cdots$, 使

$$X(\omega) = \lim_{n \to \infty} X_n(\omega), \quad \forall \omega \in \Omega. \tag{1.12}$$

当 X 非负时, $\{X_n\}$ 可取成非负递增的, 当 $|X| \leqslant M$ 时, $\{X_n\}$ 也取成 $|X_n| \leqslant M$ 的.

证明 首先设 X 为非负的随机变量, 令

$$X_n = \sum_{k=1}^{n2^n} \frac{k-1}{2^n} I_{\{ \frac{k-1}{2^n} \leqslant X < \frac{k}{2^n} \}} + n I_{X \geqslant n}, \quad n \geqslant 1, \tag{1.13}$$

则 $\{X_n\}$ 为非负递增阶梯随机变量. 在 $\{\omega : X(\omega) < n\}$ 上, $0 \leqslant X - X_n \leqslant \dfrac{1}{2^n}$; 在 $\{\omega : X(\omega) \geqslant n\}$ 上, $X_n = n \leqslant X$. 故 $\forall \omega \in \Omega$, $\{X_n(\omega)\}$ 的极限存在, 且

$$X(\omega) = \lim_{n \to \infty} X_n(\omega),$$

对一般的随机变量, 取 $X^+ = X \vee 0 \geqslant 0$, $X^- = (-X) \vee 0 \geqslant 0$, 且

$$X = X^+ - X^-.$$

X^+, X^- 分别存在点点收敛的阶梯随机变量列 $\{X_n^+\}$, $\{X_n^-\}$, 使得

$$X^+ = \lim_{n \to \infty} X_n^+, \quad X^- = \lim_{n \to \infty} X_n^-.$$

这时 $X_n^+ - X_n^-$ 为阶梯随机变量, 且

$$\lim_{n \to \infty} [X_n^+ - X_n^-] = \lim_{n \to \infty} X_n^+ - \lim_{n \to \infty} X_n - = X^+ - X^- = X.$$

由 (1.13) 可知, 当 $X \geqslant 0$ 时, X_n 非负递增地收敛于 X, 当 $|X| \leqslant M$ 时, $|X_n| \leqslant M$.

定义 1.5.5 若 $\mathscr{F}_1$ 为 $\mathscr{F}$ 的子 σ-代数, f 为 $(\Omega, \mathscr{F}_1)$ 到 $(\overline{\mathbb{R}}, \mathscr{B}_{\overline{\mathbb{R}}})$ 的可测映射, 则称 f 为 $\mathscr{F}_1$ 可测的, 记为 $f \in \mathscr{F}_1$.

定义 1.5.6 f 为从可测空间 $(\Omega, \mathscr{F})$ 到可测空间 $(E, \mathscr{E})$ 的可测映射, $\mathscr{F}$ 中形如 $\{\omega : f(\omega) \in B, B \in \mathscr{E}\}$ 的集合构成的 σ-代数称为由可测映射 f 生成的 σ-代数, 记为 $\sigma(f)$.

定理 1.5.7 若 f 为从可测空间 $(\Omega, \mathscr{F})$ 到可测空间 $(E, \mathscr{E})$ 的可测映射, 则可测空间 $(\Omega, \mathscr{F})$ 上的随机变量 X 为 $\sigma(f)$-可测的充要条件是对每个 $\omega \in \Omega$, 存在 $(E, \mathscr{E})$ 上的可测函数 h, 使得 $X(\omega) = h \circ f(\omega)$.

证明 $\Leftarrow$ 若 $X(\omega) = h \circ f(\omega)$, 则 $\forall B \in \mathscr{B}_{\mathbb{R}}$,

$$\{\omega : X(\omega) \in B\} = \{\omega : h \circ f(\omega) \in B\} = \{\omega : f(\omega) \in h^{-1}(B)\} \in \mathscr{F}.$$

$\Rightarrow$ 如果 X 为 $\sigma(f)$-可测的阶梯随机变量,

$$X(\omega) = \sum_{i=1}^{n} x_i I_{D_i}(\omega),$$

则由于 $D_i \in \sigma(f) = f^{-1}(\mathscr{E})$, 必存在 $E_i \in \mathscr{E}$, 使得 $D_i = f^{-1}(E_i)$, 取

$$C_i = E_i \setminus \left(\bigcup_{j < i} E_j \right),$$

则 $\{C_i\}$ 为 $\mathscr{E}$ 中互不相交的集合, 且

$$f^{-1}(C_i) = f^{-1}(E_i) \setminus \left(\bigcup_{j < i} f^{-1}(E_j) \right) = D_i \setminus \left(\bigcup_{j < i} (D_j) \right) \subset D_i,$$

令 $h = \sum\limits_{i=n}^{n} x_i I_{C_i}$, 则 h 为 $(E, \mathscr{E})$ 上的可测阶梯函数, 且当 $\omega \in D_i, \omega \notin D_j (j < i)$ 时, $f(\omega) \in C_i$, 从而 $h(f(\omega)) = x_i = X(\omega)$, 即 $X = h \circ f$.

对一般的 X, 由命题 1.5.6, 存在 $\sigma(f)$-可测的阶梯随机变量 X_n, 使 $X(\omega) = \lim\limits_{n \to \infty} X_n(\omega)$, 而 $X_n = h_n \circ f$, 其中 h_n 为 $(E, \mathscr{E})$ 上的可测函数, 取

$$h = \varlimsup_{n \to \infty} h_n,$$

则 h 为 $(E, \mathscr{E})$ 上的可测函数, 且

$$h \circ f(\omega) = \left(\varlimsup_{n \to \infty} h_n \right) \circ f(\omega) = \lim_{n \to \infty} X_n(\omega) = X(\omega).$$

1.5.4 多维随机变量

定义 1.5.7 若 $X_1, \cdots, X_n$ 为 n 个随机变量, 则 $X(\omega) = (X_1(\omega), \cdots, X_n(\omega))$ 称为 n 维随机变量, 也称为随机向量.

命题 1.5.8 $X(\omega) = (X_1(\omega), \cdots, X_n(\omega))$ 为 n 维随机变量的充要条件是 X 为 $(\Omega, \mathscr{F})$ 到 $(\mathbb{R}^n, \mathscr{B}^n)$ 的可测映射, 且 $\sigma(X) = \sigma(X_i, 1 \leqslant i \leqslant n)$.

证明 $\Rightarrow$ 设 $\mathscr{C}$ 为 $\mathscr{B}^n$ 中可测矩形全体, 对 $B = B_1 \times \cdots \times B_n \in \mathscr{C}$, 有

$$
\begin{aligned}
X^{-1}(B) &= \{\omega \in \Omega : X(\omega) \in B\} \\
&= \bigcap_{i=1}^{n} \{\omega \in \Omega : X_i(\omega) \in B_i\} \\
&= \bigcap_{i=1}^{n} X_i^{-1}(B_i) \\
&\in \sigma(X_i : 1 \leqslant i \leqslant n) \subset \mathscr{F},
\end{aligned}
$$

故 $X^{-1}(\mathscr{C}) \subset \sigma(X_i : 1 \leqslant i \leqslant n) \subset \mathscr{F}$. 由命题 1.5.2, X 为 $(\Omega, \mathscr{F})$ 到 $(\mathbb{R}^n, \mathscr{B}^n)$ 的可测映射, 且 $\sigma(X) \subset \sigma(X_i : 1 \leqslant i \leqslant n)$.

$\Leftarrow$ $\forall i, 1 \leqslant i \leqslant n$, 若 $B_i \in \mathscr{B}$, 取

$$B = \{(x_1, \cdots, x_i, \cdots, x_n) : (x_1, \cdots, x_i, \cdots, x_n) \in \mathbb{R}^n, x_i \in B_i\} \in \mathscr{B}^n,$$

则

$$X_i^{-1}(B_i) = X^{-1}(B) \in \sigma(X) \subset \mathscr{F}.$$

即 X_i 为随机变量, 且 $\sigma(X_i) \subset \sigma(X)$, 故 $X_1, \cdots, X_n$ 为 n 个随机变量, 且

$$\sigma(X_i, 1 \leqslant i \leqslant n) \subset \sigma(X).$$

定义 1.5.8 $(\mathbb{R}^n, \mathscr{B}^n)$ 到 $(\mathbb{R}, \mathscr{B})$ 的可测函数 f 为 n 元 Borel 可测函数或简称 Borel 函数. 可列维乘积空间 $(\mathbb{R}^\infty, \mathscr{B}^\infty)$ 到 $(\mathbb{R}, \mathscr{B})$ 的可测函数, 也称为 Borel 函数.

命题 1.5.9   若 $X = (X_1, \cdots, X_n)$ 为 n 维随机变量, 则有限随机变量 Y 为 $\sigma(X)$ 可测的 $\Leftrightarrow$ 存在 n 元 Borel 函数 $h(x_1, \cdots, x_n)$, 使得

$$Y = h(X_1, \cdots, X_n).$$

证明   取 $(E, \mathscr{E}) = (\mathbb{R}^n, \mathscr{B}^n)$, 由定理 1.5.7 立得.

命题 1.5.10   设 $\{X_i, i \in J\}$ 为 $(\Omega, \mathscr{F})$ 上的一族随机变量, 则

(1) Ω 上有限实值函数 Y 为 $\sigma(X_i, i \in J)$ 可测随机变量的充要条件是存在 J 的至多为可数的子集 I 及 Borel 函数 f, 使得

$$Y = f(X_i, i \in I);$$

(2) 若 $A \in \sigma(X_i, i \in J)$, 必有 J 的至多为可数的子集 I, 使 $A \in \sigma(X_i, i \in I)$.

证明   留作练习.

习 题 1

1. 若 $\{A_n, n \geqslant 1\}$ 为单调集合序列, 证明: $\lim\limits_n A_n$ 存在, 且

$$\lim_n A_n = \begin{cases} \bigcup\limits_{n=1}^\infty A_n, & A_n \text{递增}, \\ \bigcap\limits_{n=1}^\infty A_n, & A_n \text{递减}. \end{cases}$$

2. 设 $\mathscr{C} \subset \mathscr{P}(\Omega)$, 取

$$\mathscr{C}_1 = \{\phi, \Omega, A : A \text{或} A^C \in \mathscr{C}\}, \quad \mathscr{C}_2 = \left\{\bigcap_{i=1}^n A_i : A_i \in \mathscr{C}_1, n \geqslant 1\right\},$$

试证 $\mathscr{C}_2$ 为包含 $\mathscr{C}$ 的半代数, 且 $\mathscr{A}(\mathscr{C}_2) = \mathscr{A}(\mathscr{C})$.

3. 若 $\mathscr{C}$ 是由 Ω 中有限个子集构成的集族, 则 $\mathscr{A}(\mathscr{C})$ 是只含有限个集合的集类, 且这时必可将 Ω 分解为有限个互不相交的 $\{A_n, n \geqslant 1\}$ 的并, 而 $\mathscr{A}(\mathscr{C}) = \sigma(A_n, n \geqslant 1)$.

4. 若 $\mathscr{F}$ 为 σ-代数, $E \notin \mathscr{F}$, 证明: $\sigma(\mathscr{F}, E) = \{AE + BE^C : A, B \in \mathscr{F}\}$.

5. 设 X, Y 为两个随机变量, 若对每个实数 c 有 $\{X < c\} \subset \{Y < c\}$. 试证:$X \geqslant Y$.

6. 验证下列函数集 $\mathscr{H}$ 是否为 $\mathbb{R}$ 或 $[0,1]$ 上某个 σ-代数上的有界可测函数全体:

(1) $\mathscr{H} = \{\mathbb{R}\text{上支集有界的有界函数全体}\}$;

(2) $\mathscr{H} = \{I_A : A \text{为} \mathbb{R} \text{中 Borel 点集}\}$;

(3) $\mathscr{H} = \{[0,1] \text{上线性函数全体}\}$;

(4) $\mathscr{H} = \{$有界 Borel 可测阶梯函数全体$\}$.

7. $\mathscr{H}$ 为 Ω 上某些有界实函数集合. 设

(1) $1 \in \mathscr{H}$;

(2) $\mathscr{H}$ 为线性空间且为代数 (即当 $f, g \in \mathscr{H}$ 时必有 $fg \in \mathscr{H}$);

(3) $\mathscr{H}$ 对其中元素单调收敛序列或一致收敛数列的极限运算是封闭的.

试证: 必有 Ω 上的 σ-代数 $\mathscr{F}_1$, 使 $\mathscr{H}$ 是 $(\Omega, \mathscr{F}_1)$ 上有界可测函数全体.

8. 设 $\mathscr{H}$ 为 Ω 上有界函数族, 它对一致有界单调序列或一致收敛序列的极限运算封闭. 又 $\mathscr{C} \subset \mathscr{H}$. 若 $\mathscr{H}$ 满足下列两个条件中的任一个:

(1) $\mathscr{H}$ 为线性空间, $1 \in \mathscr{H}$, $\mathscr{C}$ 对乘积封闭;

(2) $\mathscr{C}$ 为一代数, 且存在 $\{f_n\} \subset \mathscr{C}$, 使 $\{f_n\}$ 一致收敛于 1,

则 $\mathscr{H}$ 包含一切 $\sigma(f, f \in \mathscr{C})$ 可测有界函数.

9. 设 X 为 $(\Omega, \mathscr{F})$ 上非随机变量. 证明:

$$B = \{(\omega, x) : 0 \leqslant x \leqslant X(\omega)\}$$

为 $(\Omega \times \mathbb{R}, \mathscr{F} \times \mathscr{B})$ 中的可测集.

10. 设 f 为 $\mathbb{R}$ 上 Borel 函数, $\mathbb{R}$ 上函数 g 使 $\{g \neq f\}$ 至多为可列集, 证明 g 亦为 Borel 函数.

第2章 测度空间上的积分

2.1 测度的定义及性质

定义 2.1.1 设 Ω 为一个集合, $\mathscr{C}$ 为 Ω 中的一个子集族. 函数 $\mu : \mathscr{C} \to \mathbb{R}(\overline{\mathbb{R}})$ 称为集函数.

(1) 若对每个 $A \in \mathscr{C}$, $|\mu(A)| < \infty$, 称 μ 为有限的;

(2) 若对每个 $A \in \mathscr{C}$, 存在 $\mathscr{C}$ 中一列子集 $A_1, A_2, \cdots$, $A = \bigcup\limits_{n=1}^{\infty} A_n$, 且对每个 $n \geqslant 1$, $|\mu(A_n)| < \infty$, 称 μ 在 $\mathscr{C}$ 上是 σ-有限的, 简称 σ-有限的;

(3) 若对 $\mathscr{C}$ 中任意一列两两不相交子集 $A_1, A_2, \cdots, A_n$, $\sum\limits_{i=1}^{n} A_i \in \mathscr{C}$, 都有

$$\mu\left(\sum_{i=1}^{n} A_i\right) = \sum_{i=1}^{n} \mu(A_i),$$

则称 μ 在 $\mathscr{C}$ 上为有限可加的;

(4) 若对 $\mathscr{C}$ 中任意一列两两不相交子集 $A_1, A_2, \cdots$, $\sum\limits_{i=1}^{\infty} A_i \in \mathscr{C}$, 有

$$\mu\left(\sum_{n=1}^{\infty} A_i\right) = \sum_{n=1}^{\infty} \mu(A_i),$$

则称 μ 在 $\mathscr{C}$ 上为 σ-可加的.

显然, 若 μ 为 σ-可加的, 且 $\varnothing \in \mathscr{C}$, $\mu(\varnothing) = 0$, 则 μ 为有限可加的. 若 μ 为有限可加的, $\varnothing \in \mathscr{C}$, $\mu(\varnothing) \neq \pm\infty$, 则 $\mu(\varnothing) = 0$.

命题 2.1.1 若 μ 为代数 $\mathscr{A} \subset \mathscr{P}(\Omega)$ 上的非负有限可加集函数, 则

(1) (单调性) 当 $A \subset B$, 必有 $\mu(A) \leqslant \mu(B)$;

(2) (半可加性) 若 $A \subset \bigcup\limits_{i=1}^{n} A_i$, 则

$$\mu(A) \leqslant \sum_{i=1}^{n} \mu(A_i);$$

(3) μ 是 σ-可加的充要条件是对 $\mathscr{A}$ 中递增的任意一列子集 $A_1, A_2, \cdots$, 只要 $A = \bigcup\limits_{k=1}^{\infty} A_k \in \mathscr{A}$, 便有

$$\lim_{k \to \infty} \uparrow \mu(A_k) = \mu(A); \tag{2.1}$$

(4) 若 μ 为 σ-可加的, 则对 $\mathscr{A}$ 中递减的每列子集 $B_1, B_2, \cdots$, 只要 $B = \bigcap\limits_{k=1}^{\infty} B_k \in \mathscr{A}$, 且存在 k_0, 使 $\mu(B_{n_0}) < \infty$, 便有

$$\lim_{k \to \infty} \downarrow \mu(B_k) = \mu(B). \tag{2.2}$$

反之, 若对 $\mathscr{A}$ 中递减的每列子集 $B_1, B_2, \cdots, B = \bigcap\limits_{k=1}^{\infty} B_k = \varnothing$, 都有 $\lim\limits_{k \to \infty} \mu(B_k) = 0$, 则 μ 必是 σ-可加的.

证明 (1) 显然.

(2) 若 $A \subset \bigcup\limits_{i=1}^{n} A_i$, 由命题 1.1.1,

$$\bigcup_{i=1}^{n} A_i = \sum_{i=1}^{n} \left(A_i \setminus \bigcup_{j<i} A_j \right).$$

由 (1) 知

$$\mu(A) \leqslant \mu\left(\bigcup_{i=1}^{n} A_i \right) = \sum_{i=1}^{n} \mu\left(A_i \setminus \bigcup_{j<i} A_j \right) \leqslant \sum_{i=1}^{n} \mu(A_i).$$

(3) 必要性. 令 $A_0 = \varnothing$, 则

$$A = \sum_{k=1}^{\infty} (A_k - A_{k-1}).$$

故

$$\mu(A) = \sum_{k=1}^{\infty} \mu(A_k - A_{k-1})$$

$$= \lim_{n \to \infty} \sum_{k=1}^{n} \mu(A_k - A_{k-1})$$

$$= \lim_{n \to \infty} \mu\left(\sum_{k=1}^{n} (A_k - A_{k-1}) \right)$$

$$= \lim_{n \to \infty} \mu(A_n).$$

充分性. 若 $\{B_n, n \geqslant 1\}$ 为 $\mathscr{A}$ 中互不相交的序列, 则取

$$A_k = \sum_{m=1}^{k} B_m,$$

则 $\{A_k\}$ 为递增序列, 且

$$A = \bigcup_{k=1}^{\infty} A_k = \sum_{m=1}^{\infty} B_m \in \mathscr{A}.$$

由 (2.1) 知

$$\mu\left(\sum_{m=1}^{\infty} B_m\right) = \mu\left(\bigcup_{k=1}^{\infty} A_k\right) = \lim_{k\to\infty} \mu(A_k)$$

$$= \lim_{k\to\infty} \sum_{m=1}^{k} \mu(B_m) = \sum_{m=1}^{\infty} \mu(B_m).$$

(4) 类似 (3) 可证.

定义 2.1.2 设 Ω 为一个集合, $\mathscr{C}$ 为 Ω 中一个子集族, 且 $\varnothing \in \mathscr{C}$, $\mathscr{C}$ 上集函数 μ 称为测度, 若它满足:

(1) $\mu(\varnothing) = 0$;

(2) μ 为非负的, 即对每个 $A \in \mathscr{C}$, $\mu(A) \geqslant 0$;

(3) μ 为 σ-可加的.

注记 2.1.1 讨论 μ 在 $\overline{\mathbb{R}}$ 上取值的情形, 一般应讨论 μ 在具有加法运算和极限运算的集合上取值的情形.

例 2.1.2 (1) 计数测度. Ω 为一个集合. 对 Ω 的子集 A, 定义 $\mu(A)$ 为 A 包含的元素的个数 (当 A 为无限集时, $\mu(A) = +\infty$). 这时 μ 为 $(\Omega, \mathscr{P}(\Omega))$ 上的测度, 称为计数测度. 当 Ω 为有限集时, μ 为有限可加的; 当 Ω 为可数集时, μ 为 σ-可加的.

(2) 设 Ω 为集合. 对 Ω 的子集 A, 定义

$$\nu(A) = \begin{cases} 0, & A \text{ 为空集}, \\ \infty, & \text{否则}, \end{cases}$$

则 ν 为 $(\Omega, \mathscr{P}(\Omega))$ 上的测度.

命题 2.1.3 设 $\mathscr{A}$ 为由 Ω 的子集构成的代数, μ 为 $\mathscr{A}$ 上的测度. 设 $A_1 \subset A_2 \subset A_3 \subset \cdots$, $B_1 \subset B_2 \subset B_3 \subset \cdots$ 且 $A_i \in \mathscr{A}$, $B_j \in \mathscr{A}$. 若

$$\bigcup_{n=1}^{\infty} A_n \subset \bigcup_{n=1}^{\infty} B_n,$$

则

$$\lim_{n\to\infty} \mu(A_n) \leqslant \lim_{n\to\infty} \mu(B_n). \tag{2.3}$$

进而, 若

$$\bigcup_{n=1}^{\infty} A_n = \bigcup_{n=1}^{\infty} B_n,$$

则

$$\lim_{n\to\infty} \mu(A_n) = \lim_{n\to\infty} \mu(B_n). \tag{2.4}$$

证明 $\forall n \geqslant 1, \{A_n B_m : m \geqslant 1\}$ 为 $\mathscr{A}$ 中的递增列, 且

$$\bigcup_{m=1}^{\infty} A_n B_m = A_n \in \mathscr{A}.$$

由命题 2.1.1, 得

$$\lim_{m \to \infty} \mu(B_m) \geqslant \lim_{m \to \infty} \mu(A_n B_m) = P(A_n).$$

令 $n \to \infty$, 得 (2.3). 由 A_n, B_m 的对称地位, 得 (2.4).

若 $(\Omega, \mathscr{F})$ 上的测度 μ 满足 $\mu(\Omega) = 1$, 则称 μ 为概率测度, 记 μ 为 $\mathbb{P}$.

定义 2.1.3 若 $(\Omega, \mathscr{F})$ 为可测空间, μ 为 $\mathscr{F}$ 上的测度, 则 $(\Omega, \mathscr{F}, \mu)$ 为测度空间, 当 $\mathbb{P}$ 为 $\mathscr{F}$ 上的概率测度时, $(\Omega, \mathscr{F}, \mathbb{P})$ 为概率测度空间.

这时, Ω 称为样本空间, $\mathscr{F}$ 中的集合 A 称为事件, $\mathscr{F}$ 称为事件域, Ω 中的元素 ω 称为样本点. Ω 也称为必然事件, $\varnothing$ 称为不可能事件. 事件 $A \cup B$ 表示事件 A 或事件 B 至少有一个发生. $A \cap B$ 表示事件 A 与事件 B 同时发生, A^C 称为事件 A 的对立事件, 表示 A 不发生. 如果 $A \cap B = \varnothing$, 则称为事件 A 与事件 B 不相容. $\overline{\lim_{n \to \infty}} A_n$ 称为A_n的上限事件, 表示 $\{A_n\}$ 中有无限个同时发生; $\underline{\lim_{n \to \infty}} A_n$ 称为A_n的下限极限, 表示 $\{A_n\}$ 中除有限个事件外同时发生的事件. 事件 A 的概率测度值 $\mathbb{P}(A)$ 称为 A 的概率.

2.2 从半代数到代数上的测度扩张

本节在前面定义的测度的基础上, 给出从半代数到代数的测度扩张.

定义 2.2.1 $\mathscr{G}, \mathscr{H}$ 为 Ω 的子集族且 $\mathscr{G} \subset \mathscr{H}$. 设 μ, ν 分别为 $\mathscr{G}, \mathscr{H}$ 上的集函数. 若对每个 $A \in \mathscr{G}, \mu(A) = \nu(A)$, 则称 ν 为 μ 从 $\mathscr{G}$ 到 $\mathscr{H}$ 的扩张, μ 为 ν 在 $\mathscr{G}$ 上的限制.

命题 2.2.1 $\mathscr{J}$ 为 Ω 上的半代数, μ 为 $\mathscr{J}$ 上的非负有限可加集函数, 则存在唯一的 μ 的从 $\mathscr{J}$ 到 $\alpha(\mathscr{J})$ 上的延拓 ν, ν 在 $\alpha(\mathscr{J})$ 也是非负有限可加的; 当 μ 为 σ-可加时, ν 也为 σ-可加的; μ 为概率测度时, ν 也为概率测度.

证明 $\forall A \in \alpha(\mathscr{J})$,

$$A = \sum_{k=1}^{m} B_k, \quad B_k \in \mathscr{J} \text{ 且 } B_k \cap B_l = \varnothing, k, l = 1, \cdots, m.$$

定义

$$\nu(A) = \sum_{k=1}^{m} \mu(B_k). \tag{2.5}$$

可以证明, $\nu(A)$ 与 (2.5) 中 $\{B_k\}$ 的选取无关. 事实上, 如果

$$A = \sum_{i=1}^{n} C_i \ \text{且} \ A = \sum_{k=1}^{m} B_k, C_i, B_k \in \mathscr{J}, i = 1, \cdots, n; k = 1, 2, \cdots, l,$$

则

$$\nu(A) = \sum_{i=1}^{n} \mu(C_i) = \sum_{i=1}^{n} \sum_{k=1}^{m} \mu(C_i B_k) = \sum_{k=1}^{m} \mu\left(\left(\sum_{i=1}^{n} C_i\right) B_k\right) = \sum_{k=1}^{m} \mu(B_k).$$

知 ν 的定义合理, 且 ν 为 μ 的延拓.

再证 ν 的有限可加性. 若 $A \in \alpha(\mathscr{J})$,

$$A = \sum_{i=1}^{n} A_i, \quad A_i \in \alpha(\mathscr{J}).$$

同时, 又有

$$A = \sum_{k \in 1}^{m} B_k, \quad A_i = \sum_{j=1}^{l_i} C_j^i,$$

其中 $B_k, C_j^i \in \mathscr{J}$, 所以

$$B_k = B_k A = B_k \left(\sum_{i=1}^{n} A_i\right) = \sum_{i=1}^{n} \sum_{j=1}^{l_i} B_k C_j^i,$$

$$C_j^i = C_j^i A = C_j^i \sum_{k=1}^{m} B_k = \sum_{k=1}^{m} C_j^i B_k.$$

那么

$$\nu(A) = \sum_{k=1}^{m} \mu(B_k) = \sum_{k=1}^{m} \sum_{i=1}^{n} \sum_{j=1}^{l_i} \mu(B_k C_j^i) = \sum_{i=1}^{n} \sum_{j=1}^{l_i} \sum_{k=1}^{m} \mu(B_k C_j^i)$$

$$= \sum_{i=1}^{n} \sum_{j=1}^{l_i} \mu(C_j^i) = \sum_{i=1}^{n} \nu(A_j).$$

即 ν 在 A 上有限可加.

证延拓的唯一性. 如果 ν^* 亦为 μ 在 $\alpha(\mathscr{J})$ 上的延拓, 对

$$A = \sum_{k=1}^{m} B_k \in \alpha(\mathscr{J}), \quad B_k \in \mathscr{J},$$

有

$$\nu^*(A) = \sum_{k=1}^{m} \nu^*(B_k) = \sum_{k=1}^{m} \mu(B_k) = \nu(A).$$

所以 μ 在 $\mathscr{A}$ 上的延拓唯一.

其他同理可得.

推论 2.2.2 若 μ 为 σ-代数 $\mathscr{F}$ 上的测度, $\{A_n\}$ 为 $\mathscr{F}$ 中序列, 则

$$\mu\Big(\varliminf_{n\to\infty} A_n\Big) \leqslant \varliminf_{n\to\infty} \mu(A_n). \tag{2.6}$$

若对 $n_0 \geqslant 1$, 有

$$\mu\left(\bigcup_{n \geqslant n_0} A_n\right) < \infty,$$

则

$$\mu\Big(\varlimsup_{n\to\infty} A_n\Big) \leqslant \varlimsup_{n\to\infty} \mu(A_n). \tag{2.7}$$

特别, 当 $\lim\limits_{n\to\infty} A_n$ 存在时, 且对 $n_0 > 1$, 有

$$\mu\left(\bigcup_{n \geqslant n_0} A_n\right) < \infty,$$

则

$$\mu\Big(\lim_{n\to\infty} A_n\Big) = \lim_{n\to\infty} \mu(A_n). \tag{2.8}$$

证明 由于

$$B_n = \bigcap_{k \geqslant n} A_k$$

是 $\mathscr{F}$ 中的递增序列, 由 (2.1), 得

$$\mu\Big(\varliminf_{n\to\infty} A_n\Big) = \mu\left(\bigcup_{n=1}^{\infty} \bigcap_{k=n}^{\infty} A_k\right) = \lim_{n\to\infty} \mu\left(\bigcap_{k \geqslant n} A_k\right)$$

$$\leqslant \lim_{n\to\infty} \inf_{k \geqslant n} \mu(A_k) = \varliminf_{n\to\infty} \mu(A_n).$$

类似地, 利用 (2.2) 可证得 (2.7).

2.3 完备测度空间

定义 2.3.1 设 μ 为 σ-代数 $\mathscr{F}$ 上的测度, 若对 $N \subset \Omega$, 如果 $\exists A \in \mathscr{F}$ 且 $\mu(A) = 0$, 使得 $N \subset A$, 则 N 称为 μ-可略集. 若 $N \in \mathscr{F}$, 则称 μ 在 $\mathscr{F}$ 上为完备的. 事实上, 任何测度空间都可以完备化.

定理 2.3.1(完备化扩张)　设 $(\Omega, \mathscr{F}, \mu)$ 为测度空间, N 为 μ-可略集, 那么

(1) 设 $\overline{\mathscr{F}} = \{A \cup N : A \in \mathscr{F}\}$, 则 $\overline{\mathscr{F}}$ 为 σ-代数, 且 $\overline{\mathscr{F}} \supset \mathscr{F}$;

(2) 定义 $\overline{\mathscr{F}}$ 上的集函数 $\overline{\mu}(A \cup N) = \mu(A)$, 则 $\overline{\mu}$ 是 $\overline{\mathscr{F}}$ 上测度, 且在 $\mathscr{F}$ 上 $\overline{\mu} = \mu$, 当 μ 为概率测度时, $\overline{\mu}$ 也是;

(3) 这时, $(\Omega, \overline{\mathscr{F}}, \overline{\mu})$ 是完备测度空间.

证明　留作练习.

定义 2.3.2　定理 2.3.1 中的 $(\Omega, \overline{\mathscr{F}}, \overline{\mu})$ 称为 $(\Omega, \mathscr{F}, \mu)$ 的完备化扩张.

因此, 以下均设 $(\Omega, \mathscr{F}, \mu)$ 为完备概率空间.

2.4　从代数到 σ-代数的概率测度扩张和构造

如果 $\mathscr{A}$ 为代数, $\mathbb{P}$ 为 $\mathscr{A}$ 上的概率测度, 记

$$\mathscr{A}_\sigma = \left\{ \bigcup_{m=1}^{\infty} A_m : A_m \in \mathscr{A} \right\},$$

则 $\mathscr{A} \subset \mathscr{A}_\sigma$, 在 $\mathscr{A}_\sigma$ 上, 令

$$Q\left(\bigcup_{m=1}^{\infty} A_m \right) = \lim_{n \to \infty} \mathbb{P}\left(\bigcup_{m=1}^{n} A_m \right).$$

由命题 2.1.3, 如果

$$A = \bigcup_{n=1}^{\infty} A_n = \bigcup_{n=1}^{\infty} A'_n,$$

其中 $A_n, A'_n \in \mathscr{A}$, 则用

$$\lim_{n \to \infty} \mathbb{P}\left(\bigcup_{m=1}^{n} A_m \right)$$

或

$$\lim_{n \to \infty} \mathbb{P}\left(\bigcup_{m=1}^{n} A'_m \right)$$

定义 $Q(A)$ 都有相同的数值, 所以 $\mathscr{A}_\sigma$ 上关于 Q 的定义合理且

$$Q|_{\mathscr{A}} = \mathbb{P}.$$

命题 2.4.1　对任意的 $A \in \mathscr{A}_\sigma$,

(1) $0 \leqslant Q(A) \leqslant 1$, $A \in \mathscr{A}_\sigma$;

(2) (强可加性) 当 $A, B \in \mathscr{A}_\sigma, A \cup B, AB \in \mathscr{A}_\sigma$, 且

$$Q(A \cup B) + Q(AB) = Q(A) + Q(B); \tag{2.9}$$

(3) (单调性) 若 $A, B \in \mathscr{A}_\sigma$, 且 $A \subset B$, 则 $Q(A) \leqslant Q(B)$;

(4) 若 $A_n \in \mathscr{A}_\sigma, A_n \uparrow A(n \to \infty)$, 则 $A \in \mathscr{A}_\sigma$ 且 $Q(A) = \lim\limits_{n \to \infty} Q(A_n)$.

证明 (1) 明显.

(2) $A, B \in \mathscr{A}_\sigma$, 则 $\mathscr{A}$ 中有递增列 $A_1, A_2, \cdots, A_n \uparrow A$, 递增列 $B_1, B_2, \cdots$, $B_n \uparrow B$, 那么

$$\mathbb{P}(A_n \cup B_n) + \mathbb{P}(A_n B_n) = \mathbb{P}(A_n) + \mathbb{P}(B_n).$$

两边取 $n \to \infty$, 得 (2.9).

(3) 由命题 2.1.3 得.

(4) 若 $\mathscr{A}$ 中递增序列 $\{A_{mk} : k \geqslant 1\}$ 为以 A_m 为极限, 取 $B_k = \bigcup\limits_{m \leqslant k} A_{mk} \in \mathscr{A}$ 且 $\{B_k : k \geqslant 1\}$ 为递增序列, 对 $m \leqslant k$,

$$A_{mk} \subset B_k \subset A_k.$$

从而

$$\mathbb{P}(A_{mk}) \leqslant \mathbb{P}(B_k) = Q(B_k) \leqslant Q(A_k).$$

令 $k \to \infty$, 得

$$A_m \subset \lim_{k \to \infty} B_k \subset \lim_{k \to \infty} A_k,$$

$$Q(A_m) \leqslant \lim_{k \to \infty} \mathbb{P}(B_k) \leqslant \lim_{k \to \infty} Q(A_k).$$

再令 $m \to \infty$, 得

$$\lim_{k \to \infty} B_k = \lim_{m \to \infty} A_m = A.$$

故 $A \in \mathscr{A}_\sigma$, 且

$$\lim_{m \to \infty} Q(A_m) = \lim_{k \to \infty} \mathbb{P}(B_k) = Q(A).$$

命题 2.4.2 对 $A \in \mathscr{P}(\Omega)$, 令

$$P^*(A) = \inf\{Q(B) : B \supset A, B \in \mathscr{A}_\sigma\}, \tag{2.10}$$

则

(1) 在 $\mathscr{A}_\sigma$ 上, $P^* = Q$, 对 $A \in \mathscr{P}(\Omega), 0 \leqslant P^*(A) \leqslant 1$.

(2)

$$P^*(A_1 \cup A_2) + P^*(A_1 \cap A_2) \leqslant P^*(A_1) + P^*(A_2). \tag{2.11}$$

特别, P^* 为半可加:

$$P^*(A_1 \cup A_2) \leqslant P^*(A_1) + P^*(A_2).$$

(3) P^* 是单调的: 若 $A_1 \subset A_2$, 则

$$P^*(A_1) \leqslant P^*(A_2).$$

(4) $A_n \uparrow A(n \to \infty)$, 则

$$P^*(A) = \lim_{n \to \infty} P^*(A_n).$$

特别, P^* 为半 σ-可加的,

$$P^* \left(\bigcup_{n=1}^{\infty} B_n \right) \leqslant \sum_{n=1}^{\infty} P^*(B_n).$$

上述 P^* 又称为相应于 $\mathbb{P}$ 的外测度.

证明　(1) 显然.

(2) $\forall \varepsilon > 0$ 及 $A_1, A_2 \in \mathscr{P}(\Omega)$, 由 $P^*(A_i)$ 的定义 $(i = 1, 2)$, 取 $B_1, B_2 \in \mathscr{A}_\sigma$, 使 $B_i \supset A_i$, 且

$$Q(B_i) < P^*(A_i) + \frac{\varepsilon}{2} \quad (i = 1, 2).$$

这时

$$B_1 \cup (\cap) B_2 \supset A_1 \cup (\cap) A_2,$$

且

$$\begin{aligned}
&P^*(A_1 \cup A_2) + P^*(A_1 \cap A_2) \\
&\leqslant Q(B_1 \cup B_2) + Q(B_1 \cap B_2) \\
&= Q(B_1) + Q(B_2) \\
&< P^*(A_1) + P^*(A_2) + \varepsilon.
\end{aligned}$$

故

$$P^*(A_1 \cup A_2) + P^*(A_1 \cap A_2) \leqslant P^*(A_1) + P^*(A_2).$$

(3) 由 Q 的单调性得出.

(4) $\forall \varepsilon > 0$ 及 $\{A_n : n \geqslant 1\}, A_n \uparrow A$, 由 $P^*(A)$ 的定义, 取 $\{B_n, n \geqslant 1\} \subset \mathscr{A}_\sigma$, 使 $B_n \supset A_n$ 且

$$Q(B_n) < P^*(A_n) + \frac{\varepsilon}{2^n}.$$

记

$$C_n = \bigcup_{m \leqslant n} B_m \in \mathscr{A}_\sigma,$$

则

$$C_n \supset B_n \supset A_n,$$

$\{C_n, n \geqslant 1\}$ 是递增的. 以下用数学归纳法证明:

$$Q(C_n) \leqslant P^*(A_n) + \sum_{m \leqslant n} \frac{\varepsilon}{2^m}. \tag{2.12}$$

对 $n = 1$ 时, $C_1 = B_1$,

$$Q(C_1) = Q(B_1) < P^*(A_1) + \frac{\varepsilon}{2}.$$

(2.12) 为真.

设 (2.12) 对 $n = k$ 为真, 即

$$Q(C_k) \leqslant P^*(A_k) + \sum_{m \leqslant k} \frac{\varepsilon}{2^m}. \tag{2.6$'$}$$

由 $A_k \subset C_k \cap B_{k+1} \in \mathscr{A}_\sigma$, 有

$$
\begin{aligned}
Q(C_{k+1}) &= Q(C_k \cup B_{k+1}) \\
&= Q(C_k) + Q(B_{k+1}) - Q(C_k \cap B_{k+1}) \\
&\leqslant P^*(A_k) + \sum_{m \leqslant k} \frac{\varepsilon}{2^m} + P^*(A_{k+1}) + \frac{\varepsilon}{2^{k+1}} - P^*(A_k) \\
&= P^*(A_{k+1}) + \sum_{m \leqslant k+1} \frac{\varepsilon}{2^m}.
\end{aligned}
$$

于是 (2.12) 对一切 n 成立. 令 $n \to \infty$, 并注意到 $A \subset \cup_{n \geqslant 1} C_n \in \mathscr{A}_\sigma$, 故有

$$P^*(A) \leqslant Q(\lim_{n \to \infty} C_n) = \lim_{n \to \infty} Q(C_n) \leqslant \lim_{n \to \infty} P^*(A_n) + \varepsilon.$$

由 ε 的任意性及 P^* 的单调性, 得 $A_n \uparrow A, P^*(A) \geqslant \lim_{n \to \infty} P^*(A_n)$, 得 (4).

命题 2.4.3 设

$$\mathscr{D} = \{D \in \mathscr{P}(\Omega) : P^*(D) + P^*(D^c) = 1\}, \tag{2.13}$$

则

(1) $\mathscr{D}$ 为 σ-代数且 $\mathscr{D} \supset \sigma(\mathscr{A})$;

(2) 若 $\overline{P} = P^*|_{\mathscr{D}}$, 则 $\overline{P}$ 为 $\mathscr{D}$ 上完备概率测度, 且 $\overline{P}|_{\mathscr{A}} = \mathbb{P}$.

证明 $P^*|_{\mathscr{A}} = Q|_{\mathscr{A}} = \mathbb{P}$. $\forall D \in \mathscr{A}$, 因为 $\mathscr{A}$ 为代数, 有 $D^C \in \mathscr{A}$, 从而 $\Omega = D \cup D^C \in \mathscr{A}$. 因 $\mathbb{P}$ 为 $\mathscr{A}$ 上概率测度, 从而

$$1 = \mathbb{P}(\Omega) = \mathbb{P}(D) + \mathbb{P}(D^C) = P^*(D) + P^*(D^C).$$

于是 $D \in \mathscr{D}$. i.e. $\mathscr{A} \subset \mathscr{D}$ 且

$$\overline{P}|_{\mathscr{A}} = P^*|_{\mathscr{A}} = \mathbb{P}.$$

$\forall D \in \mathscr{D}$, 有 $D^C \in \mathscr{D}$. 若 $D_1, D_2 \in \mathscr{D}$, 则由 (2.11) 可知

$$P^*(D_1 \cup D_2) + P^*(D_1 \cap D_2) \leqslant P^*(D_1) + P^*(D_2), \tag{2.14}$$

$$P^*(D_1^C \cup D_2^C) + P^*(D_1^C \cap D_2^C) \leqslant P^*(D_1^C) + P^*(D_2^C). \tag{2.15}$$

由 P^* 为半可加的及 $D_1, D_2 \in \mathscr{D}$,

$$\Omega = (D_1 \cup D_2) \cup (D_1 \cup D_2)^C = (D_1 \cap D_2) \cup (D_1 \cap D_2)^C,$$

将 (2.14) 与 (2.15) 两式相加, 有

$$\begin{aligned}
2 &= \mathbb{P}(\Omega) + \mathbb{P}(\Omega) \\
&\leqslant P^*(D_1 \cup D_2) + P^*((D_1 \cup D_2)^C) + P^*(D_1 \cap D_2) + P^*((D_1 \cap D_2)^C) \\
&\leqslant P^*(D_1) + P^*(D_1^C) + P^*(D_2^C) + P^*(D_2) = 2. \tag{2.16}
\end{aligned}$$

因而 (2.14)—(2.16) 都是等式. 且

$$P^*(D_1 \cup D_2) + P^*((D_1 \cup D_2)^C) = 1.$$

故 $D_1 \cup D_2 \in \mathscr{D}$, 即 $\mathscr{D}$ 为代数, 且 P^* 在 $\mathscr{D}$ 上强可加性.

如果 $\{D_n : n \geqslant 1\}$ 为 $\mathscr{D}$ 中的递增序列, 则由命题 2.4.2,

$$P^*\left(\bigcup_{n=1}^{\infty} D_n\right) = \lim_{n \to \infty} P^*(D_n),$$

且

$$P^*\left(\left(\bigcup_{n=1}^{\infty} D_n\right)^C\right) = P^*\left(\bigcap_{n=1}^{\infty} D_n^C\right) \leqslant P^*(D_m^C), \quad m \geqslant 1.$$

因此, 由 P^* 的半可加性, 有

$$\begin{aligned}
1 &= \mathbb{P}(\Omega) = P^*(\Omega) \\
&= P^*\left(\left(\bigcup_{n=1}^{\infty} D_n\right) \cup \left(\bigcup_{n=1}^{\infty} D_n\right)^C\right) \\
&\leqslant P^*\left(\bigcup_{n=1}^{\infty} D_n\right) + P^*\left(\left(\bigcup_{n=1}^{\infty} D_n\right)^C\right)
\end{aligned}$$

$$\leqslant \lim_{n\to\infty} P^*(D_n) + \lim_{n\to\infty} P^*(D_n^C) = 1.$$

故上式中的等号成立. 从而 $\bigcup\limits_{n=1}^{\infty} D_n \in \mathscr{D}$, 即 $\mathscr{D}$ 是 σ-代数. 由命题 2.1.1 知, P^* 在 $\mathscr{D}$ 上为测度. (P^* 对递增列的连续性).

因为 $\mathscr{D} \supset \mathscr{A}$, $\mathscr{D}$ 为 σ-代数, 故 $\mathscr{D} \supset \sigma(\mathscr{A})$.

最后, 若 $A \subset D \in \mathscr{D}$, 且 $\overline{P}(D) = 0$ 时, 则

$$0 \leqslant P^*(A) \leqslant P^*(D) = \overline{P}(D) = 0.$$

从而

$$1 = P^*(A) + P^*(A^C) = P^*(A^C) \leqslant 1.$$

故 $A \in \mathscr{D}$, 且 $\overline{P}(A) = P^*(A) = 0$. 于是 $(\Omega, \mathscr{F}, \overline{P})$ 为完备的, 其中 $\mathscr{D} = \mathscr{F}$.

命题 2.4.4 (续上) 对每个 $C \in \mathscr{D}$, 必 $\exists E, F \in \sigma(\mathscr{A})$, $E \subset C \subset F$ 且 $\overline{P}(F - E) = 0$.

证明 按 $P^*(C)$ 的定义 (2.10), 存在

$$\{B_n : n \geqslant 1\} \subset \mathscr{A}_\sigma \subset \sigma(\mathscr{A}),$$

使得 $B_n \supset C$,

$$\overline{P}(C) = P^*(C) \leqslant Q(B_n) = \overline{P}(B_n) < P^*(C) + \frac{1}{n},$$

取

$$F = \bigcap_{n=1}^{\infty} B_n$$

则 $F \in \sigma(\mathscr{A})$, $F \supset C$, 且

$$\overline{P}(C) \leqslant \overline{P}(F) \leqslant \overline{P}(B_n) < \overline{P}(C) + \frac{1}{n}.$$

令 $n \to \infty$, 得 $\overline{P}(C) = \overline{P}(F)$, 且 $\overline{P}(F - C) = 0$.

对 $F - C$, 应用已证的结论, 有

$$G \in \sigma(\mathscr{A}), \quad G \supset F - C, 且 \overline{P}(G) = \overline{P}(F - C) = 0.$$

记 $E = F \backslash G$, 则 $E \in \sigma(\mathscr{A})$, $E \subset C$, $\overline{P}(E) = \overline{P}(F)$, 故 $\overline{P}(F - E) = 0$.

定理 2.4.5 (Carathéodory) (1) 若 $\mathbb{P}$ 为代数 $\mathscr{A}$ 上的概率测度, 则在 $\sigma(\mathscr{A})$ 上必有唯一的延拓 $\overline{P}$, $\overline{P}$ 亦为概率测度;

(2) 若 $\mathbb{P}$ 为半代数 $\mathscr{J}$ 上的概率测度, 则在 $\sigma(\mathscr{J})$ 上必有唯一的延拓 $\overline{P}$, $\overline{P}$ 亦为概率测度;

(3) 若 μ 为代数 (半代数 $\mathscr{J}$) 上的 σ-有限测度, 则在 $\sigma(\mathscr{A})$ (或 $\sigma(\mathscr{J})$ 上) 必存在唯一的延拓 $\overline{\mu}$. 且 $\overline{\mu}$ 为 σ-有限测度.

证明   (1) 若 $\mathbb{P}$ 为代数 $\mathscr{A}$ 上的概率测度, $\forall A \in \mathscr{P}(\Omega)$, 定义外测度

$$P^*(A) = \inf\{Q(B) : B \supset A, B \in \mathscr{A}_\sigma\},$$

其中

$$\mathscr{A}_\sigma = \left\{\bigcup_{m=1}^{\infty} A_m : A_m \in \mathscr{A}\right\}.$$

对 $B \in A_\sigma$, 且

$$B = \bigcup_{m=1}^{\infty} A_m,$$

定义

$$Q(B) = \lim_{n \to \infty} P\left(\bigcup_{m=1}^{n} A_m\right),$$

$$\mathscr{D} = \{D \in \mathscr{P}(\Omega) : P^*(D) + P^*(D^C) = 1\},$$

则由命题 2.4.3 知

(i) $\mathscr{D}$ 为 σ-代数, 且 $\mathscr{D} \supset \sigma(\mathscr{A})$;

(ii) 令 $\overline{P} = P^*|_{\mathscr{D}}$, 则 $\overline{P}$ 为 $\mathscr{D}$ 上完备测度, 且 $\overline{P}|_{\mathscr{A}} = \mathbb{P}$, i.e. $\overline{P}$ 为 $\mathbb{P}$ 从 $\mathscr{A}$ 延拓到 $\sigma(\mathscr{A})$ 上的概率测度, $\overline{P}$ 的存在性证完.

为证唯一性, 设 $\widehat{P}$ 是 $\mathbb{P}$ 在 $\sigma(\mathscr{A})$ 的另一延拓, 记

$$\mathscr{C} = \{A \in \sigma(\mathscr{A}) : \overline{P}(A) = \widehat{P}(A)\}. \qquad (*)$$

要证 $\sigma(\mathscr{A}) \subset \mathscr{C}$.

由于 $\forall A \in \mathscr{A}$, $\overline{P}(A) = \widehat{P}(A)$, 故

$$\mathscr{A} \subset \mathscr{C}.$$

$\forall A \in \mathscr{C}$, 则 $A \in \sigma(\mathscr{A})$, 而且

$$\overline{P}(A) = \widehat{P}(A),$$

由于 $\overline{P}, \widehat{P}$ 均为 $\sigma(\mathscr{A})$ 上的概率测度, 则由

$$\overline{P}(A^C) = 1 - \overline{P}(A) = 1 - \widehat{P}(A) = \widehat{P}(A^C)$$

可知 $A^C \in \mathscr{C}$.

$\forall \{A_i\}_{i=1}^{\infty} \subset \mathscr{C}$, 不妨设 $A_i A_j = \varnothing (i \neq j)$, 则 $\overline{P}(A_i) = \widehat{P}(A_i)(i = 1, 2, \cdots)$, 且由 $\overline{P}$ 和 $\widehat{P}$ 的 σ-可加性, 以及 $\sigma(\mathscr{A})$ 为 σ-代数知

$$\sum_{i=1}^{\infty} A_i \in \sigma(\mathscr{A}),$$

且

$$\overline{P}\left(\sum_{i=1}^{\infty} A_i\right) = \sum_{i=1}^{\infty} \overline{P}(A_i) = \sum_{i=1}^{\infty} \widehat{P}(A_i) = \widehat{P}\left(\sum_{i=1}^{\infty} A_i\right).$$

从而 $\sum\limits_{i=1}^{\infty} A_i \in \mathscr{C}$. 如果 $A_i A_j = \varnothing (i \neq j)$ 不满足, 令

$$B_i = \left(A_i \setminus \bigcup_{j<i} A_j\right) \in \mathscr{C} \quad (i = 1, 2, \cdots),$$

则

$$\bigcup_{i=1}^{\infty} A_i = \sum_{i=1}^{\infty} B_i \in \mathscr{C},$$

i.e. $\mathscr{C}$ 为 σ-代数, 从而 $\mathscr{C} \supset \sigma(\mathscr{A})$, 唯一性得证.

(2) 由命题 2.2.1 及 (1) 得出.

(3) 只需证明半代数的情形. 由于 μ 在 $\mathscr{J}$ 上 σ 有限, 必有

$$\{A_n : n \geqslant 1\} \subset \mathscr{J}, \text{且} \Omega = \sum_{n=1}^{\infty} A_n \text{及} \mu(A_n) < \infty,$$

对每个 n, 记

$$\nu_n = \frac{1}{\mu(A_n)}\mu, \quad \mathscr{J}_n = \{BA_n : B \in \mathscr{J}\},$$

则 $\mathscr{J}_n$ 为 A_n 上的半代数. 事实上, $\varnothing, A_n \in \mathscr{J}$, 则由 $\mathscr{J}$ 为半代数:

$$\varnothing = \varnothing A_n \in \mathscr{J}_n, \quad A_n = A_n \cap A_n \in \mathscr{J}_n, \quad \forall B_1 A_n, B_2 A_n \in \mathscr{J}_n,$$

由 $B_1 B_2 \in \mathscr{J}$, 且 $(B_1 B_2)A_n \in \mathscr{J}_n$, 可知

$$(B_1 A_n)(B_2 A_n) = (B_1 B_2)A_n \in \mathscr{J}_n, \quad \forall BA_n \in \mathscr{J}_n, B \in \mathscr{J}.$$

在 A_n 中求 BA_n 的余集, i.e.$B^C \cap A_n$. B^C 为 $\mathscr{J}$ 中互不相交的并, 从而 BA_n 在 A_n 中的余集为 $\mathscr{J}_n$ 中互不相交集合的并.

ν_n 为 $(A_n, \mathscr{J}_n)$ 上的概率测度. 事实上,

$$\varnothing = \varnothing A_n \in \mathscr{J}_n,$$

$$\nu_n(\varnothing) = \frac{1}{\mu(A_n)}\mu(\varnothing) = 0,$$

$$A_n = A_n A_n \in \mathscr{J}_n,$$

从而

$$\nu_n(A_n) = \frac{1}{\mu(A_n)}\mu(A_n) = 1,$$

对于 $\{B_i\}_{i=1}^{\infty} \subset \mathscr{J}_n$ 递减为

$$\bigcap_{i=1}^{\infty} B_i = \varnothing, \quad \text{i.e. } B_i \downarrow \varnothing,$$

则由 μ 的 σ-可加性知

$$\lim_{i \to \infty} \nu_n(B_i) = \lim_{i \to \infty} \frac{1}{\mu(A_n)} \mu(B_i) = \frac{1}{\mu(A_n)} \lim_{i \to \infty} \mu(B_i) = 0.$$

从而 ν_n 在 $\mathscr{J}_n$ 上为 σ-可加的, 从而为 $(A_n, \mathscr{J}_n)$ 上的概率测度. 由 (2) 的结果, 在 $(A_n, \sigma(\mathscr{J}_n))$ 上 ν_n 有唯一的延拓 $\overline{\nu}_n$. 令

$$\overline{\mu}(A) = \sum_{n=1}^{\infty} \mu(A_n) \overline{\nu}_n(AA_n), \quad A \in \sigma(\mathscr{J}).$$

则直接验证:

(i) $\overline{\mu}$ 为 $(\Omega, \sigma(\mathscr{J}))$ 上的测度, 且

$$\overline{\mu}\big|_{\mathscr{J}} = \mu; \tag{2.17}$$

(ii) 延拓的唯一性, 用与证明 (1) 的类似的方法可证.

2.5　分布函数及其导出测度

命题 2.5.1　若 $(\Omega, \mathscr{F}, \mu)$ 为测度空间, f 为 $(\Omega, \mathscr{F})$ 到可测空间 $(E, \mathscr{E})$ 的可测映射, 则由

$$\nu(B) = \mu(f^{-1}(B)), \quad B \in \mathscr{E} \tag{2.18}$$

定义了 $(E, \mathscr{E})$ 上的测度. $(E, \mathscr{E}, \nu)$ 为测度空间. 特别, 当 $\mu = \mathbb{P}$ 为概率测度, $(E, \mathscr{E}) = (\mathbb{R}^n, \mathscr{B}^n)$, $X = f : (\Omega, \mathscr{F}) \to (\mathbb{R}^n, \mathscr{B}^n)$ 为 n 维随机变量时, 有

$$\mu_X(B) = \nu(B) = \mathbb{P}[X^{-1}(B)], \quad B \in \mathscr{B}^n \tag{2.18'}$$

为 $(\mathbb{R}^n, \mathscr{B}^n)$ 上的概率测度. $(\mathbb{R}^n, \mathscr{B}^n, \mu_X(\cdot))$ 为概率空间.

　　证明　互不相交的集合的原像还是互不相交的, 由命题 1.5.1 直接得到结论.

　　定义 2.5.1　由 (2.18) 规定的 ν 称为可测映射 f 在 $(E, \mathscr{E})$ 上的导出测度. 特别, 当 $\mu = \mathbb{P}$ 为概率测度, $(E, \mathscr{E}) = (\mathbb{R}^n, \mathscr{B}^n)$, $f = X : (\Omega, \mathscr{F}) \to (\mathbb{R}^n, \mathscr{B}^n)$ 为 n 维随机变量时,

$$\mu_X(B) = \nu(B) = \mathbb{P}(X^{-1}(B))$$

称为 X 在 $(\mathbb{R}^n, \mathscr{B}^n)$ 上导出的分布.

当 $n = 1$ 时, $B = (-\infty, x] \in \mathscr{B}^1$,

$$F(x) = F_X(x) = \mu_X((-\infty, x]) = \mathbb{P}(X \leqslant x)$$

称为 X 的分布函数.

若 $X = (X_1, X_2, \cdots, X_n)$ 为 n 维随机变量, 则

$$F(x_1, x_2, \cdots, x_n) = F_X(x_1, x_2, \cdots, x_n)$$
$$= \nu_X \left(\prod_{i=1}^{n} (-\infty, x_i] \right) = \mathbb{P}(X_1 \leqslant x_1, \cdots, X_n \leqslant x_n)$$

称为 X 的 n 维分布函数.

命题 2.5.2 若 $F(x)$ 为有限实值随机变量 X 的分布函数, 则

(1) $F(x)$ 是不减的;

(2) $F(x)$ 是右连续的;

(3) $\lim\limits_{x \to -\infty} F(x) = 0,\ \lim\limits_{x \to \infty} F(x) = 1$.

证明 (1) 由定义得出.

(2)

$$\lim_{n \to \infty} F\left(x + \frac{1}{n}\right) = \lim_{n \to \infty} \mathbb{P}\left(X \leqslant x + \frac{1}{n}\right)$$
$$= \mathbb{P}\left(\bigcap_{n=1}^{\infty} \left\{ X \in \left(-\infty, x + \frac{1}{n}\right] \right\} \right)$$
$$= \mathbb{P}(\{X \in (-\infty, x]\}) = F(x).$$

(3)

$$\lim_{x \to -\infty} F(x) = \lim_{n \to \infty} P(\{X \in (-\infty, -n]\})$$
$$= \mathbb{P}\left(\bigcap_{n=1}^{\infty} \{X \in (-\infty, -n]\} \right)$$
$$= \mathbb{P}(X \in \varnothing) = 0.$$
$$\lim_{x \to +\infty} F(x) = \lim_{n \to \infty} \mathbb{P}(\{X \in (-\infty, n]\})$$
$$= \mathbb{P}\left(\bigcup_{n=1}^{\infty} \{X \in (-\infty, n]\} \right)$$
$$= \mathbb{P}(X \in (-\infty, +\infty)) = 1.$$

命题 2.5.3　如果 n 维随机变量 $(X_1, X_2, \cdots, X_n)$ 和 $(Y_1, Y_2, \cdots, Y_n)$ 有相同的 n 维分布函数, 则对于 $\mathbb{R}^n$ 到 $\mathbb{R}^m$ 的任一 Borel 函数 $g: (\mathbb{R}^n, \mathscr{B}^n) \to (\mathbb{R}^m, \mathscr{B}^m)$, $g(X_1, X_2, \cdots, X_n)$ 和 $g(Y_1, Y_2, \cdots, Y_n)$ 有相同的分布, 即 $\forall B \in \mathscr{B}^m$, 有

$$\mathbb{P}\{g(X_1, X_2, \cdots, X_n) \in B\} = \mathbb{P}\{g(Y_1, Y_2, \cdots, Y_n) \in B\}.$$

证明　由命题 1.5.9, $g(X_1, X_2, \cdots, X_n)$ 及 $g(Y_1, Y_2, \cdots, Y_n)$ 为 m 维随机变量, 记

$$\mathscr{G} = \{B \in \mathscr{B}^n : \mathbb{P}\{(X_1, X_2, \cdots, X_n) \in B\} = \mathbb{P}\{(Y_1, Y_2, \cdots, Y_n) \in B\}\},$$

$$\mathscr{C} = \{D : D = (-\infty, x_1] \times \cdots \times (-\infty, x_n]\}.$$

由命题假设条件, 知 $\mathscr{C} \subset \mathscr{G}$. 直接验证: $\mathscr{G}$ 为 σ-代数, 从而

$$\mathscr{G} \supset \sigma(\mathscr{C}) = \mathscr{B}^n.$$

即 $\forall A \in \mathscr{B}^m$, 由 $g^{-1}(A) \in \mathscr{B}^n$, 有

$$\begin{aligned}
\mathbb{P}\{g(X_1, X_2, \cdots, X_n) \in A\} &= \mathbb{P}\{(X_1, X_2, \cdots, X_n) \in g^{-1}(A)\} \\
&= \mathbb{P}\{(Y_1, Y_2, \cdots, Y_n) \in g^{-1}(A)\} \\
&= \mathbb{P}\{g(Y_1, Y_2, \cdots, Y_n) \in A\},
\end{aligned}$$

即 $g(X_1, X_2, \cdots, X_n)$ 与 $g(Y_1, Y_2, \cdots, Y_n)$ 有相同的分布.

注记 2.5.1　分布由分布函数唯一确定.

考虑实数子集的类:

$$\mathscr{L} = \{I_{a,b} : -\infty \leqslant a < b \leqslant \infty\},$$

其中 $I_{a,b} = \{x : a < x \leqslant b\}(b < \infty)$, $I_{a,\infty} = \{x : a < x < \infty\}$. 换言之, $\mathscr{L}$ 为直线上一切左开右闭的区间类, $\mathscr{L}$ 为一个半代数, $\mathscr{L}$ 中有限不相交成员的并构成的类为一个代数 $\mathscr{A}$, 此时, 已将空集加到此类之中.

如果在数直线上, 给定单调非减函数 $F(x)$, 满足

$$\lim_{x \to -\infty} F(x) = 0 \quad \text{且} \quad \lim_{x \to \infty} F(x) = 1.$$

首先对于区间 $I_{a,b}$ 定义

$$\mathbb{P}(I_{a,b}) = F(b) - F(a). \tag{2.19}$$

在 $I_{a,\infty}$ 上定义

$$\mathbb{P}(I_{a,\infty}) = F(\infty) - F(a). \tag{2.20}$$

然后, 将其自然地延拓到 $\mathscr{A}$ 上, 成为有限可加的概率测度. 事实上, $\mathscr{A}$ 中集合定义为 $\mathscr{L}$ 中有限不相交元素的并, 定义在 $\mathscr{L}$ 上有限可加的概率测度 $\mathbb{P}$, 如果 σ-可加, 则自然延拓到 $\mathscr{A}$ 上. 注意到 $\mathscr{B} = \sigma(\mathscr{A})$, 由定理 2.4.5, $\mathbb{P}$ 延拓到 $\mathscr{B}$ 上.

定理 2.5.4 (Lebesgue) 如上定义的 $\mathbb{P}(\cdot)$, 在 $\mathscr{A}$ 上为 σ-可加的, 当且仅当分布函数 $F(x)$ 为 x 的右连续的函数. 因而, 对每个右连续的非减函数 $F(x)$, 只要 $F(-\infty) = 0$ 且 $F(\infty) = 1$, 就在一维 Borel 集 $\mathscr{B}^1$ 上存在唯一的概率测度 $\mathbb{P}(\cdot)$(即分布) 满足 $F(x) = \mathbb{P}(I_{-\infty,x})$; 反之, 直线 $\mathbb{R}^1$ 上 Borel 子集 $\mathscr{B}^1$ 上的每个 σ-可加的概率测度 $\mathbb{P}(\cdot)$(即分布) 均有分布函数 $F(\cdot)$, 且 $\mathbb{P}$ 与 F 的对应是一对一的.

证明 唯一的困难在于, 由 $F(\cdot)$ 的右连续性证明 $\mathbb{P}(\cdot)$ 在代数 $\mathscr{A}$ 上的 σ-可加性. 设 $\{A_j\} \subset \mathscr{A}$, $A_j \downarrow \varnothing (j \to \infty)$. 要证 $\mathbb{P}(A_j) \to 0 (j \to \infty)$.

用反证法. 假如 $\mathbb{P}(A_j) \geqslant \delta > 0$, $(\forall j \geqslant 1)$. 我们将导出矛盾, 分为三步.

第一步 取充分大的正数 L, 以 $B_j = A_j \cap [-L, L]$ 代 A_j, 由于

$$|\mathbb{P}(A_j) - \mathbb{P}(B_j)| = |\mathbb{P}((A_j - B_j)| \leqslant 1 - |F(L) - F(-L)|$$
$$= 1 - F(L) + F(-L) \to 0 \quad (L \to \infty),$$

因为 $\mathbb{P}(A_j) \geqslant \delta$, 可取 L 充分大, 使得

$$\mathbb{P}(B_j) \geqslant \frac{\delta}{2} > 0.$$

换言之, 不失一般性, 可设

$$\mathbb{P}(A_j) \geqslant \frac{\delta}{2}, \text{且 } A_j \subset [-L, L]$$

第二步 如果

$$A_j = \bigcup_{i=1}^{j} I_{a_i, b_i},$$

应用 $F(\cdot)$ 的右连续性, 以 B_j 代 A_j, 取 L 充分大, 使得

$$\mathbb{P}(A_j - B_j) \leqslant \frac{\delta}{10 \cdot 2^j}, \quad \forall j \geqslant 1.$$

第三步 定义 C_j 为 B_j 的闭包, i.e. $C_j = \overline{B_j}$, 这是将构成 B_j 的区间左端点加上该集合. 令

$$E_j = \bigcap_{i=1}^{j} B_i, \quad D_j = \bigcap_{i=1}^{j} C_i,$$

则

(1) $\{D_j\}_{j\geqslant 1}$ 为单调递减的;

(2) 每个 D_j 均为有界闭集;

(3) 由于 $A_j \supset D_j$ 且 $A_j \downarrow \varnothing (j \to \infty)$, 从而由 $D_j \subset B_j \subset A_j$, 有

$$D_j \downarrow \varnothing \quad (j \to \infty).$$

由于 $D_j \supset E_j$, 且

$$
\begin{aligned}
P(E_j) &= P\left(\bigcap_{i=1}^{j} B_i\right) = P(B_j) \\
&= P[A_j - (A_j - B_j)] \\
&= P[A_j] - P[A_j - B_j] \\
&\geqslant \frac{\delta}{2} - \frac{\delta}{10 \cdot 2^j} \\
&= \frac{\delta}{2}\left(1 - \frac{1}{5 \cdot 2^j}\right) \\
&\geqslant \frac{\delta}{2} \cdot \frac{9}{10} > 0.
\end{aligned}
$$

由此可知, D_j 非空 $(j \geqslant 1)$; 且 $\bigcap_{j=1}^{\infty} D_j = \varnothing$. 这违背有限交的性质: 实数直线上每个单调递减的有界非空闭集合列具有非空的交集, i.e. 至少有一个共同点.

上述的概率分布函数 $F(x)$ 可以换为任意的右连续的不减的有限函数, 得到 σ-有限测度.

定义 2.5.2　如果 F 为 $\mathbb{R}^1$ 上有限右连续不减函数, 则由 F 在 $(\mathbb{R}^1, \mathscr{B})$ 上按 (2.19) 及定理 2.5.4 生成的 σ 有限完备测度 μ 称为由 $F(\cdot)$ 生成的 Lebesgue-Stieltjes 测度, 简称为 L-S 测度, 且记为 $\mu = F$; 特别, 当

$$F(t) = t$$

时由此产生的完备化测度, 称为 Lebesgue 测度. 由 $\mathscr{B}$ 按 Lebesgue 测度扩张成的完备 σ-代数 $\mathscr{D}$ 中的集合都称为 Lebesgue 可测集.

注记 2.5.2　如果规定 n 元函数 $F(t_1, \cdots, t_n)$ 为不减的, 是指对任意的 $a_i < b_i (1 \leqslant i \leqslant n)$, 有

$$
\Delta_{ab}^n F = F(b_1, \cdots, b_n) - \sum_i F(b_1, \cdots, b_{i-1}, a_i, b_{i+1}, \cdots, b_n)
$$
$$
+ \sum_{i<j} F(b_1, \cdots, a_i, \cdots, a_j, \cdots, b_n) - \cdots
$$

$$+ (-1)^n F(a_1, \cdots, a_n) \geqslant 0,$$

则对 n 元有限右连续不减函数也可以唯一地在 $(\mathbb{R}^n, \mathscr{B})$ 上产生一个 σ-有限完备测度 μ, 使得

$$\mu((a_1, b_1] \times \cdots \times (a_n, b_n]) = \Delta_{ab}^n F.$$

这个测度也称为 $\mathbb{R}^n$ 上的 Lebesgue-Stieltjes 测度.

定理 2.5.5 如果 $F(x)$ 在 $\mathbb{R}^1$ 上为满足命题 2.5.2 中 (1)—(3) 的实值函数, 则必存在概率空间 $(\Omega, \mathscr{F}, \mathbb{P})$ 及其上的随机变量 X, 满足

$$\mathbb{P}(X \leqslant x) = F(x), \quad x \in \mathbb{R}^1.$$

证明 取 $\Omega = \mathbb{R}^1$, $\mathscr{F} = \mathscr{B}$, $\mathbb{P}$ 为由 F 在 $(\mathbb{R}^1, \mathscr{B})$ 上生成的 L-S 测度, 则由

$$F(+\infty) - F(-\infty) = 1$$

可知 $\mathbb{P}(\Omega) = 1$, i.e., $\mathbb{P}$ 为概率测度.

定义 $X(x) = x$, $x \in \mathbb{R}^1 = \Omega$, 则 X 为 $(\mathbb{R}^1, \mathscr{B})$ 上的可测函数, i.e., $X(\cdot)$ 为 $(\Omega, \mathscr{F})$ 上的随机变量 (这里 $\mathscr{F} = \mathscr{B}$), 且

$$\mathbb{P}(X \leqslant y) = \mathbb{P}(x : x \leqslant y) = \mathbb{P}((-\infty, y]) = F(y), \quad \forall y \in \mathbb{R}^1.$$

2.6 积分的定义及其性质

2.6.1 积分及有限收敛定理

这里, 我们给出一般测度空间上可测函数积分的定义及性质.

设 $(\Omega, \mathscr{F}, \mu)$ 为测度空间, 函数 $f(\cdot) : \Omega \to \mathbb{R}^1$ 为可测函数, 如果存在 $M > 0$, 使 $|f(\omega)| \leqslant M$, 则称 $f(\cdot)$ 为有界可测函数.

按如下程序, 定义 $f(\cdot)$ 关于测度 μ 的积分:

(1) 如果 $A \in \mathscr{F}$, A 的示性函数定义为

$$I_A(\omega) = \begin{cases} 1, & \omega \in A, \\ 0. & \omega \notin A. \end{cases} \tag{2.21}$$

它为有界可测函数.

(2) 对于可测函数求和、相乘、极限、复合及合理的初等运算, 像 min 与 max 等均生成可测函数.

(3) 如果 $\{A_j : 1 \leqslant j \leqslant n\} \subset \mathscr{F}$ 为 Ω 的有限不相交可测集合的分割, i.e. $A_i A_j = \varnothing (i \neq j)$, 且 $\Omega = \sum\limits_{j=1}^{n} A_j$, $\{c_j\}_{j=1}^{n} \subset \mathbb{R}^1$ 为 n 个实数, 则函数

$$f(\omega) = \sum_{j=1}^{n} c_j I_{A_j}(\omega)$$

为可测函数, 称为简单函数.

(4) 任何有界可测函数 $f(\cdot) : \Omega \to \mathbb{R}^1$ 均为简单函数的一致极限.

事实上, 在命题 1.5.6 中, 将随机变量换为可测函数即可.

(5) 对于简单函数 $f(\omega) = \sum\limits_{j=1}^{n} c_j I_{A_j}(\omega)$, 定义积分 $\int_{\Omega} f(\omega) d\mu$ 为

$$\int_{\Omega} f(\omega) d\mu = \sum_{j=1}^{n} c_j \mu(A_j).$$

上述定义的积分, 具有如下性质.

(1°) 如果 $f(\cdot), g(\cdot)$ 为简单函数, $a, b \in \mathbb{R}^1$ 为实数, 则 $h(\cdot) = af(\cdot) + bg(\cdot)$ 亦然, 且

$$\int_{\Omega} h(\omega) d\mu = a \int_{\Omega} f(\omega) d\mu + b \int_{\Omega} g(\omega) d\mu;$$

(2°) 如果 $f(\cdot)$ 为简单函数, 则 $|f(\cdot)|$ 亦然, 且 $|\int_{\Omega} f(\omega) d\mu| \leqslant \int_{\Omega} |f(\omega)| d\mu$;

(6) 如果 $f(\cdot)$ 为有界可测函数, 且 $f_n(\cdot)$ 为一致收敛于 $f(\cdot)$ 的简单函数列, 则 $a_n = \int_{\Omega} f_n(\omega) d\mu$ 为实数 Cauchy 列, 从而存在极限 a, 定义

$$\int_{\Omega} f(\omega) d\mu \triangleq a = \lim_{n \to \infty} \int_{\Omega} f(\omega) d\mu.$$

且 a 仅依赖于 $f(\cdot)$, 而与逼近的 $f_n(\cdot)$ 无关.

如上定义的有界可测函数定义的积分具有如下性质:

(1°) 若 f, g 为有界可测函数, a, b 为实数, 则 $h = af + bg$ 亦然, 且

$$\int_{\Omega} h(\omega) d\mu = a \int_{\Omega} f(\omega) d\mu + b \int_{\Omega} g(\omega) d\mu;$$

(2°) 若 f 为有界可测函数, 则 $|f|$ 亦然, 且

$$\left| \int_{\Omega} f(\omega) d\mu \right| \leqslant \int_{\Omega} |f(\omega)| d\mu \leqslant \sup_{\omega \in \Omega} \|f(\omega)\| \cdot \mu(\Omega);$$

(3°) 对任意有界可测函数, 有

$$\int_{\Omega} |f(\omega)| d\mu \leqslant \mu(\omega \in \Omega : |f(\omega)| > 0) \cdot \sup_{\omega} |f(\omega)|;$$

(4°) 若 $f(\cdot)$ 为有界可测函数, A 为可测集, i.e. $A \in \mathscr{F}$, 定义

$$\int_A f(\omega)d\mu = \int_\Omega I_A(\omega)f(\omega)d\mu,$$

则

$$\int_\Omega f(\omega)d\mu = \int_A f(\omega)d\mu + \int_{A^C} f(\omega)d\mu.$$

定义 2.6.1 (1) 函数列 $f_n(\cdot)$ 称为点点收敛于函数 f, 是指: 对每一个点 $\omega \in \Omega$, 有

$$f(\omega) = \lim_{n \to \infty} f_n(\omega);$$

(2) 可测函数列 $f_n(\cdot)$ 称为几乎处处收敛于可测函数 $f(\cdot)$, 记为 $f_n \to f(n \to \infty)\mu$-a.e. 或 a.e., 如果存在 $N \in \mathscr{F}$, 使 $\mu(N) = 0$, 则

$$f(\omega) = \lim_{n \to \infty} f_n(\omega), \quad \forall \omega \in \Omega \backslash N;$$

(3) f_n 及 f 如 (2), $f_n(\cdot)$ 称为依测度 μ 收敛于 $f(\cdot)$, 是指 $\forall \varepsilon > 0$, 有

$$\lim_{n \to \infty} \mu(\omega : |f_n(\omega) - f(\omega)| \geqslant \varepsilon) = 0,$$

记为 $f_n \xrightarrow{\mu} f(n \to \infty)$.

注记 2.6.1 (1) 设 $f_n(\omega) = I_{A_n}(\omega)(n = 1, 2)$, 若 $A_1 \neq A_2$, 则 $\sup\limits_{\omega} |I_{A_1}(\omega) - I_{A_2}(\omega)| = 1$, 所以一致收敛不会发生;

(2) $I_{A_n}(\omega) \to I_A(\omega), \forall \omega \in \Omega, n \to \infty \Leftrightarrow \varlimsup\limits_{n \to \infty} A_n = \varliminf\limits_{n \to \infty} A_n = A$;

(3) $I_{A_n}(\cdot) \xrightarrow{\mu} I_A(\cdot) \ (n \to \infty) \Leftrightarrow \lim\limits_{n \to \infty} \mu(A_n \triangle A) = 0$. 特别, $I_{A_n}(\cdot) \xrightarrow{\mu} 0 \ (n \to \infty \Leftrightarrow \mu(A_n) \to 0(n \to \infty))$.

下面引理, 讨论定义 2.6.1 中定义的 μ-a.e. 收敛与依测度 μ 收敛的关系.

引理 2.6.1 (1) 可测函数列 $\{f_n\}_{n=1}^\infty$ μ-a.e. 收敛于有限可测函数 f 的充要条件是

$$\mu\left(\bigcap_{N=1}^\infty \bigcup_{n=N}^\infty |f_n - f| > \varepsilon\right) = 0, \quad \forall \varepsilon > 0. \tag{2.22}$$

(2) 可测函数列 $\{f_n\}_{n=1}^\infty \mu$-a.e. 收敛于有限可测函数 f 的充要条件为 $\{f_n\}_{n=1}^\infty$ 为 μ-a.e. 收敛意义下的 Cauchy 列. 即

$$\mu\left(\bigcap_{N=1}^\infty \bigcup_{n,m=N}^\infty |f_n - f_m| > \varepsilon\right) = 0, \quad \forall \varepsilon > 0. \tag{2.23}$$

(3) 若正数 ε_n 满足 $\sum\limits_{n=1}^{\infty} \varepsilon_n < \infty$, 又可测函数列 $\{f_n\}_{n=1}^{\infty}$ 满足

$$\sum_{n=1}^{\infty} \mu(|f_{n+1} - f_n| > \varepsilon_n) < \infty. \tag{2.24}$$

则 $\{f_n\}_{n=1}^{\infty}$ 为 μ-a.e. 收敛于有限可测函数.

(4) 若可测函数列 $\{f_n\}_{n=1}^{\infty}$ 为依测度 μ 收敛于有限可测函数 f, 即 $f_n \xrightarrow{\mu} f(n \to \infty)$ 则存在子序列 $\{f_{n_k}\}_{k=1}^{\infty}$, 使

$$f_{n_k} \to f \quad (k \to \infty, \mu\text{-a.e.}). \tag{2.25}$$

(5) 若 $f_n \to f(n \to \infty)\mu$-a.e. 成立, 则 $f_n \xrightarrow{\mu} f(n \to \infty)$.

证明　(1) 必要性. 记 $A_n(\varepsilon) = \{\omega : |f_n(\omega) - f(\omega)| > \varepsilon\}$, 则 (2.22) 等价于

$$\mu(\varlimsup_{n\to\infty} A_n(\varepsilon)) = 0, \quad \forall \varepsilon > 0. \tag{2.26}$$

若

$$\omega_0 \in \left\{\omega : \lim_{n\to\infty} f_n(\omega) = f(\omega)\right\},$$

则对 $\forall \varepsilon > 0, \exists N = N(\varepsilon, \omega_0)$, 当 $n > N$ 时,

$$|f_n(\omega_0) - f(\omega_0)| \leqslant \varepsilon,$$

即 $\omega_0 \notin \varlimsup\limits_{n\to\infty} A_n(\varepsilon)$. 所以 $\omega_0 \in (\varlimsup\limits_{n\to\infty} A_n(\varepsilon))^C$, 因此,

$$\left\{\omega : \lim_{n\to\infty} f_n(\omega) = f(\omega)\right\} \subset (\varlimsup_{n\to\infty} A_n(\varepsilon))^C.$$

故有

$$\mu\left(\varlimsup_{n\to\infty} A_n(\varepsilon)\right) = 0, \quad \forall \varepsilon > 0.$$

充分性. 若 (2.26) 对任意 $\varepsilon > 0$ 成立, 则

$$\mu\left(\varlimsup_{n\to\infty} A_n\left(\frac{1}{k}\right)\right) = 0.$$

因而对

$$\omega_0 \notin \varlimsup_{n\to\infty} A_n\left(\frac{1}{k}\right),$$

任意的 $k > 0$ 及任意固定的 $\varepsilon_0 > 0$, 取 k 充分大, 使得 $\frac{1}{k} < \varepsilon_0$, 由

$$\omega_0 \in \left(\varlimsup_{n\to\infty} A_n\left(\frac{1}{k}\right)\right)^C = \varliminf_{n\to\infty}\left(A_n\left(\frac{1}{k}\right)\right)^C,$$

必存在 $N(\varepsilon_0, \omega_0)$, 使当 $n > N(\varepsilon_0, \omega_0)$ 时,

$$\omega_0 \in \left(A_n \left(\frac{1}{k} \right) \right)^C,$$

即

$$|f_n(\omega_0) - f(\omega_0)| \leqslant \frac{1}{k} < \varepsilon_0.$$

由于 ε_0 的任意性,

$$\lim_{n\to\infty} f_n(\omega_0) = f(\omega_0).$$

即 $f_n \to f \ (n \to \infty), \mu$-a.e. 成立.

(2) 由实数列收敛的 Cauchy 准则, 对固定的 $\omega_o \in \Omega$,

$$\lim_{n\to\infty} f_n(\omega_0) \ 存在且有限 \Leftrightarrow \lim_{n,m\to\infty} |f_n(\omega_0) - f_m(\omega_0)| = 0.$$

又 $\{f_n\}_{n=1}^{\infty}$ 为 μ-a.e. Cauchy 基本列与 (2.23) 等价. 与 (1) 同理可证.

(3) 记 $A_n = \{|f_{n+1} - f_n| > \varepsilon_n\}$, 则由 (2.24) 有

$$\mu\left(\bigcup_{k=n}^{\infty} A_k \right) \leqslant \sum_{k=n}^{\infty} \mu(|f_{n+1} - f_n| > \varepsilon_n) \to 0 \quad (n \to \infty).$$

从而

$$\mu(\varlimsup_{n\to\infty} A_n) = \lim_{n\to\infty} \mu\left(\bigcup_{k=n}^{\infty} A_k \right) = 0.$$

即 $\varlimsup\limits_{n\to\infty} A_n$ 为零测度集, 当

$$\omega \in \left(\varlimsup_{n\to\infty} A_n \right)^C = \bigcup_{n=1}^{\infty} \bigcap_{k=n}^{\infty} A_k{}^C,$$

时存在 $N_0(\omega)$, 使 $\omega \in \bigcap\limits_{k=N_0}^{\infty} A_k{}^C$, 即当 $n \geqslant N_0(\omega)$ 时, 有

$$|f_{n+1}(\omega) - f_n(\omega)| \leqslant \varepsilon_n,$$

所以这时

$$\sum_n |f_{n+1}(\omega) - f_n(\omega)| \leqslant \sum_n \varepsilon_n < \infty.$$

因而当 $\omega \in \left(\varlimsup\limits_{n\to\infty} A_n \right)^C$ 时, $\lim\limits_{n\to\infty} f_n(\omega)$ 必存在极限. 故 $\{f_n\}\mu$-a.e. 收敛于某有限可测函数.

(4) 因 $f_n \xrightarrow{\mu} f(n \to \infty), \forall \varepsilon > 0,$ 由

$$\mu(|f_n - f_m| > \varepsilon) \leqslant \mu\left(|f_n - f| > \frac{\varepsilon}{2} \right) + \mu\left(|f_m - f| > \frac{\varepsilon}{2} \right)$$

可知, $\lim\limits_{n,m\to\infty}\mu(|f_n-f_m|>\varepsilon)=0 \quad \forall\varepsilon>0.$

取 $n_1=1$, 而 $n_j>n_{j-1}(j\geqslant 2)$. 当 $r,s\geqslant n_j$ 时

$$\mu\left(|f_r-f_s|>\frac{1}{2^j}\right)<\frac{1}{3^j}.$$

这时, 有

$$\sum_{j=2}^{\infty}\mu\left(|f_{n_{j+1}}-f_{n_j}|>\frac{1}{2^j}\right)<\sum_{j=2}^{\infty}\frac{1}{3^j}<\infty,$$

由 (3) 可知, 子列 $\{f_{n_j}\}\mu$-a.e. 收敛于有限可测函数 $\hat{f}$, 易知 $\hat{f}=f(\mu$-a.e.$)$, 即 $f_{n_j}\to f(j\to\infty)\mu$-a.e.

(5) 设 $f_n\to f(n\to\infty)\mu$-a.e., 由 (1) 中 (2.22) 知, $\forall\varepsilon>0$, 有

$$\mu\left(\bigcap_{n=1}^{\infty}\bigcup_{k=n}^{\infty}|f_k-f|>\varepsilon\right)=0.$$

因此

$$\lim_{n\to\infty}\mu\left(\bigcup_{k=n}^{\infty}|f_k-f|>\varepsilon\right)=0.$$

由于

$$\{\omega:|f_n(\omega)-f(\omega)|\geqslant\varepsilon\}\subset\bigcup_{m=n}^{\infty}\{\omega:|f_n(\omega)-f(\omega)|\geqslant\varepsilon\},$$

和测度 $\mu(\cdot)$ 的单调性, 有

$$\mu(\{\omega:|f_n(\omega)-f(\omega)|\geqslant\varepsilon\})\leqslant\mu\left(\bigcup_{m=n}^{\infty}\{\omega:|f_n(\omega)-f(\omega)|\geqslant\varepsilon\}\right)\to 0 \quad(n\to\infty).$$

因此, $f_n\xrightarrow{\mu} f\ (n\to\infty).$

定理 2.6.2(有界控制收敛定理) 若可测函数列 $\{f_n\}$ 为一致有界的, 且 $f_n\xrightarrow{\mu} f\ (n\to\infty)$, 则 f 为有界可测函数, 且

$$\lim_{n\to\infty}\int_{\Omega}f_n(\omega)d\mu=\int_{\Omega}f(\omega)d\mu. \tag{2.27}$$

证明 由引理 2.6.1, 存在 $\{f_{n_j}\}$, $f_{n_j}\to f(\mu$-a.e.$)$, 由 $\{f_n\}$ 一致有界, 有 $|f|\leqslant M$. 下证 (2.27) 成立.

$$\left|\int_{\Omega}f_n d\mu-\int_{\Omega}f d\mu\right|=\left|\int_{\Omega}(f_n-f)d\mu\right|\leqslant\int_{\Omega}|f_n-f|d\mu.$$

令 $g_n=f_n-f$. 则 $g_n\xrightarrow{\mu}0(n\to\infty)$. 存在 $M>0$, 使 $|g_n|\leqslant M,\mu$-a.e.

只需证: $\int_{\Omega} |g_n| d\mu \to 0(n \to \infty)$. 为此, 考察 $\forall \varepsilon > 0$, 有

$$\int_{\Omega} |g_n| d\mu = \int_{\Omega:|g_n| \leqslant \varepsilon} |g_n| d\mu + \int_{\Omega:|g_n| > \varepsilon} |g_n| d\mu$$

$$\leqslant \varepsilon \cdot \mu(\Omega) + M \cdot \mu(\{\omega : |g_n(\omega)| > \varepsilon\}).$$

令 $n \to \infty$, 由于 $g_n \xrightarrow{\mu} 0(n \to \infty)$, 得

$$\lim_{n \to \infty} \int_{\Omega} |g_n| d\mu \leqslant \varepsilon \cdot \mu(\Omega).$$

由 ε 的任意性, 得

$$\lim_{n \to \infty} \int_{\Omega} |g_n| d\mu = 0.$$

现可以定义非负可测函数的积分.

定义 2.6.2 若 f 为非负可测函数, 定义

$$\int_{\Omega} f(\omega) d\mu = \left\{ \sup \int_{\Omega} g(\omega) d\mu : g \text{为有界可测函数}, \text{且} 0 \leqslant g \leqslant f \right\}.$$

定理 2.6.3(Fatou 引理) 若对每个 $n \geqslant 1$, $f_n \geqslant 0$ 为可测函数, 且 $f_n \xrightarrow{\mu} f (n \to \infty)$, 则

$$\int_{\Omega} f(\omega) d\mu \leqslant \varliminf_{n \to \infty} \int_{\Omega} f_n(\omega) d\mu.$$

证明 设 g 为有界可测的, 且 $0 \leqslant g \leqslant f$, 则序列 $h_n = f_n \wedge g = \min(f_n, g)$ 为一致有界的, 且

$$h_n \xrightarrow{\mu} h = f \wedge g = g \quad (n \to \infty).$$

故由有界控制收敛定理, 有

$$\int_{\Omega} g(\omega) d\mu = \lim_{n \to \infty} \int_{\Omega} h_n(\omega) d\mu.$$

由于 $h_n(\omega) \leqslant f_n(\omega)$, 故

$$\lim_{n \to \infty} \int_{\Omega} h_n(\omega) d\mu \leqslant \varliminf_{n \to \infty} \int_{\Omega} f_n(\omega) d\mu, \quad \forall n \geqslant 1.$$

由此导出

$$\int_{\Omega} g(\omega) d\mu \leqslant \varliminf_{n \to \infty} \int_{\Omega} f_n(\omega) d\mu. \tag{2.28}$$

取上确界, 得

$$\int_{\Omega} f(\omega) d\mu \leqslant \varliminf_{n \to \infty} \int_{\Omega} f_n(\omega) d\mu.$$

推论 2.6.4(Levy 单调收敛定理)　设 $\{f_n\}$ 为非负可测函数列, f 为非负可测函数, 且 $f_n \uparrow f\ (n \to \infty)$, μ-a.e. 成立, 则

$$\lim_{n\to\infty} \int_\Omega f_n(\omega)d\mu = \int_\Omega f(\omega)d\mu. \tag{2.29}$$

证明　显然

$$\int_\Omega f_n(\omega)d\mu \leqslant \int_\Omega f(\omega)d\mu.$$

从而

$$\overline{\lim_{n\to\infty}} \int_\Omega f_n(\omega)d\mu \leqslant \int_\Omega f(\omega)d\mu.$$

由引理 2.6.1 中 (5), 知 $f_n \xrightarrow{\mu} f(n \to \infty)$. 由 Fatou 引理, 有

$$\int_\Omega f(\omega)d\mu \leqslant \underline{\lim_{n\to\infty}} \int_\Omega f_n(\omega)d\mu.$$

现在对任意可测函数 f 定义积分.

(1°) 一个非负可测函数 f 称为可积的, 如果

$$\int_\Omega f(\omega)d\mu < \infty; \tag{2.30}$$

(2°) 一个可测函数 f 称为可积的, 如果 $|f|$ 可积的, 且定义

$$\int_\Omega f(\omega)d\mu = \int_\Omega f^+(\omega)d\mu - \int_\Omega f^-(\omega)d\mu,$$

其中 $f^+(\omega) = f(\omega)\vee 0$, 且 $f^-(\omega) = -(f(\omega) \wedge 0)$ 分别为 f 的正部、负部.

积分具有以下性质.

(1) 积分为线性的, i.e. 如果 f, g 为可积的, a, b 为两个实数, 则 $af + bg$ 可积, 且

$$\int_\Omega (af + bg)d\mu = a \int_\Omega fd\mu + b \int_\Omega gd\mu;$$

(2) 对任何可积函数, 有

$$\left| \int_\Omega f(\omega)d\mu \right| \leqslant \int_\Omega |f(\omega)|d\mu;$$

(3) 若 $f(\omega) = 0(\mu$-a.e.$)$, 则 f 可积, 且 $\int_\Omega f(\omega)d\mu = 0$; 反之, 若 $\forall B \in \mathscr{F}$, 可测函数 f, $\int_B f(\omega)d\mu = 0$, 则 $f(\omega) = 0$, μ-a.e.

定理 2.6.5 (Jenson 不等式) 若 $\phi(x)$ 为 x 的凸函数, 且 $f(\omega)$ 及 $\phi(f(\omega))$ 均为可积函数, 则

$$\phi\left(\frac{1}{\mu(\Omega)}\int_\Omega f(\omega)d\mu\right) \leqslant \frac{1}{\mu(\Omega)}\int_\Omega \phi(f(\omega))d\mu.$$

证明 如果 $\phi(x) = |x|$, 则

$$\phi\left(\frac{1}{\mu(\Omega)}\int_\Omega f(\omega)d\mu\right)$$

$$= \left|\frac{1}{\mu(\Omega)}\int_\Omega f(\omega)d\mu\right|$$

$$\leqslant \frac{1}{\mu(\Omega)}\int_\Omega |f(\omega)|d\mu$$

$$= \frac{1}{\mu(\Omega)}\int_\Omega \phi(f(\omega))d\mu.$$

对任意的凸函数 $\phi(x)$, 它可以表示为仿射线性函数的上确界, i.e.

$$\phi(x) = \sup_{(a,b)\in E} [ax+b], \tag{2.31}$$

如果 $(a,b) \in E$, 有

$$af(\omega) + b \leqslant \phi(f(\omega)), \quad \omega \in \Omega.$$

将上式两端在 Ω 上积分, 且除以 $\mu(\Omega)$, 得

$$a\left(\frac{1}{\mu(\Omega)}\int_\Omega f(\omega)d\mu\right) + b \leqslant \frac{1}{\mu(\Omega)}\int_\Omega \phi(f(\omega))d\mu.$$

关于 $(a,b) \in E$ 取上确界, 得

$$\phi\left(\frac{1}{\mu(\Omega)}\int_\Omega f(\omega)d\mu\right) \leqslant \frac{1}{\mu(\Omega)}\int_\Omega \phi(f(\omega))d\mu.$$

其中 $E = \{(a,b): a \in \mathbb{R}, b \in \mathbb{R}, ax+b \leqslant \phi(x), \forall x \in \mathbb{R}\}$.

定理 2.6.6 (Lebesgue 控制收敛定理) 设 $\{f_n\}$ 为可测函数列, f 为可测函数, 且 $f_n \xrightarrow{\mu} f(n \to \infty)$, $|f_n(\omega)| \leqslant g(\omega)$, $g(\omega)$ 为可积函数, 则

$$\lim_{n\to\infty}\int_\Omega f_n(\omega)d\mu = \int_\Omega f(\omega)d\mu.$$

证明 $g + f_n$ 与 $g - f_n$ 为非负可测函数列, 且依测度 μ 收敛到 $g + f$ 与 $g - f(n \to \infty)$. 对 $g + f_n$ 及 $g + f$ 应用 Fatou 引理, 有

$$\varliminf_{n\to\infty}\int_\Omega (g+f_n)d\mu \geqslant \int_\Omega (g+f)d\mu.$$

由于 $\displaystyle\int_\Omega g d\mu < \infty$, 从上式的两端减去, 得

$$\lim_{n\to\infty} \int_\Omega f_n(\omega) d\mu \geqslant \int_\Omega f(\omega) d\mu.$$

再对 $g - f_n$ 及 $g - f$ 进行类似讨论, 得

$$\overline{\lim_{n\to\infty}} \int_\Omega f_n(\omega) d\mu \leqslant \int_\Omega f(\omega) d\mu.$$

于是

$$\lim_{n\to\infty} \int_\Omega f_n(\omega) d\mu = \int_\Omega f(\omega) d\mu.$$

下面介绍 n 维 Lebesgue-Stieltjes 积分.

对于概率空间 $(\Omega, \mathscr{F}, \mathbb{P})$ 上的 n 维随机变量 $X = (X_1 \cdots, X_n)$, 其分布函数 $F(x_1 \cdots, x_n)$ 可以在可测空间 $(\mathbb{R}^n, \mathscr{B}^{(n)})$ 上产生一个 Lebesgue-Stieltjes 测度, 也就是可测空间 $(\mathbb{R}^n, \mathscr{B}^{(n)})$ 上的分布. 以后 $(\mathbb{R}^n, \mathscr{B}^{(n)})$ 上的这一概率测度就与分布函数用同一符号 $F(\cdot)$. $\mathbb{R}^n$ 上 Borel 函数 $f(\cdot)$ 关于测度 $F(\cdot)$ 的积分记为

$$\int_{\mathbb{R}^n} f dF, \quad \int_{\mathbb{R}^n} f(x) dF(x) \text{ 或 } \int_{\mathbb{R}^n} f(x) F(dx)$$

等, 也称为 f 关于 F 的 Lebesgue-Stieltjes 积分, 简称 L-S 积分.

命题 2.6.7 若 $f(x)$ 为有界区间 $[a, b]$ 上的连续函数, F 为 $[a, b]$ 上的有限 L-S 测度, 则

$$\int_{[a,b]} f(x) dF(x) = \lim_{\max |\Delta x_i| \to 0} \sum_{i=1}^n f(\xi_i)[F(x_i) - F(x_{i+1})], \quad (2.32)$$

其中 $a = x_0 < x_1 < \cdots < x_n < b$, $\xi_i \in (x_{i-1}, x_i]$, $1 \leqslant i \leqslant n$, 即此时 L-S 积分与 Riemann-Stieltjes 积分是一致的.

证明 若记

$$f_n(x) = \sum_{i=1}^n f(\xi_i) I_{[x_{i-1}, x_i]}(x),$$

则

$$|f_n(x)| \leqslant \sup_{a \leqslant x \leqslant b} |f(x)| < \infty.$$

且由 f 的连续性, 有

$$\lim_{\max |\Delta x_i| \to 0} f_n(x) = f(x), \quad \forall x \in [a, b].$$

故由 Lebesgue 控制收敛定理, 有

$$\int_{[a,b]} f(x) dF(x) = \lim_{\max |\Delta x_i| \to 0} \int_{[a,b]} f_n(x) dF(x)$$

$$= \lim_{\max |\Delta x_i| \to 0} \sum_{i=1}^{n} f(\xi_i)[F(x_i) - F(x_{i+1})],$$

即 (2.32) 成立.

下面讨论积分的变量替换问题.

定理 2.6.8 (积分变量替换) 设 $T : (\Omega_1, \mathscr{F}_1) \to (\Omega_2, \mathscr{F}_2)$ 为可测映射, μ 为 $(\Omega_1, \mathscr{F}_1)$ 上的非负有限测度. 在 $(\Omega_2, \mathscr{F}_2)$ 上的诱导测度 ν 定义为

$$\nu(A) = \mu(T^{-1}(A)), \quad \forall A \in \mathscr{F}_2,$$

i.e. $\nu = \mu \circ T^{-1}$. $f : \Omega_2 \to \mathbb{R}^1$ 为 $(\Omega_2, \mathscr{F}_2)$ 上的实值可测函数, 则 $g(\omega_1) = f(T(\omega_1))$ 为 $(\Omega_1, \mathscr{F}_1)$ 上的实值可测函数, $g(\cdot)$ 关于测度 $\mu(\cdot)$ 可积, 当且仅当 $f(\cdot)$ 关于测度 $\nu(\cdot)$ 可积, 且

$$\int_{\Omega_2} f(\omega_2) d\nu = \int_{\Omega_1} g(\omega_1) d\mu = \int_{\Omega_1} f(T(\omega_1)) d\mu. \tag{2.33}$$

证明 $\forall A \in \mathscr{F}_2, f(\omega_2) = I_A(\omega_2)$, 则

$$\int_{\Omega_2} f(\omega_2) d\nu = \int_{\Omega_2} I_A(\omega_2) d\nu = \nu(A)$$

$$= \mu(T^{-1}(A)) = \int_{\Omega_1} I_{T^{-1}(A)}(\omega_1) d\mu$$

$$= \int_{\Omega_1} I_A(T(\omega_1)) d\mu = \int_{\Omega_1} f(T(\omega_1)) d\mu.$$

由线性性, 当 $f(\omega_2)$ 为简单函数时, (2.33) 为真. 应用一致极限, 断言 (2.33) 对 $f(\omega_2)$ 为有界可测函数为真. 再应用单调极限定理, 将断言 (2.33) 扩充到 $f(\omega_2)$ 为非负可测函数类. 最后, 通过讨论正部、负部, 将断言延拓到一切实值可测函数类.

推论 2.6.9 设 $(\Omega, \mathscr{F}_1, \mathbb{P})$ 为概率空间, $(\mathbb{R}^1, \mathscr{B}^{(1)})$ 为一维 Borel 可测空间, $X(\cdot) : (\Omega, \mathscr{F}) \to (\mathbb{R}^1, \mathscr{B}^{(1)})$ 为实值随机变量, 则

$$E^{\mathbb{P}}[X] = \int_{\Omega} X(\omega) d\mathbb{P} = \int_{\mathbb{R}^1} x d\alpha = \int_{\mathbb{R}^1} x \alpha(dx),$$

其中 $\alpha = \mathbb{P} \cdot X^{-1}$ 为定义在 $\mathscr{B}^{(1)}$ 上的分布.

证明 由定理 2.6.8, 将 $(\Omega_1, \mathscr{F}_1, \mu)$ 换为 $(\Omega, \mathscr{F}, P)$, 而将 $(\Omega_2, \mathscr{F}_2, \nu)$ 换为 $(\mathbb{R}^1, \mathscr{B}^{(1)}, \alpha)$, T 换为 X.

2.6.2 Fubini 定理

设 $(\Omega_1, \mathscr{F}_1, \mu_1)$ 与 $(\Omega_2, \mathscr{F}_2, \mu_2)$ 为两个非负有限测度空间, 可测空间 $(\Omega_1, \mathscr{F}_1)$ 与 $(\Omega_2, \mathscr{F}_2)$ 的可测乘积空间为 $(\Omega, \mathscr{F})$, 其中 $\Omega = \Omega_1 \times \Omega_2$, $\mathscr{F} = \mathscr{F}_1 \times \mathscr{F}_2$. 在 $(\Omega, \mathscr{F})$ 上构造乘积测度 μ 如下:

(1) 首先对可测矩形 $A = A_1 \times A_2 (A_1 \in \mathscr{F}_1, A_2 \in \mathscr{F}_2)$ 定义

$$\mu(A) = \mu_1(A_1) \times \mu_2(A_2), \tag{2.34}$$

将其按求有限和的方式延拓到代数 $\mathscr{A} \subset \mathscr{F} = \mathscr{F}_1 \times \mathscr{F}_2$ 上;

　(2) $\mu(\cdot)$ 在代数 $\mathscr{A}$ 上的延拓是唯一的. 事实上, 若 $E \in \mathscr{A}$ 有两个有限不相交可测矩形的表示:

$$E = \sum_i (A_1^i \times A_2^i) = \sum_j (B_1^j \times B_2^j),$$

则

$$\sum_i \mu_1(A_1^i) \times \mu_2(A_2^i) = \sum_j \mu_1(B_1^j) \times \mu_2(B_2^j).$$

从而 $\mu(E)$ 的定义适当. 且 $\mu(\cdot)$ 为 $\mathscr{A}$ 上的有限可加的非负测度;

　(3) $\mu(\cdot)$ 在 $\mathscr{A}$ 上为 σ-可加的.

引理 2.6.10　在 $\mathscr{A}$ 上 $\mu(\cdot)$ 为 σ-可加的, i.e., 若 $E_n \in \mathscr{A}, E_n \downarrow \varnothing (n \to \infty)$, 则

$$\mu(E_n) \to 0 \quad (n \to \infty).$$

证明　$\forall E \in \mathscr{A}$, 定义截面 E_{ω_2} 为

$$E_{\omega_2} = \{\omega_1 \in \Omega_1 : (\omega_1, \omega_2) \in E\}, \tag{2.35}$$

其中 $\omega_2 \in \Omega_2$ 为固定参数. 因此 $\mu_1(E_{\omega_2})$ 为 $\omega_2 \in \Omega_2$ 的可测函数, 且

$$\mu(E) = \int_{\Omega_2} \mu_1(E_{\omega_2}) d\mu_2. \tag{2.36}$$

(可对 $E = A_1 \times A_2$ 开始讨论, 然后再对 $E \in \mathscr{A}$ 讨论)

　　现对 $E_n \in \mathscr{A}, E_n \downarrow \varnothing(n \to \infty)$, 定义

$$E_{n,\omega_2} = \{\omega_1 \in \Omega_1 : (\omega_1, \omega_2) \in E_n\}.$$

易知 $E_{n,\omega_2} \downarrow \varnothing(n \to \infty), \forall \omega_2 \in \Omega_2$. 由于 μ_1 在 $\mathscr{F}_1$ 上的 σ-可加性, 有 $\mu_1(E_{n,\omega_2}) \to 0(n \to \infty), \forall \omega_2 \in \Omega_2$. 由 $0 \leqslant \mu_1(E_{n,\omega_2}) \leqslant 1(\forall n \geqslant 1)$, 由 (2.36), 应用有界控制收敛定理, 有

$$\mu(E_n) = \int_{\Omega_2} \mu_1(E_{n,\omega_2}) d\mu_2 \to 0 \quad (n \to \infty).$$

因此, $\mu(\cdot)$ 在 $\mathscr{A}$ 上为 σ-可加的.

　(4) 将 $\mu(\cdot)$ 唯一地延拓到由 $\mathscr{A}$ 生成的 σ-代数 $\mathscr{F}$ 上, 成为 σ-可加的非负有限测度 $\mu(\cdot)$.

引理 2.6.11 对于 $A \in \mathscr{F} = \mathscr{F}_1 \times \mathscr{F}_2$, 记 A_{ω_1} 与 A_{ω_2} 分别为截面 (见图 2.1)

$$A_{\omega_1} = \{\omega_2 \in \Omega_2 : (\omega_1, \omega_2) \in A\},$$

$$A_{\omega_2} = \{\omega_1 \in \Omega_1 : (\omega_1, \omega_2) \in A\},$$

则函数 $\mu_1(A_{\omega_2})$ 与 $\mu_2(A_{\omega_1})$ 为有界可测的, 且

$$\mu(A) = \int_{\Omega_2} \mu_1(A_{\omega_2}) d\mu_2 = \int_{\Omega_1} \mu_2(A_{\omega_1}) d\mu_1.$$

证明 若 $A \in \mathscr{F}$, 且 $A = A_1 \times A_2$, $A_1 \in \mathscr{F}_1$, $A_2 \in \mathscr{F}_2$, i.e., A 为可测矩形. 则

$$\mu(A) = \mu_1(A_1) \times \mu_2(A_2)$$
$$= \int_{\Omega_2} \mu_1(A_1) I_{A_2}(\omega_2) d\mu_2$$
$$= \int_{\Omega_2} \mu_1(A_{\omega_2}) d\mu_2.$$

同理

$$\mu(A) = \int_{\Omega_1} \mu_2(A_{\omega_1}) d\mu_1.$$

由有限可加性, 将断言延拓到 $\mathscr{A}$ 上; 由单调收敛定理, 将断言延拓到含 $\mathscr{A}$ 的单调类中, 从而包含 σ-代数 $\mathscr{F}(\mathscr{F} \supset \mathscr{A}, \mathscr{F}$ 为单调类), 故断言对 $A \in \mathscr{F}$ 为真.

定理 2.6.12(Fubini 定理) 设 $f(\omega) = f(\omega_1, \omega_2)$ 为 $(\Omega, \mathscr{F})$ 上的可测函数, 则对每个固定的 ω_1, $f(\omega_1, \omega_2)$ 可以仅看成 ω_2 的函数 (或者 ω_1 与 ω_2 互换). 函数 $g_{\omega_1}(\cdot)$ 与 $h_{\omega_2}(\cdot)$ 分别定义在 Ω_2 与 Ω_1 上且为可测的, 而且

$$g_{\omega_1}(\omega_2) = f(\omega_1, \omega_2) = h_{\omega_2}(\omega_1).$$

如果 $f(\omega)$ 关于乘积测度 $\mu(\cdot)$ 可积, 则函数 $g_{\omega_1}(\omega_2)$ 与 $h_{\omega_2}(\omega_1)$ 对几乎所有的 ω_1 与 ω_2 为可积的, 它们的积分

$$G(\omega_1) = \int_{\Omega_2} g_{\omega_1}(\omega_2) d\mu_2$$

与

$$H(\omega_2) = \int_{\Omega_1} h_{\omega_2}(\omega_1) d\mu_1$$

为可测的、几乎处处有限的、分别关于 μ_1 与 μ_2 为可积的, 且

$$\int_{\Omega} f(\omega_1, \omega_2) d\mu = \int_{\Omega_1} G(\omega_1) d\mu_1 = \int_{\Omega_2} H(\omega_2) d\mu_2$$

$$= \int_{\Omega_1} \int_{\Omega_2} f(\omega_1, \omega_2) d\mu_2 d\mu_1$$

$$= \int_{\Omega_2} \int_{\Omega_1} f(\omega_1, \omega_2) d\mu_1 d\mu_2.$$

证明　若 $A \in \mathscr{F}$, 且 $f(\omega_1, \omega_2) = I_A(\omega_1, \omega_2)$, 则

$$\int_{\Omega} f(\omega_1, \omega_2) d\mu = \int_{\Omega} I_A(\omega_1, \omega_2) d\mu = \mu(A)$$

$$= \int_{\Omega_2} \mu_1(A_{\omega_2}) d\mu_2 = \int_{\Omega_1} \mu_2(A_{\omega_1}) d\mu_1$$

$$= \int_{\Omega_2} \int_{\Omega_1} I_{A_{\omega_2}}(\omega_1) d\mu_1 d\mu_2$$

$$= \int_{\Omega_2} \int_{\Omega_1} I_A(\omega_1, \omega_2) d\mu_1 d\mu_2 = \int_{\Omega_1} \int_{\Omega_2} I_A(\omega_1, \omega_2) d\mu_2 d\mu_1$$

$$= \int_{\Omega_2} \int_{\Omega_1} f(\omega_1, \omega_2) d\mu_1 d\mu_2 = \int_{\Omega_1} \int_{\Omega_2} f(\omega_1, \omega_2) d\mu_2 d\mu_1.$$

由线性性, 断言对简单函数 $f(\omega_1, \omega_2)$ 为真; 应用一致极限及有界控制收敛定理知, 断言对有界可测函数 $f(\omega_1, \omega_2)$ 为真; 再应用单调收敛定理知, 断言对 $f(\omega_1, \omega_2)$ 为非负可测函数为真; 最后, 分别对正部、负部讨论, 证得断言对任意可测函数 (只要它关于 μ 可积) 为真.

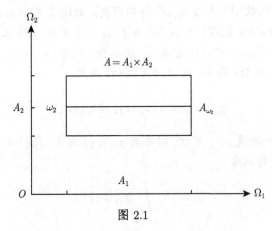

图 2.1

2.7　随机变量的数学期望

设 $(\Omega, \mathscr{F}, \mathbb{P})$ 为概率空间, $X(\cdot): \Omega \to \mathbb{R}^1$ 为实值随机变量, 由 $\alpha = \mathbb{P} \cdot X^{-1}$ 诱导的在一维 Borel 代数 $\mathscr{B}^{(1)}$ 上的概率测度, 有时记为 $\mu_X(\cdot)$, 称为对应于随机变量

X 的概率分布. 对应于分布 $\alpha(\cdot)$ 的分布函数 $F(x)$ 为

$$F(x) = \alpha((-\infty, x]) = \mathbb{P}(\{\omega \in \Omega : X(\omega) \leqslant x\}).$$

$F(x)$ 也称为 X 的分布函数. 如果 $g(\cdot)$ 为 $\mathbb{R}^1$ 上的一维 Borel 可测函数, 则 $Y(\omega) = g(X(\omega))$ 为 Ω 上定义的随机变量, 而且 Y 的分布 $\beta(\cdot) = \mathbb{P} \cdot Y^{-1}(\cdot)$ 可以由 $\alpha(\cdot)$ 得到

$$\beta(\cdot) = \alpha \cdot g^{-1}(\cdot).$$

事实上, 因 $Y = g \cdot X$, 故有

$$Y^{-1} = X^{-1} \cdot g^{-1},$$

$$\beta(\cdot) = \mathbb{P} \cdot Y^{-1}(\cdot) = \mathbb{P} \cdot X^{-1} g^{-1} = \alpha \cdot g^{-1}(\cdot).$$

随机变量 X 的数学期望值, 简称为期望值, 定义为

$$\mathbb{E}[X] = E^{\mathbb{P}}[X] = \int_\Omega X(\omega) d\mathbb{P}. \tag{2.37}$$

由变量替换及 X 的分布 α, 得到

$$\mathbb{E}^{\mathbb{P}}[X] = \int_{\mathbb{R}^1} x d\alpha = \int_{\mathbb{R}^1} x\alpha(dx).$$

对于 $Y(\omega) = g(X(\omega))(\omega \in \Omega)$, 有

$$\mathbb{E}^{\mathbb{P}}[Y] = \int_\Omega g(X(\omega)) d\mathbb{P} = \int_{\mathbb{R}^1} g(x) d\alpha. \tag{2.38}$$

关于随机变量 X 的主要信息, 均可以从分布 α 得到. 称随机变量 X 具有分布 α, 可以解释为: 存在一个概率空间 $(\Omega, \mathscr{F}, \mathbb{P})$, X 定义在其上, 而且 $\alpha = \mathbb{P} \cdot X^{-1}$. 以 α 为分布, 通常只讨论分布 α, 而框架空间 $(\Omega, \mathscr{F}, \mathbb{P})$ 并不出现.

由以上可见, 我们总认为 $\Omega = \mathbb{R}^1$, $\mathscr{F} = \mathscr{B}^{(1)}$, 而 $\mathbb{P}(\cdot)$ 不是别的, 恰为 $\mathscr{B}^{(1)}$ 上的分布 α, 而随机变量为 $X(x) = x$.

随机变量 X 的方差定义为

$$\mathrm{Var}[X] = \sigma^2[X] = \mathbb{E}^{\mathbb{P}}[(X - \mathbb{E}^{\mathbb{P}}(X))^2]. \tag{2.39}$$

定理 2.7.1 若 $X = (X_1, \cdots, X_n)$ 为 $(\Omega, \mathscr{F}, \mathbb{P})$ 上的 n 维随机变量, F 为 X 的 n 元分布函数, i.e.

$$F(x_1, \cdots, x_n) = \mathbb{P}(\omega : X_1(\omega) \leqslant x, \cdots, X_n(\omega) \leqslant x_n).$$

又 $g(x_1, \cdots, x_n)$ 为 n 元 Borel 函数, $F_{g(X)}$ 表示 $g(X)$ 的分布函数, 则当 $\mathbb{E}^{\mathbb{P}}[g(X)]$ 存在时, 有

$$
\begin{aligned}
\mathbb{E}^{\mathbb{P}}[g(X)] &= \int_{\Omega} g(X(\omega)) d\mathbb{P} = \int_{\Omega} g(X(\omega)) \mathbb{P}(d\omega) \\
&= \int_{\mathbb{R}} y \, dF_{g(x)}(y) \\
&= \int_{\mathbb{R}^n} g(x_1, \cdots, x_n) dF(x_1, \cdots, x_n).
\end{aligned} \tag{2.40}
$$

证明 在定理 2.6.8 中, 取 $\Omega_1 = \Omega$, $\mathscr{F}_1 = \mathscr{F}$, $\mu = \mathbb{P}$, $\Omega_2 = \mathbb{R}^n$, $\mathscr{F}_2 = \mathscr{B}^{(n)}$, $T = X$, $\nu = F = \mathbb{P} \cdot X^{-1}$, 得

$$
\begin{aligned}
\mathbb{E}[g(X)] &= \int_{\Omega} g(X(\omega)) \mathbb{P}(d\omega) \\
&= \int_{\mathbb{R}^n} g(x_1, \cdots, x_n) \mathbb{P}(X^{-1}(dx_1, \cdots, dx_n)) \\
&= \int_{\mathbb{R}^n} g(x_1, \cdots, x_n) F(dx_1, \cdots, dx_n) \\
&= \int_{\mathbb{R}^n} g(x_1, \cdots, x_n) dF(x_1, \cdots, x_n) \\
&= \int_{\mathbb{R}^1} y F_{g(X)}(dy) = \int_{\mathbb{R}^1} y \, dF_{g(X)}(y).
\end{aligned}
$$

随机变量 X 与 Y 的协方差定义为

$$
\begin{aligned}
\mathrm{Cov}[X, Y] &= \mathbb{E}[(X - \mathbb{E}(X))(Y - \mathbb{E}(Y))] \\
&= \mathbb{E}[XY] - \mathbb{E}[X]\mathbb{E}[Y].
\end{aligned} \tag{2.41}
$$

设 $X_1, X_2, \cdots, X_n$ 为 n 个随机变量, 设

$$
C_{ij} = \mathrm{Cov}[X_i, X_j] \quad (i, j = 1, 2, \cdots, n),
$$

矩阵

$$
C = (C_{ij})_{n \times n}
$$

称为协方差矩阵.

命题 2.7.2 随机变量 $X_1, X_2, \cdots, X_n$ 的协方差矩阵为对称半正定矩阵.

证明 $\forall i, j, 1 \leqslant i, j \leqslant n$, 有

$$
\begin{aligned}
C_{ij} &= \mathbb{E}[(X_i - \mathbb{E}(X_i))(X_j - \mathbb{E}(X_j))] \\
&= \mathbb{E}[(X_j - \mathbb{E}(X_j))(X_i - \mathbb{E}(X_i))]
\end{aligned}
$$

$$= C_{ji}.$$

对称性得证.

$\forall \xi = (\xi_1, \xi_2, \cdots, \xi_n) \in C^n$, 有

$$\sum_{i,j=1}^{n} C_{ij}\xi_i\xi_j = \sum_{i,j=1}^{n} \left[\int_{\Omega} (X_i - \mathbb{E}(X_i))(X_j - \mathbb{E}(X_j))d\mathbb{P} \right] \xi_i\xi_j$$

$$= \int_{\mathbb{R}^n} \left\{ \sum_{i=1}^{n} \xi_i(X_i - \mathbb{E}(X_i)) \right\}^2 dF(x_1, x_2 \cdots x_n) \geqslant 0.$$

由二次型理论知, 矩阵 C 半正定.

习 题 2

1. 设 μ 为代数 $\mathscr{A}$ 上的测度, $E, F \in \mathscr{A}$. 证明: $\mu(E) + \mu(F) = \mu(E \cup F) + \mu(EF)$.

2. 若 μ_n 为 $(\Omega, \mathscr{F})$ 上的递增测度序列, 即 $\mu_n(A) \leqslant \mu_{n+1}(A)$, $\forall A \in \mathscr{F}$. 令 $\mu(A) = \lim_n \mu_n(A)$, 证明: μ 也是 $(\Omega, \mathscr{F})$ 上的测度.

3. 设 $(\Omega, \mathscr{F}, \mu)$ 为测度空间, 正测度集 $E \in \mathscr{F}$ 称为原子, 若 $F \subset E, F \in \mathscr{F}$, 则必有 $\mu(F) = 0$ 或 $\mu(E - F) = 0$. 证明: 若 μ 为 σ 有限测度, 则 $\mathscr{F}$ 中原子集不计可略集的差别至多为可列个.

4. $(\mathbb{R}, \mathscr{B})$ 上测度 μ 为右连续不减函数 F 生成的 L-S 测度, 则 A 为 μ 原子集的充要条件是 $A \in \{\{x\} \cup N : F(x) - F(x-) > 0, N$ 为 μ 可略集$\}$.

5. 设 f, g 为 Borel 函数, 若对每个 Borel 集 B 都成立 $\mathbb{E}[f(X)I_{X \in B}] = \mathbb{E}[g(Y)I_{Y \in B}]$, 证明: $f(X), g(Y)$ 有相同分布.

6. P_1, P_2 为可测空间 $(\Omega, \mathscr{F})$ 上的两个有限测度, $A \in \mathscr{F}$. 若对任一 $B \subset A, B \in \mathscr{F}$, 都有 $P_1(B) = P_2(B)$, 证明: 对任一 P_1 或 P_2 可积的 X, 成立

$$\int_A X dP_1 = \int_A X dP_2.$$

7. 设 $E \in \mathscr{B}^1$, Borel 函数 f 在 E 上连续 (即当 $\mathbb{R} \ni x_n \to x \in E$ 时, $f(x_n) \to f(x)$), $P(X \in E) = 1$. 证明:

(1) 若 $X_n \xrightarrow{\text{a.e.}} X$, 则 $f(X_n) \xrightarrow{\text{a.e.}} f(X)$;

(2) 若 $X_n \xrightarrow{P} X$, 则 $f(X_n) \xrightarrow{P} f(X)$.

8. 设 $(\mathbb{R}, \mathscr{B}, \mu)$ 为 Lebesgue-Stieltjes 测度有限的测度空间, f 为测度空间上的有限可测函数, 则

(1) 存在 $\mathbb{R}$ 上连续函数列 $\{g_n\}$, 使当 $n \to \infty$ 时, $g_n \xrightarrow{\text{a.e.}\mu} g$;

(2) 对任一 $\varepsilon > 0$, 存在 $\mathbb{R}$ 上连续函数 g_ε 使 $\mu(f \neq g_\varepsilon) < \varepsilon$.

9. 证明: 如果有定义, 方差 $\text{Var}[X]$ 总是非负的, 且 $\text{Var}[X] = 0$ 当且仅当 $\mathbb{P}[X = \mathbb{E}[X]] = 1$.

第 3 章　特征函数与弱收敛

为讨论极限理论中的中心极限定理, 需应用依分布收敛的概念, 而特征函数是其必要的准备, 而且其自身亦有独立的意义. 特征函数与分布之间存在一一对应的关系, 当求出随机变量的特征函数时, 分布可知, 同时, 特征函数比分布函数和分布更易于应用.

3.1　特征函数

设 α 为直线 $\mathbb{R}^1$ 的概率分布, 其特征函数 $\phi(\cdot)$ 定义为

$$\phi(t) = \int_{-\infty}^{\infty} \exp(itx)d\alpha = \mathbb{E}[e^{itX}]. \quad (\text{其中 } \alpha(dx) = d\alpha(x)) \tag{3.1}$$

由于 $|\exp(itx)| \leqslant 1$, 则上述积分有意义, 且对任意实数 $t \in \mathbb{R}^1$, 有

$$|\phi(t)| \leqslant \int_{-\infty}^{\infty} |\exp(itx)|d\alpha \leqslant \alpha((-\infty, +\infty)) = 1.$$

特征函数具有下列性质.

定理 3.1.1　设 α 为 $\mathbb{R}^1$ 上的概率分布, $\phi(t)$ 为 α 对应的特征函数, 则

(1) $\phi(t)$ 在 $\mathbb{R}^1$ 上均匀连续且 $\phi(0) = 1$;

(2) $\phi(t)$ 为非负定的, 即对 $t_1, t_2, \cdots, t_n \in \mathbb{R}^1$, 矩阵 $(\phi(t_i - t_j))_{1 \leqslant i,j \leqslant n}$ 为非负定的;

(3) 设 X 为随机变量, $F(x)$ 为 X 的分布函数, 记为 $F_X(x)$. $\phi(t)$ 为对应的特征函数, 记为 $\phi_X(t)$. 设 $Y = aX + b, a, b \in \mathbb{R}^1$, 则

$$\phi_Y(t) = e^{ibt}\phi_X(at).$$

证明　(1) $\forall t, s \in \mathbb{R}^1$, 有

$$|\phi(t) - \phi(s)| = \left| \int_{\mathbb{R}^1} e^{isx}(e^{i(t-s)x} - 1)d\alpha \right|$$

$$\leqslant \int_{\mathbb{R}^1} |e^{i(t-s)x} - 1|d\alpha,$$

当 $t - s \to 0$ 时, 由有界控制收敛定理有

$$|\phi(t) - \phi(s)| \to 0 \quad (|t - s| \to 0).$$

(2) 对任意 n 个复数 $\xi_1, \xi_2, \xi_3, \cdots, \xi_n$ 和 n 个实数 $t_1, t_1, \cdots, t_n$, 有

$$\sum_{i,j=1}^{n} \phi(t_i - t_j)\xi_i\bar{\xi}_j = \sum_{i,j=1}^{n} \xi_i\bar{\xi}_j \int_{-\infty}^{\infty} e^{i(t_i - t_j)x}d\alpha$$

$$= \int_{-\infty}^{\infty} \left| \sum_{i=1}^{n} \xi_j e^{it_j x} \right|^2 d\alpha$$

$$\geqslant 0.$$

(3) 由定义

$$\phi_Y(t) = \mathbb{E}[e^{itY}] = \mathbb{E}[e^{it(aX+b)}] = e^{ibt}\phi_X(at).$$

例 3.1.2 若 $\displaystyle\int_{-\infty}^{\infty} |x|d\alpha < \infty$, 则 $\phi(t)$ 连续可微, 且

$$\phi'(0) = i\int_{-\infty}^{\infty} x d\alpha = i\mathbb{E}[X].$$

证明 因为 $\left| \dfrac{d}{dt}e^{itx} \right| = |i \cdot x \cdot e^{itx}| \leqslant |x|$ 且 $\displaystyle\int_{-\infty}^{\infty} |x|d\alpha < \infty$. 由 Lebesgue 控制收敛定理, 故下式中积分号下微分合理, 故

$$\phi'(t) = \frac{d}{dt}\left[\int_{-\infty}^{\infty} e^{itx}d\alpha\right] = \int_{-\infty}^{\infty} \left(\frac{d}{dt}e^{itx}\right)d\alpha = i\int_{-\infty}^{\infty} xe^{itx}d\alpha.$$

令 $t = 0$, 则

$$\phi'(0) = i\int_{-\infty}^{\infty} x d\alpha.$$

特征函数 $\phi(t)$ 显然由分布 α(或分布函数 $F(x)$) 唯一确定. 现在来证明一个重要的定理, 它说明分布函数 (或分布) 如何通过特征函数来表达, 而且被特征函数唯一确定.

定理 3.1.3(逆转公式) 设分布函数 $F(x)$ 的特征函数为 $\phi(t)$, 则对任意 $-\infty < x_1 < x_2 < \infty$, 有

$$\frac{F(x_2 + 0) + F(x_2 - 0)}{2} - \frac{F(x_1 + 0) + F(x_1 - 0)}{2}$$

$$= \frac{1}{2\pi}\lim_{l\to\infty}\int_{-l}^{l} \frac{e^{-itx_1} - e^{-itx_2}}{it}\phi(t)dt. \tag{3.2}$$

因此, 如果 x_1, x_2 为 $F(x)$ 的连续点时, 有

$$F(x_2) - F(x_1) = \frac{1}{2\pi}\lim_{l\to\infty}\int_{-l}^{l} \frac{e^{-itx_1} - e^{-itx_2}}{it}\phi(t)dt. \tag{3.3}$$

证明　证明过程的关键在于数学分析中的公式:

$$\lim_{l\to\infty}\frac{1}{\pi}\int_0^l\frac{\sin\alpha t}{t}dt=\begin{cases}\dfrac{1}{2}, & \alpha>0,\\[2mm]0, & \alpha=0,\\[2mm]-\dfrac{1}{2}, & \alpha<0,\end{cases} \tag{3.4}$$

即

$$\int_0^\infty\frac{\sin\alpha t}{t}dt=\begin{cases}\dfrac{\pi}{2}, & \alpha>0,\\[2mm]0, & \alpha=0,\\[2mm]-\dfrac{\pi}{2}, & \alpha<0,\end{cases}$$

以及利用 Fubini 定理变换积分的次序. 由 (3.1) 得 (以 $dF(x)$ 代 $\alpha(dx)$)

$$I_l=\frac{1}{2\pi}\int_{-l}^l\frac{e^{-itx_1}-e^{-itx_2}}{it}\phi(t)dt$$

$$=\frac{1}{2\pi}\int_{-l}^l\int_{-\infty}^\infty\frac{e^{-itx_1}-e^{-itx_2}}{it}e^{itx}dF(x)dt.$$

利用不等式: 对任意实数 a, 有

$$|e^{ia}-1|\leqslant|a|.$$

当 $t=0$ 时, 补充定义

$$\frac{e^{-itx_1}-e^{-itx_2}}{it}=x_2-x_1,$$

可见以上被积函数的绝对值不超 x_2-x_1. 由 Fubini 定理, 可交换积分次序, 得

$$I_l=\frac{1}{2\pi}\int_{-\infty}^\infty\left[\int_{-l}^l\frac{e^{it(x-x_1)}-e^{it(x-x_2)}}{it}dt\right]dF(x)$$

$$=\frac{1}{2\pi}\int_{-\infty}^\infty\left[\int_0^l\frac{e^{it(x-x_1)}-e^{-it(x-x_1)}-e^{it(x-x_2)}+e^{-it(x-x_2)}}{it}dt\right]dF(x)$$

$$=\frac{1}{\pi}\int_{-\infty}^\infty\left[\int_0^l\left(\frac{\sin(x-x_1)t}{t}-\frac{\sin(x-x_2)t}{t}\right)dt\right]dF(x). \tag{3.5}$$

令

$$g(l,x;x_1,x_2)=\frac{1}{\pi}\int_0^l\left(\frac{\sin(x-x_1)t}{t}-\frac{\sin(x-x_2)t}{t}\right)dt,$$

由 (3.4) 知 $|(g(l,x;x_1,x_2))|$ 有界, 从而由 (3.5), 有

$$I_l=\left[\int_{(-\infty,x_1]}+\int_{\{x_1\}}+\int_{(x_1,x_2]}+\int_{\{x_2\}}+\int_{(x_2,+\infty)}\right]g(l,x;x_1,x_2)dF(x). \tag{3.6}$$

应用有界控制收敛定理, 当 $l \to +\infty$ 时, 可在 (3.6) 右端的积分号下取极限得

$$\lim_{l \to \infty} I_l = \left[\int_{(-\infty, x_1]} + \int_{\{x_1\}} + \int_{(x_1, x_2]} + \int_{\{x_2\}} + \int_{(x_2, +\infty)} \right] \lim_{l \to \infty} g(l, x; x_1, x_2) dF(x).$$

但由 (3.4), 有

$$\lim_{l \to \infty} g(l, x; x_1, x_2) = \begin{cases} 0, & x \in (-\infty, x_1) \cup (x_2, \infty), \\ \dfrac{1}{2}, & x = x_1, x_2, \\ 1, & x \in (x_1, x_2]. \end{cases} \tag{3.7}$$

代入上式, 并以 $\alpha(A)(A \in \mathscr{B}^{(1)})$ 表示 $F(x)(x \in \mathbb{R}^1)$ 的分布, 则

$$\begin{aligned}
\lim_{l \to \infty} I_l &= 0 + \frac{1}{2}\alpha(\{x_1\}) + \alpha((x_1, x_2]) + \frac{1}{2}\alpha(\{x_2\}) + 0 \\
&= \frac{F(x_1 + 0) - F(x_1 - 0)}{2} + F(x_2 - 0) - F(x_1 + 0) + \frac{F(x_2 + 0) - F(x_2 - 0)}{2} \\
&= \frac{F(x_2 + 0) + F(x_2 - 0)}{2} - \frac{F(x_1 + 0) + F(x_1 - 0)}{2}.
\end{aligned}$$

于是 (3.2) 得证.

推论 3.1.4(唯一性) 两分布函数 $F_1(x)$ 与 $F_2(x)$ 恒等的充要条件是特征函数 $\phi_1(t)$ 与 $\phi_2(t)$ 恒等.

提示: $F_1(x)$ 与 $F_2(x)$ 的不连续点集为 A, 在 A^C 上, 由 $\phi_1(t) \equiv \phi_2(t)$, 推得 $F_1(x) \equiv F_2(x)$.

推论 3.1.5 设特征函数 $\phi(t)$ 绝对可积, 即 $\displaystyle\int_{-\infty}^{\infty} |\phi(t)| dt < \infty$. 则对应的分布函数 $F(x)$ 为连续型随机变量 X 的分布函数, 且 $F'(x)$ 处处存在、有界连续, 且有反转公式

$$F'(x) = \frac{1}{2\pi} \int_{-\infty}^{\infty} e^{-itx} \phi(t) dt, \quad x \in \mathbb{R}^1. \tag{3.8}$$

证明 令

$$G(x) = \frac{F(x + 0) + F(x - 0)}{2},$$

如能证 $G'(x)$ 存在, 则 $G(x)$ 在 x 点连续, 从而 $F(x)$ 在 x 点也连续, 于是 $G(x) = F(x)$ 且 $G'(x) = F'(x)$, 故只要对 $G'(x)$ 证明推论即可.

由 (3.2) 知, 对 $h > 0$, 有

$$\frac{G(x + 2h) - G(x)}{2h}$$

$$= \frac{1}{2\pi} \lim_{l \to \infty} \int_{-l}^{l} \frac{e^{-itx} - e^{-it(x + 2h)}}{2hti} \phi(t) dt$$

$$= \frac{1}{2\pi} \lim_{l\to\infty} \int_{-l}^{l} e^{-it(x+h)} \frac{e^{ith} - e^{-ith}}{2hti} \phi(t)dt \tag{3.9}$$

$$= \frac{1}{2\pi} \lim_{l\to\infty} \int_{-l}^{l} e^{-it(x+h)} \frac{\sin th}{th} \phi(t)dt.$$

由于被积函数绝对值不超过 $|\phi(t)|$, 按条件 $|\phi(t)|$ 在 $\mathbb{R}^1$ 上可积, 故被积函数在 $\mathbb{R}^1$ 上可积, $\lim_{l\to\infty}\int_{-l}^{l}$ 可换成 $\int_{-\infty}^{\infty}$, 于是得到

$$\frac{G(x+2h) - G(x)}{2h} = \frac{1}{2\pi} \int_{-\infty}^{\infty} e^{-it(x+h)} \frac{\sin th}{th} \phi(t)dt.$$

由 Lebesgue 控制收敛定理, 当 $h\to 0^+$ 时, 可在积分号下取极限, 得

$$G^+(x) = \lim_{h\to 0^+} \frac{G(x+2h) - G(x)}{2h} = \frac{1}{2\pi} \int_{-\infty}^{\infty} e^{-itx} \phi(t)dt.$$

同时, 对 $h<0$ 时, 由

$$\frac{G(x+2h) - G(x)}{-2h},$$

可得

$$G^-(x) = \frac{1}{2\pi} \int_{-\infty}^{\infty} e^{-itx} \phi(t)dt,$$

于是

$$G'(x) = \frac{1}{2\pi} \int_{-\infty}^{\infty} e^{-itx} \phi(t)dt. \tag{3.10}$$

由于 $|e^{-it}\phi(t)| = |\phi(t)|$ 可积, 故 $G'(x)$ 有界, 且再次应用 Lebesgue 控制收敛定理, 知 $G'(x)$ 在 x 点连续, 且 $F'(x) = G'(x)$, $x\in\mathbb{R}^1$, 从而

$$F'(x) = \frac{1}{2\pi} \int_{-\infty}^{\infty} e^{-itx} \phi(t)dt.$$

例 3.1.6　求参数为 $\lambda(\lambda>0)$ 的 Poisson 分布 $P(\lambda)$,

$$\mathbb{P}(X=n) = e^{-\lambda} \cdot \frac{\lambda^n}{n!} \quad (n=0,1,\cdots)$$

的特征函数 $\phi(t)$.
解

$$\phi(t) = \sum_{n=0}^{\infty} e^{itn} \cdot e^{-\lambda} \cdot \frac{\lambda^n}{n!}$$

$$= e^{-\lambda} \sum_{n=0}^{\infty} \frac{(\lambda e^{it})^n}{n!}$$

$$= e^{\lambda e^{it} - \lambda}$$
$$= e^{\lambda(it-1)}.$$

例 3.1.7 设 $X \sim N(\mu, \sigma^2)$, 求 X 的分布的特征函数.

解 (1) $X \sim N(0,1)$, 则

$$f(x) = \frac{1}{\sqrt{2\pi}} e^{-\frac{x^2}{2}},$$

$$\phi(t) = \frac{1}{\sqrt{2\pi}} \int_{-\infty}^{\infty} e^{itx - \frac{x^2}{2}} dx$$

$$= e^{-\frac{t^2}{2}} \cdot \frac{1}{\sqrt{2\pi}} \int_{-\infty}^{\infty} e^{-\frac{(x-it)^2}{2}} dx.$$

最后一个积分, 是复变函数 $e^{-\frac{z^2}{2}} (z \in C)$. 在复平面上, 平行于实轴的直线 $y = -it$ 的积分 (见图 3.1), 由闭路积分理论, 此积分值等于

$$\int_{-\infty}^{\infty} e^{-\frac{x^2}{2}} dx = \sqrt{2\pi},$$

故

$$\phi(t) = e^{-\frac{t^2}{2}}. \tag{3.11}$$

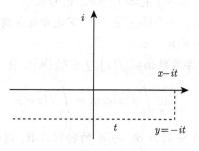

图 3.1

(2) $X \sim N(\mu, \sigma^2)$, 令

$$Z = \frac{X - \mu}{\sigma},$$

则 $Z \sim N(0,1)$, 且 $X = \mu + \sigma Z$. 由定理 3.1.1 中 (3) 及 (3.11), 有

$$\phi_X(t) = e^{i\mu t} \phi_Z(\sigma t)$$

$$= e^{i\mu t} \cdot e^{-\frac{(\sigma t)^2}{2}}$$

$$= exp\left(i\mu t - \frac{\sigma^2}{2} t^2 \right).$$

3.2　弱　收　敛

建立中心极限定理的基本思想是, 首先引入直线上的概率分布列的弱收敛的概念.

定义 3.2.1　直线 $\mathbb{R}^1$ 上的概率分布列 $\{\alpha_n\}_{n\geqslant 1}$ 称为弱收敛于概率分布 α, 记为 $\alpha_n \Rightarrow \alpha(n \to \infty)$, 如果

$$\lim_{n\to\infty} \alpha_n(I) = \alpha(I), \quad \forall \text{ 左开右闭区间 } I = (a,b].$$

对应于 α_n 与 α, 可以换为 $F_n(x)$ 与 $F(x)$.

定义 3.2.2　直线 $\mathbb{R}^1$ 上具有分布函数 $F_n(x)$ 的概率测度列 $\alpha_n(\cdot)$, 称为弱收敛于具有分布函数 $F(x)$ 的极限概率测度 α, 如果

$$\lim_{n\to\infty} F_n(x) = F(x), \quad \text{任意的 } F \text{ 的连续点 } x \in \mathbb{R}.$$

记为 $F_n \Rightarrow F(n \to \infty)$ 或 $\alpha_n \Rightarrow \alpha(n \to \infty)$.

这两种定义是等价的.

定义 3.2.3　设 $X(\{X_n\})$ 为随机变量 (列), 称 $\{X_n\}$ 依分布收敛于 X, 是指 X_n 的分布 α_n 弱收敛于 X 的分布 α, 记为 $X_n \Rightarrow X(n \to \infty)$.

下面给出 $\alpha_n \Rightarrow \alpha(n \to \infty)$ 的等价形式. 记号如下.

定理 3.2.1(Lévy-Ramer 连续性定理)　下述命题等价:

(i) $\alpha_n \Rightarrow \alpha$ 或 $F_n \Rightarrow F(n \to \infty)$;

(ii) 对于 $\mathbb{R}^1$ 上的有界连续函数 $f(x)$, $f \in C_b(\mathbb{R}^1)$, 有

$$\lim_{n\to\infty} \int_{\mathbb{R}} f(x)d\alpha_n = \int_{\mathbb{R}} f(x)d\alpha;$$

(iii) 若 $\phi_n(t)$ 与 $\phi(t)$ 分别为 α_n 与 α 的特征函数, 则任意的 $t \in \mathbb{R}^1$, 有

$$\lim_{n\to\infty} \phi_n(t) = \phi(t).$$

证明　(i)⇒(ii) 任意的 $\varepsilon > 0$, 选 F 的连续点 a 与 b, 使得 $a < b$, 且 $F(a) \leqslant \varepsilon$, $1 - F(b) \leqslant \varepsilon$, 因为 $F_n(a) \to F(a)$, $F_n(b) \to F(b)(n \to \infty)$. 可选 n 充分大, 使得 $F_n(a) \leqslant 2\varepsilon$, 且 $1 - F_n(b) \leqslant 2\varepsilon$.

将区间 $(a,b]$ 分为有限个小区间 $I_j = (a_j, a_{j+1}]$, $1 \leqslant j \leqslant N$, 使得 $a = a_1 < \cdots < a_{N+1} = b$, 且使所有左端点 $\{a_j\}$ 均为 F 的连续点, 且连续函数 f 在每个 I_j 上的振幅小于预先设计的实数 $\delta > 0$. 因为有界闭区间 $[a,b]$ 上的连续函数 f 为 $[a,b]$ 上一致连续函数, 对任意给定的 $\delta > 0$, 只要 N 充分大, 且 $\max|I_j|$ 充分小, 上述要求可以达到.

设 $h(x) = \sum_{j=1}^{N} I_{I_j}(x)f(a_j)$ 为在 I_j 上等于 $f(a_j)$ 在 $\bigcup_{j=1}^{N} I_j = (a,b]$ 的外部为 0 的简单函数. 我们有, $\forall x \in (a,b]$, $\exists I_j$, 使 $x \in I_j$, 从而

$$|f(x) - h(x)| = |f(x) - f(a_j)| \leqslant \delta.$$

又因 f 在 $\mathbb{R}^1$ 上有界, $\exists M > 0$, 使 $|f(x)| \leqslant M$, $x \notin (a,b]$, 因此

$$\left| \int_{\mathbb{R}} f(x)d\alpha_n - \sum_{j=1}^{N} f(a_j)[F_n(a_{j+1}) - F_n(a_j)] \right|$$

$$= \left| \sum_{j=1}^{N} \int_{I_j} f(x)d\alpha_n - \sum_{j=1}^{N} f(a_j)\alpha_n(I_j) \right| + \int_{-\infty}^{a} |f(x)|d\alpha_n + \int_{b}^{\infty} |f(x)|d\alpha_n$$

$$\leqslant \left| \sum_{j=1}^{N} \int_{I_j} [f(x) - f(a_j)]d\alpha_n \right| + \int_{-\infty}^{a} |f(x)|d\alpha_n + \int_{b}^{\infty} |f(x)|d\alpha_n$$

$$\leqslant \sum_{j=1}^{N} \int_{I_j} |f(x) - f(a_j)|d\alpha_n + \int_{-\infty}^{a} |f(x)|d\alpha_n + \int_{b}^{\infty} |f(x)|d\alpha_n$$

$$\leqslant \delta + MF_n(a) + (1 - F_n(b))M$$

$$\leqslant \delta + 4M\varepsilon, \tag{3.12}$$

$\alpha_n(I_j) = F_n(a_{j+1}) - F_n(a_j)$, 且同样有

$$\left| \int_{\mathbb{R}} f(x)d\alpha - \sum_{j=1}^{N} f(a_j)[F_n(a_{j+1}) - F_n(a_j)] \right| \leqslant \delta + 2M\varepsilon. \tag{3.13}$$

由于 $F_n(a_j) \longrightarrow F(a_j)(n \to \infty, 1 \leqslant j \leqslant N)$. 故由 (3.12) 及 (3.13), 应用三角不等式得

$$\lim_{n\to\infty} \left| \int_{\mathbb{R}^1} f(x)d\alpha_n - \int_{\mathbb{R}^1} f(x)d\alpha \right| \leqslant 2\delta + 6M\varepsilon.$$

由 $\delta > 0, \varepsilon > 0$ 的任意性, 得 (ii).

(ii)⇒(iii) 明显.

(iii)⇒(i) 是下述定理的特例.

定理 3.2.2 对 $n \geqslant 1$, 设 $\phi_n(t)$ 为概率分布 α_n 的特征函数. 假设 $\forall t \in \mathbb{R}^1$, $\lim_{n\to\infty} \phi_n(t) = \phi(t)$ 存在, 且 $\phi(t)$ 在 $t = 0$ 处连续, 那么 $\phi(t)$ 为概率分布 α 的特征函数, 且 $\alpha_n \Rightarrow \alpha(n \to \infty)$.

证明 分四步证明.

第一步 设 $\{r_j\}_{j\geqslant 1}$ 为 $\mathbb{R}^1$ 中有理数列, 又设 F_n 为对应 α_n 的分布函数. $\forall j \geqslant 1$, 讨论数列 $\{F_n(r_j)\}_{n\geqslant 1}$, 因其为以 1 为上界有界数列, 由列紧性, 可抽出一个子列 $\{F_{n_j}(r_j)\}_{j\geqslant 1}$ 是收敛的, 运用对角线法则, 我们可以选出一个子列 $\{G_k\}$, 其中 $\{G_k\} = \{F_{n_k}\}$, 满足: 对任意有理数 r, 极限

$$\lim_{k\to\infty} G_k(r) = b_r$$

存在. 由于 F_n 关于 x 的单调性, 当 $r_1 < r_2$ 时, 有 $0 \leqslant b_{r_1} \leqslant b_{r_2} \leqslant 1$.

第二步 $\forall r \geqslant 1$. 由 b_r 定义 $G(x)$ 为

$$G(x) = \inf_{r>x} b_r. \tag{3.14}$$

如果 $x_1 < x_2$, 明显有 $G(x_1) \leqslant G(x_2)$, 即 $G(x)$ 非减, $0 \leqslant G(x) \leqslant 1$. 设 $x_n \downarrow x(n \to \infty)$, 对 $r > x$, 当 n 充分大时, 有 $r > x_n$. 由此得出: $G(x) = \inf_n G(x_n)$, $\forall x_n \downarrow x(n \to \infty)$, 故 $G(x)$ 右连续.

第三步 对 G 的连续点 x, 有

$$\lim_{k\to\infty} G_k(x) = G(x). \tag{3.15}$$

事实上, 设 $r > x$ 为有理数, 则 $G_n(x) \leqslant G_n(r)$ 且 $G_n(r) \to b_r(n \to \infty)$, 从而

$$\varlimsup_{n\to\infty} G_n(x) \leqslant b_r.$$

此式对一切 $r > x$ 的有理数 r 均真, 取下确界, 得

$$\varlimsup_{n\to\infty} G_n(x) \leqslant G(x) = \inf_{r>x} b_r. \tag{3.16}$$

设 $y < x$, 选有理数 r, 满足 $y < r < x$, 有

$$\varliminf_{n\to\infty} G_n(x) \geqslant \varliminf_{n\to\infty} G_n(r) = b_r \geqslant G(y).$$

由于这对每个 $y < x$ 都对, 故因 x 为 G 的连续点, 有

$$\varliminf_{n\to\infty} G_n(x) \geqslant \sup_{y<x} G(y) = G(x - 0) = G(x),$$

i.e. $\lim\limits_{n\to\infty} G_n(x) = G(x)$.

第四步 运用 $\phi(t)$ 在 $t = 0$ 处的连续性, 证明: G 确实为分布函数.

事实上, 如果 $\phi(t)$ 为分布 α 的特征函数, 应用 Fubini 定理, 并注意到 $|\sin x| \leqslant |x|$ 且 $|\sin x| \leqslant 1$, 则

$$
\begin{aligned}
\frac{1}{2T} \int_{-T}^{T} \phi(t) dt &= \frac{1}{2T} \int_{-T}^{T} \left(\int_{\mathbb{R}^1} e^{itx} d\alpha \right) dt \\
&= \int_{\mathbb{R}^1} \left[\frac{1}{2T} \int_{-T}^{T} e^{itx} dt \right] d\alpha \\
&= \int_{\mathbb{R}^1} \frac{\sin Tx}{Tx} d\alpha \leqslant \int_{\mathbb{R}_1} \left| \frac{\sin Tx}{Tx} \right| d\alpha \\
&= \int_{|x|<L} \left| \frac{\sin Tx}{Tx} \right| d\alpha + \int_{|x| \geqslant L} \left| \frac{\sin Tx}{Tx} \right| d\alpha \\
&\leqslant \alpha(|x| < L) + \frac{1}{TL} \alpha(|x| \geqslant L).
\end{aligned}
$$

从而

$$
\begin{aligned}
1 - \frac{1}{2T} \int_{-T}^{T} \phi(t) dt &\geqslant 1 - \alpha(|x| < L) - \frac{1}{TL} \alpha(|x| \geqslant L) \\
&= \alpha(|x| \geqslant L) - \frac{1}{TL} \alpha(|x| \geqslant L) \\
&= \left(1 - \frac{1}{TL} \right) \alpha(|x| \geqslant L) \\
&\geqslant \left(1 - \frac{1}{TL} \right) [1 - F(L) + F(-L)].
\end{aligned}
$$

这里

$$
\alpha(|x| \geqslant L) = 1 - \alpha(|x| < L) = 1 - [F(L) - F(-L)].
$$

取 $L = \dfrac{2}{T}$, 得

$$
1 - F\left(\frac{2}{T} \right) + F\left(\frac{-2}{T} \right) \leqslant 2 \left[1 - \frac{1}{2T} \int_{-T}^{T} \phi(t) dt \right],
$$

以 F_{n_k} 代上述 F, $\phi_{n_k}(t)$ 代上述 $\phi(t)$, 则

$$
1 - F_{n_k}\left(\frac{2}{T} \right) + F_{n_k}\left(\frac{-2}{T} \right) \leqslant 2 \left[1 - \frac{1}{2T} \int_{-T}^{T} \phi_{n_k}(t) dt \right].
$$

可选 T 使得 $\pm \dfrac{2}{T}$ 为 $G(\cdot)$ 的连续点, 对上式右端应用有界控制收敛定理 $(k \to \infty)$. 并注意

$$F_{n_k}\left(\frac{\pm 2}{T}\right) = G_k\left(\pm\frac{2}{T}\right) \to G\left(\pm\frac{2}{T}\right) \quad (k \to \infty),$$

得

$$1 - G\left(\frac{2}{T}\right) + G\left(-\frac{2}{T}\right) \leqslant 2\left[1 - \frac{1}{2T}\int_{-T}^{T}\phi(t)dt\right].$$

注意 $\phi(0) = 1$, 且 $\phi(t)$ 在 $t = 0$ 处连续, 令 $T \to 0$,

$$\frac{1}{2T}\int_{-T}^{T}\phi(t)dt \to \phi(0) = 1.$$

于是有

$$1 - G(\infty) + G(-\infty) = 0.$$

注意到, $0 \leqslant G(-\infty) < G(\infty) \leqslant 1$, 则得 $G(-\infty) = 0, G(+\infty) = 1$. 即 $G(x)$ 为分布函数, 且 $G_n \Rightarrow G(n \to \infty)$, 又由定理 3.2.1, $\phi(t)$ 为 $G(x)$ 的特征函数.

定理 3.1.1 指出: 如果 $\phi(t)$ 为概率分布 α 的特征函数, 则 $\phi(t)$ 为非负定的, 且 $\phi(0) = 1$, $\phi(t)$ 在 $t = 0$ 处连续. 下面定理指出其逆亦真.

定理 3.2.3(Bochner 定理)　$\phi(t)$ 为概率分布 α 的特征函数的充分必要条件是 $\phi(t)$ 非负定, 在 $t = 0$ 处连续, 且 $\phi(0) = 1$.

证明　必要性. 由定理 3.1.1 推出.

充分性. 证明的思路　构造逼近函数列 $\{\phi_n(t)\}$, 使得 $\phi_n(t)$ 为某概率分布 α_n 的特征函数, 且满足 $\phi_n(t) \to \phi(t)$, $t \in \mathbb{R}(n \to \infty)$. 然后, 应用定理 3.2.1, 对应 $\phi_n(t)$ 的概率分布 α_n, 将有弱极限 α, 即 α 为概率分布, 且以 $\phi(\cdot)$ 为特征函数.

证明分三步.

第一步　首先建立几个非负定函数的初等性质.

(1) 如果 $\phi(t)$ 为非负定的, 对任意实数 a, $\phi(t)\exp(ita)$ 也是非负定的. 其证明是初等的直接验证.

(2) 如果 $\forall j \geqslant 1$, $\phi_j(t)$ 为非负定的, 则对于具有非负权重的线性组合, $\phi(t) = \sum_j w_j\phi_j(t)$ 也是非负定的. 如果每个 $\phi_j(t)$ 为正规的, 即 $\phi_j(0) = 1$, 且 $\sum_j w_j = 1$, 则 $\phi(0) = 1$, 即 $\phi(t)$ 为正规的.

(3) 如果 $\phi(t)$ 为非负定的, 则 $\phi(-t) = \overline{\phi(t)}$, 且 $|\phi(t)| \leqslant 1 = \phi(0)$, $\forall t \in \mathbb{R}^1$.

事实上, 若 $\phi(t)$ 为非负定的, $\forall t_1, t_2, \cdots, t_n \in \mathbb{R}^1$, n 阶方阵 $(\phi(t_i - t_j))_{1 \leqslant i,j \leqslant n}$ 为 Hermitian 非负定的. 由 Hermitian 性, 对 $t \in \mathbb{R}^1$, 有

$$\phi(-t) = \phi(0 - t) = \overline{\phi(t - 0)} = \overline{\phi(t)}.$$

如果 $n = 2$, 取 $t_1 = t$, $t_2 = 0$, 则 2×2 矩阵

$$(\phi(t_i - t_j))_{1 \leqslant i,j \leqslant n} = \begin{pmatrix} 1 & \phi(t) \\ \overline{\phi(t)} & 1 \end{pmatrix}$$

为非负定的, 故矩阵的行列式大于或等于零, 即 $1 - |\phi(t)|^2 \geqslant 0$. 于是

$$|\phi(t)| \leqslant 1 = \phi(0).$$

(4) 对任意 $s, t \in \mathbb{R}$, 有

$$|\phi(t) - \phi(s)|^2 \leqslant 4\phi(0)|1 - \phi(t - s)|.$$

事实上, $\forall s, t \in \mathbb{R}$, 考虑如下 3×3 的非负定矩阵:

$$\begin{pmatrix} 1 & \phi(t - s) & \phi(t) \\ \overline{\phi(t - s)} & 1 & \phi(s) \\ \overline{\phi(t)} & \overline{\phi(s)} & 1 \end{pmatrix},$$

这是矩阵 $(\phi(t_i - t_j))_{1 \leqslant i,j \leqslant 3}$ 当 $t_1 = t$, $t_2 = s$, $t_3 = 0$ 时的矩阵. 由非负定性, 知其行列式非负, 于是

$$\begin{aligned}
0 &\leqslant 1 + \phi(s)\phi(t - s)\overline{\phi(t)} + \overline{\phi(s)\phi(t - s)}\phi(t) \\
&\quad - |\phi(t)|^2 - |\phi(s)|^2 - |\phi(t - s)|^2 \\
&= 1 - |\phi(t) - \phi(s)|^2 - |\phi(t - s)|^2 \\
&\quad - \overline{\phi(t)}\phi(s)(1 - \phi(t - s)) - \phi(t)\overline{\phi(s)}(1 - \overline{\phi(t - s)}) \\
&\leqslant 1 - |\phi(t) - \phi(s)|^2 - |\phi(t - s)|^2 + 2|1 - \phi(t - s)|. \tag{3.17}
\end{aligned}$$

下面证:

$$1 - |\phi(t - s)|^2 \leqslant 2[1 - \phi(t - s)]. \tag{3.18}$$

于是由 (3.17) 及 (3.18) 得

$$|\phi(t) - \phi(s)|^2 \leqslant 4 \cdot |1 - \phi(t - s)| = 4 \cdot \phi(0)|1 - \phi(t - s)|.$$

(5) 由 (4) 可以推出, 如果 $\phi(t)$ 为非负定的函数, 且在 $t = 0$ 处连续, $\phi(0) = 1$, 则 $\phi(t)$ 在 $\mathbb{R}^1$ 上均匀连续.

第二步 证明: 如果 $\phi(t)$ 为非负定的在 $\mathbb{R}^1$ 上连续, 且绝对可积, 则

$$f(x) = \frac{1}{2\pi} \int_{-\infty}^{\infty} \exp(-itx)\phi(t)dt \geqslant 0, \tag{3.19}$$

$f(x)$ 为连续函数, 且

$$\int_{-\infty}^{\infty} f(x)dx = 1. \tag{3.20}$$

进而, 函数

$$F(x) = \int_{-\infty}^{x} f(y)dy$$

定义了分布函数, 且特征函数为

$$\phi(t) = \int_{-\infty}^{\infty} \exp(itx)f(x)dx. \tag{3.21}$$

如果 $\phi(t)$ 在 $(-\infty, \infty)$ 上可积, 由 (3.19) 知 $f(x)$ 为有界且连续的. 为证 $f(x)$ 为非负的, 我们由 (3.19) 及控制收敛定理, 有

$$f(x) = \lim_{T\to\infty} \frac{1}{2\pi} \int_{-T}^{T} \left(1 - \frac{|t|}{T}\right) e^{-itx}\phi(t)dt.$$

再利用变量替换, 及 $\phi(t-s)$ 的非负定性, 得

$$f(x) = \lim_{T\to\infty} \frac{1}{2\pi T} \int_{0}^{T} \int_{0}^{T} e^{-i(t-s)x}\phi(t-s)dtds$$

$$= \lim_{T\to\infty} \frac{1}{2\pi T} \int_{0}^{T} \int_{0}^{T} e^{-itx}\overline{e^{-isx}}\phi(t-s)dtds \geqslant 0.$$

下面证 (3.21). 首先, 对 $\sigma > 0$ 定义

$$f_\sigma(x) = f(x)\exp\left(-\frac{\sigma^2 x^2}{2}\right).$$

对于 $t \in \mathbb{R}^1$, 应用 Fubini 定理, 得

$$\int_{-\infty}^{\infty} e^{itx}f_\sigma(x)dx = \int_{-\infty}^{\infty} e^{itx}f(x)\exp\left(-\frac{\sigma^2 x^2}{2}\right)dx$$

$$= \frac{1}{2\pi} \int_{-\infty}^{\infty} \int_{-\infty}^{\infty} e^{itx}e^{-isx}\phi(s)\exp\left(-\frac{\sigma^2 x^2}{2}\right)dsdx$$

$$= \int_{-\infty}^{\infty} \phi(s)\left[\frac{1}{2\pi} \int_{-\infty}^{\infty} e^{i(t-s)x - \frac{\sigma^2 x^2}{2}}dx\right]ds. \tag{3.22}$$

注意到正态分布的密度函数为

$$g(s) = \frac{1}{\sqrt{2\pi}\sigma}e^{\frac{-(s-a)^2}{2\sigma^2}},$$

它对应的特征函数为

$$\psi(\tau) = e^{i\tau a - \frac{\sigma^2 \tau^2}{2}}.$$

从而由反转公式 (推论 3.1.5), 有

$$
\begin{aligned}
g(s) &= \frac{1}{2\pi} \int_{-\infty}^{\infty} e^{-i\tau s} \cdot \psi(\tau) d\tau \\
&= \frac{1}{2\pi} \int_{-\infty}^{\infty} e^{-i\tau(s-a) - \frac{\sigma^2 \tau^2}{2}} d\tau.
\end{aligned}
\tag{3.23}
$$

比较 (3.22) 中方括号项与 (3.23) 得

$$
\begin{aligned}
&\frac{1}{2\pi} \int_{-\infty}^{\infty} e^{i(t-s)x} e^{-\frac{\sigma^2 x^2}{2}} dx \\
&= \frac{1}{2\pi} \int_{-\infty}^{\infty} e^{-i\tau(s-a) - \frac{\sigma^2 \tau^2}{2}} d\tau \\
&= g(s) = \frac{1}{\sqrt{2\pi}\sigma} e^{-\frac{(s-a)^2}{2\sigma^2}}.
\end{aligned}
$$

于是由 (3.22), 得到

$$\int_{-\infty}^{\infty} e^{itx} f_{\sigma}(x) dx = \int_{-\infty}^{\infty} \phi(s) \frac{1}{\sqrt{2\pi}\sigma} e^{-\frac{(t-s)^2}{2\sigma^2}} ds. \tag{3.24}$$

在 (3.24) 中, 取 $t = 0$ 时, 有

$$\int_{-\infty}^{\infty} f_{\sigma}(x) dx = \int_{-\infty}^{\infty} \phi(s) \frac{1}{\sqrt{2\pi}\sigma} e^{-\frac{s^2}{2\sigma^2}} ds \leqslant 1. \tag{3.25}$$

由于 $f_{\sigma}(x) \geqslant 0$, 且当 $\sigma \to 0$ 时, $f_{\sigma}(x) \to f(x) (x \in \mathbb{R}^1)$, 应用 Fatou 引理, 得

$$\int_{-\infty}^{\infty} f(x) dx \leqslant \varliminf_{\sigma \to 0} \int_{-\infty}^{\infty} f_{\sigma}(x) dx \leqslant 1.$$

因此, $f(x)$ 在 $\mathbb{R}^1$ 上可积, 在 (3.24) 中, 令 $\sigma \to 0$, 由于 $|e^{itx} f_{\sigma}(x)| \leqslant f(x)$, 故在左端应用 Lebesgue 控制收敛定理, 在积分号下取极限. 在 (3.24) 的右端先进行变量替换, 再次应用 Lebesgue 控制收敛定理, 由 $\phi(t)$ 的连续性, 得

$$
\begin{aligned}
\int_{-\infty}^{\infty} e^{itx} f(x) dx &= \lim_{\sigma \to 0} \int_{-\infty}^{\infty} \phi(s) \frac{1}{\sqrt{2\pi}\sigma} e^{-\frac{(t-s)^2}{2\sigma^2}} ds \\
&= \lim_{\sigma \to 0} \int_{-\infty}^{\infty} \phi(t + \sigma s) \frac{1}{\sqrt{2\pi}} e^{-\frac{s^2}{2}} ds \\
&= \phi(t).
\end{aligned}
$$

故 (3.21) 得证. 令 $t = 0$ 得

$$\int_{-\infty}^{\infty} f(x)dx = \phi(0) = 1.$$

第三步　如果 $\phi(t)$ 为非负定的, 且在 $\mathbb{R}^1$ 上连续. $\forall y \in \mathbb{R}^1$ 及 $\sigma > 0$, 知 $\phi(t)$ $\exp(ity)$ 亦然. 由正态分布函数, 有

$$\begin{aligned}\phi_\sigma(t) &= \int_{-\infty}^{\infty} \phi(t)e^{ity} \cdot \frac{1}{\sqrt{2\pi}\sigma} e^{-\frac{y^2}{2\sigma^2}} dy \\ &= \phi(t) \int_{-\infty}^{\infty} e^{ity} \cdot \frac{1}{\sqrt{2\pi}\sigma} e^{-\frac{y^2}{2\sigma^2}} dy \\ &= \phi(t) e^{-\frac{\sigma^2 t^2}{2}}.\end{aligned} \tag{3.26}$$

将上一步结果应用于 $\phi_\sigma(t)$, 可知 $\phi_\sigma(t)$ 为某分布 $\alpha_\sigma(\cdot)$ 的特征函数, 且 $\phi_\sigma(t) \to \phi(t)(\sigma \to 0)$. 由定理 3.2.2 知, $\phi(t)$ 为特征函数.

3.3　四种收敛性

在介绍极限定理之前, 首先必须清楚随机变量的收敛性. 本书用到的收敛性主要有四种, 分别为几乎确定收敛、依概率收敛、依分布收敛和 r 阶收敛.

设 $\{X_n(\omega)\}_{n \geqslant 1}$ 及 $X(\omega)$ 为概率空间 $(\Omega, \mathscr{F}, \mathbb{P})$ 上定义的随机变量列及随机变量, 如果

$$\mathbb{P}(\omega: \lim_{n \to \infty} X_n(\omega) = X(\omega)) = 1. \tag{3.27}$$

则称 $\{X_n(\omega)\}$ 几乎确定地 (或概率 1) 收敛到 $X(\omega)$, 并记为

$$\lim_{n \to \infty} X_n(\omega) = X(\omega), \quad \text{a.s.}$$

当将 $\mathbb{P}(\cdot)$ 替换为任意有限测度 $\mu(\cdot)$ 时, 此处即为几乎处处收敛. 而将依测度收敛称为依概率收敛, 并记为

$$\lim_{n \to \infty} X_n(\omega) = X(\omega)(\mathbb{P}).$$

定理 3.3.1　若 $\lim_{n \to \infty} X_n(\omega) = X(\omega)(\text{a.s.})$, 则

$$\lim_{n \to \infty} X_n(\omega) = X(\omega)(\mathbb{P}).$$

其逆不真.

证明　$X_n \to X, n \to \infty(\text{a.e.})$ 蕴涵 $X_n \to X, n \to \infty(\mathbb{P})$. 参见引理 2.6.1 中 (5), 取 $\mu(\cdot) = \mathbb{P}(\cdot)$.

其逆不真, 参见下例.

例 3.3.2 设 $\Omega = (0,1]$, $\mathscr{F}$ 为 $(0,1]$ 中 Borel 集全体构成的 σ-代数, $\mathbb{P}(\cdot)$ 为 Lebesgue 测度, 则可构造随机变量列 $\{X_n\}_{n \geqslant 1}$, 使 $X_n \to 0, n \to \infty(\mathbb{P})$. 但对 $\omega \in \Omega$, $\{X_n(\omega)\}$ 不收敛. 即 X_n 收敛, $n \to \infty(\text{a.s.})$ 不成立.

解 令

$$\eta_{11}(\omega) = 1, \quad \omega \in \Omega;$$

$$\eta_{21}(\omega) = \begin{cases} 1, & \omega \in \left(0, \dfrac{1}{2}\right], \\ 0, & \omega \in \left(\dfrac{1}{2}, 1\right]; \end{cases} \tag{3.28}$$

$$\eta_{22}(\omega) = \begin{cases} 0, & \omega \in \left(0, \dfrac{1}{2}\right], \\ 1, & \omega \in \left(\dfrac{1}{2}, 1\right]; \end{cases} \tag{3.29}$$

一般地, 将 $(0,1]$ 分为 k 个等长度, 左开右闭区间 $(k = 1, 2, 3, \cdots)$. 令

$$\eta_{ki}(\omega) = \begin{cases} 1, & \omega \in \left(\dfrac{i-1}{k}, \dfrac{i}{k}\right], \\ 0, & \omega \notin \left(\dfrac{i-1}{k}, \dfrac{i}{k}\right], \end{cases} \quad i = 1, 2, \cdots, k; k = 1, 2 \cdots. \tag{3.30}$$

定义 $X_1(\omega) = \eta_{11}(\omega)$, $X_2(\omega) = \eta_{21}(\omega)$, $X_3(\omega) = \eta_{22}(\omega)$, $X_4(\omega) = \eta_{31}(\omega)$, $X_5(\omega) = \eta_{32}(\omega)$, $X_6(\omega) = \eta_{33}(\omega)$, $\cdots$, 则 $\{X_n(\omega)\}$ 为 Ω 上的随机变量, 且对任意 $\varepsilon > 0$, 有

$$\mathbb{P}(|\eta_{ki}(\omega)| \geqslant \varepsilon) \leqslant \frac{1}{k}.$$

故 $X_n \to 0, n \to \infty(\mathbb{P})$. 然而 $\forall \omega \in \Omega$, 任一整数 k, 恰有自然数 i, 使 $\eta_{ki}(\omega) = 1$ 而 $\eta_{kj}(\omega) = 0(j \neq i)$. 因而 $\{X_n(\omega)\}$ 中有无穷多个 1 及无穷多个 0. 于是 $\forall \omega \in (0,1]$, $\{X_n(\omega)\}$ 不收敛.

下面讨论 r 阶收敛.

设对随机变量 X_n 及 X, 有 $\mathbb{E}[|X_n|^r] < \infty$, $\mathbb{E}[|X|^r] < \infty$, 其中 $r > 0$ 为常数. 如果

$$\lim_{n \to \infty} \mathbb{E}[|X_n - X|^r] = 0, \tag{3.31}$$

则称 $\{X_n\}$ r-阶收敛于 X, 记为

$$X_n \to X, \quad n \to \infty \quad (r \text{ 阶}).$$

二阶收敛又称为平均收敛.

定理 3.3.3   若 $X_n \to X, n \to \infty(r \text{ 阶})$, 则 $X_n \to X, n \to \infty(\mathbb{P})$. 其逆不真.

证明   由 Markov 不等式,

$$\mathbb{P}(|X_n - X| \geqslant \varepsilon) \leqslant \frac{\mathbb{E}[|X_n - X|^r]}{\varepsilon^r},$$

以及 (3.31) 可得. 其逆不真, 反例见例 3.3.4.

例 3.3.4   设 $(\Omega, \mathscr{F}, \mathbb{P})$ 如例 3.3.2 所示. 令

$$X_n(\omega) = \begin{cases} n^{\frac{1}{r}}, & \omega \in \left(0, \dfrac{1}{n}\right], \\ 0, & \omega \notin \left(0, \dfrac{1}{n}\right], \end{cases} \quad n = 1, 2 \cdots \tag{3.32}$$

及

$$X(\omega) \equiv 0, \quad \omega \in \Omega.$$

则 $\forall \omega \in \Omega = (0, 1]$, 因 $\omega > 0$, 取 n 充分大, 使 $\dfrac{1}{n} < \omega$, i.e. $\omega \notin \left(0, \dfrac{1}{n}\right]$. 因此 $X_n(\omega) = 0 = X(\omega)$. 即 $X_n \to X(n \to \infty)(\text{a.s.})$. 从而 $X_n \to X(n \to \infty)(\mathbb{P})$. 但

$$\mathbb{E}[|X_n - X|^r] = n \cdot \frac{1}{n} = 1 \quad (n \geqslant 1).$$

定理 3.3.5   若 $X_n \to X(n \to \infty)(\mathbb{P})$, 则 $X_n \Rightarrow X(n \to \infty)$. 且其逆不真.

证明 $\forall x, y \in \mathbb{R}^1$, 有

$$\{\omega : X(\omega) \leqslant y\} = \{\omega : X_n(\omega) \leqslant x, X(\omega) \leqslant y\} \cup \{\omega : X_n(\omega) > x, X(\omega) \leqslant y\}$$
$$\subset \{\omega : X_n(\omega) \leqslant x\} \cup \{\omega : X_n(\omega) > x, X(\omega) \leqslant y\},$$

从而由概率测度 $\mathbb{P}(\cdot)$ 的次可加性, 有

$$F(y) \leqslant F_n(x) + \mathbb{P}(\{\omega : X_n(\omega) > x, X(\omega) \leqslant y\}).$$

由于 $X_n \to X(n \to \infty)(\mathbb{P})$, 故对 $y < x$, 有

$$\mathbb{P}(\{\omega : X_n(\omega) > x, X(\omega) \leqslant y\})$$
$$\leqslant \mathbb{P}(\{\omega : |X_n(\omega) - X(\omega)| \geqslant x - y\}) \to 0 \quad (n \to \infty).$$

因此, 有

$$F(y) \leqslant \varliminf_{n \to \infty} F_n(x).$$

类似可证: 对 $x < z$, 有

$$\varlimsup_{n \to \infty} F_n(x) \leqslant F(z).$$

于是对 $y < x < z$, 有

$$F(y) \leqslant \varliminf_{n \to \infty} F_n(x) \leqslant \varlimsup_{n \to \infty} F_n(x) \leqslant F(z),$$

其中 x 为 $F(x)$ 的连续点. 令 $y \to x, z \to x$, 得到

$$F(x) = \varliminf_{n \to \infty} F_n(x) = \varlimsup_{n \to \infty} F_n(x).$$

即 $X_n \Rightarrow X(n \to \infty)$. 其逆不真, 见例 3.3.6.

例 3.3.6 设 $\{X_n\}$ 及 X 为相互独立的离散随机变量, 则有公共的分布密度矩阵

$$\begin{pmatrix} 0 & 1 \\ \dfrac{1}{2} & \dfrac{1}{2} \end{pmatrix}.$$

因而有相同的分布, 故 $X_n \Rightarrow X(n \to \infty)$, 但对 $\varepsilon > 0$, 有

$$\mathbb{P}(\{\omega : | X_n(\omega) - X(\omega) | > \varepsilon\})$$
$$= \mathbb{P}(\{\omega : X_n(\omega) = 1, X(\omega) = 0\}) + \mathbb{P}(\{\omega : X_n(\omega) = 0, X(\omega) = 1\})$$
$$= \mathbb{P}(X_n = 1)\mathbb{P}(X = 0) + \mathbb{P}(X_n = 0)\mathbb{P}(X = 1)$$
$$= \frac{1}{2} \cdot \frac{1}{2} + \frac{1}{2} \cdot \frac{1}{2} = \frac{1}{2}.$$

即 $X_n \nrightarrow X_n(n \to \infty)(\mathbb{P})$.

习 题 3

1. 计算下列分布的特征函数.

(1) α 为退化分布 δ_a, 使得在点 a 处的概率为 1;

(2) α 为二项分布, 概率密度为

$$p_k = \mathbb{P}[X = k] = \binom{n}{k} p^k (1-p)^{n-k}, \quad 0 \leqslant k \leqslant n.$$

2. 设 X 服从均匀分布, 其密度函数 $f(x) = \dfrac{1}{b-a}, a \leqslant x \leqslant b$. 证明:

$$\phi(t) = \frac{e^{itb} - e^{ita}}{it(b-a)}.$$

3. 设 X 服从几何分布, $\mathbb{P}[X = r] = pq^r(r = 0, 1, 2, \cdots)$. 证明:$X$ 的特征函数

$$\phi(t) = p(1 - q^{it})^{-1}.$$

第4章 极限定理

一般说来, 概率法则总是对大量随机现象才能显现出来, 为了研究 "大量" 的随机现象, 常常用极限的形式, 由此, 人们开始对极限定理进行研究. 极限定理的内容很广泛, 其中最重要的有两种: (强) 大数定律与中心极限定理. 因为主要研究独立随机变量列的极限定理, 所以首先研究独立性.

4.1 独立性与卷积运算

概率论中的核心概念之一是独立性, 直观地说, 两个事件是独立的, 就是它们不相互影响. 正式的定义如下.

定义 4.1.1 两个事件 A 与 B 称为独立的, 如果

$$\mathbb{P}(A \cap B) = \mathbb{P}(A) \cdot \mathbb{P}(B).$$

定义 4.1.2 两个随机变量 X 与 Y 为独立的, 如果对直线上任意两个 Borel 集合 A 与 B, 有

$$\mathbb{P}[X \in A, Y \in B] = \mathbb{P}[X \in A] \cdot \mathbb{P}[Y \in B].$$

即事件 $\{X \in A\}$ 与 $\{Y \in B\}$ 是独立的.

此定义可自然地推广到有限, 甚至无限多随机变量的集合.

定义 4.1.3 有限随机变量 $\{X_j : 1 \leqslant j \leqslant n\}$ 的集合称为是独立的, 如果对直线上任意 n 个 Borel 集合 $A_1, A_2, \cdots, A_n$, 有

$$\mathbb{P}\left[\bigcap_{1 \leqslant j \leqslant n} [X_j \in A_j]\right] = \prod_{1 \leqslant j \leqslant n} \mathbb{P}[X_j \in A_j].$$

定义 4.1.4 无穷个随机变量的集合称为是独立的, 如果从中任取有限子集均是独立的.

引理 4.1.1 定义在 $(\Omega, \Sigma, \mathbb{P})$ 上的两个随机变量 X, Y 是独立的, 当且仅当在 $\mathbb{R}^2$ 中, 由 (X, Y) 诱导的测度, 恰为乘积测度 $\alpha \times \beta$, 其中 α 与 β 分别为由 X 与 Y 诱导出 $\mathbb{R}^1$ 的测度.

$$F(x, y) = \mathbb{P}(X \leqslant x, Y \leqslant y) = \mathbb{P}(X \leqslant x) \cdot \mathbb{P}(Y \leqslant y) = F_X(x) F_Y(y).$$

证明 留作练习.

此引理的重要性在于, 如果 X 与 Y 是独立的, 且人们知道它们的分布 α 与 β, 则它们的联合分布由乘积测度而自动确定.

如果 X 与 Y 为具有分布 α, β 的独立随机变量, 则和 $Z = X + Y$ 的分布确定程序如下: 首先在 $\mathbb{R}^1 \times \mathbb{R}^1$ 上构造乘积测度, 然后考虑由函数 $f(X, Y) = X + Y$ 的诱导分布, 此分布称为 α 与 β 的卷积, 记为 $\alpha * \beta$.

为清楚起见, 我们以分布函数来进行讨论. 设 $F_X(x)$, $F_Y(y)$ 分别为 X, Y 的分布函数, 设 (X, Y) 为二维随机向量, 其联合分布函数为 $F(x, y)$, 试求 $Z = X + Y$ 的分布函数 $G(z)$.

令 $C = \{(x, y) : x + y \leqslant z\}$ 为 $\mathbb{R}^2 = \mathbb{R}^1 \times \mathbb{R}^1$ 中的 Borel 集, 则

$$G(z) = F(C) = \iint_{x+y \leqslant z} dF(x, y). \tag{4.1}$$

此处的积分为 Lebesgue-Stieltjes 积分, 如果 (X, Y) 有分布密度 $f(x, y)$, 则

$$G(z) = \iint_{x+y \leqslant z} f(x, y) dx dy = \int_{-\infty}^{z} \int_{-\infty}^{\infty} f(x, u - x) dx du,$$

其中 $u = x + y$, 故 $y = u - x$(此处用到 Fubini 定理), 故知 Z 也有分布密度为

$$g(z) = G'(z) = \int_{-\infty}^{\infty} f(x, z - x) dx.$$

因 X 与 Y 独立, 故有

$$F(x, y) = F_X(x) F_Y(y).$$

由 (4.1) 得

$$
\begin{aligned}
G(z) &= \iint_{x+y \leqslant z} dF_X(x) dF_Y(y) \\
&= \int_{-\infty}^{\infty} [F_Y(y)|_{-\infty}^{y=z-x}] dF_X(x) \\
&= \int_{-\infty}^{\infty} [F_X(x)|_{x=-\infty}^{x=z-y}] dF_Y(y),
\end{aligned}
$$

故

$$G(z) = \int_{-\infty}^{\infty} F_Y(z - x) dF_X(x) = \int_{-\infty}^{\infty} F_X(z - y) dF_Y(y).$$

上式记为

$$G = F_Y * F_X = F_X * F_Y, \tag{4.2}$$

称 G 为 F_X 与 F_Y 的卷积.

$$F_X * F_Y = \iint_C dF_X(x)dF_Y(y).$$

如果 $F_X(x), F_Y(y)$ 有密度 $f_X(x), f_Y(y)$, 则卷积 $G(z)$ 也有密度函数 $g(z)$, 为

$$g(z) = \int_{-\infty}^{\infty} f_Y(z-x)f_X(x)dx = \int_{-\infty}^{\infty} f_X(z-y)f_Y(y)dy. \tag{4.3}$$

(4.3) 称为密度的卷积公式, 并称其中的 $g(z)$ 为 $f_X(x)$ 与 $f_Y(y)$ 的卷积.

对离散型的随机变量, 可类似讨论.

对分布来说, 如果 $A \subset \mathbb{R}^2$ 为 Borel 集, 由 X 与 Y 的独立性得

$$\begin{aligned}
(\alpha * \beta)(A) &= \iint_A d(\alpha \times \beta) = \iint_A (\alpha \times \beta)(dxdy) \\
&= \iint_A \alpha(dx) \cdot \beta(dy) = \int_{-\infty}^{\infty} \left[\int_{A-y} \alpha(dx) \right] \beta(dy) \\
&= \int_{-\infty}^{\infty} \left[\int_{A-x} \beta(dy) \right] \alpha(dx) = \int_{-\infty}^{\infty} \alpha(A-y)d\beta \\
&= \int_{-\infty}^{\infty} \beta(A-x)d\alpha,
\end{aligned}$$

其中 $d\alpha = \alpha(dx), d\beta = \beta(dy)$.

$\alpha * \beta$ 对应的特征函数:

$$\begin{aligned}
\phi_{\alpha*\beta}(t) &= \int_{-\infty}^{\infty} \exp(itz)d(\alpha * \beta) = \iint_{\mathbb{R}^2} \exp[it(x+y)]d\alpha d\beta \\
&= \int_{-\infty}^{\infty} \exp(itx)d\alpha \cdot \int_{-\infty}^{\infty} \exp(ity)d\beta.
\end{aligned}$$

于是

$$\phi_{\alpha*\beta}(t) = \phi_\alpha(t) \cdot \phi_\beta(t). \tag{4.4}$$

下面将其进行推广: 如果 $X_1, X_2, \cdots, X_n$ 为 n 个独立的随机变量, 那么它们的和 $S_n = X_1 + X_2 + \cdots + X_n$ 的分布可以用每个加数的分布来计算, 如果 α_j 为 X_j 的分布, 那么 S_n 的分布 μ_n 由卷积给出:

$$\mu_n = \alpha_1 * \alpha_2 * \cdots * \alpha_n. \tag{4.5}$$

上式可以归纳给出

$$\mu_{j+1} = \mu_j * \alpha_{j+1} \quad (\mu_1 = \alpha_1, j = 1, 2, \cdots, n-1),$$

以 $\alpha_j(j=1,2,\cdots,n)$ 的特征函数 $\phi_j(t)$ 可以给出 μ_n 的特征函数 $\Phi_n(t)$:

$$\Phi_n(t) = \phi_1(t) \cdot \phi_2(t) \cdots \cdots \phi_n(t). \tag{4.6}$$

S_n 的均值与方差可容易得到

$$\mathbb{E}[S_n] = \sum_{j=1}^{n} \mathbb{E}[X_j], \tag{4.7}$$

$$\begin{aligned} \mathrm{Var}[S_n] &= \mathbb{E}[(S_n - \mathbb{E}[S_n])^2] \\ &= \sum_{i=1}^{n} \mathbb{E}[(X_i - \mathbb{E}(X_i))^2] + 2 \sum_{1 \leqslant i < j \leqslant n} \mathbb{E}[X_i - \mathbb{E}(X_i)][X_j - \mathbb{E}(X_j)]. \end{aligned}$$

对于 $i \neq j$, 由独立性, 由于

$$\mathbb{E}[(X_i - \mathbb{E}(X_i))(X_j - \mathbb{E}(X_j))] = \mathbb{E}[X_i - \mathbb{E}(X_i)]\mathbb{E}[X_j - \mathbb{E}(X_j)],$$

得到公式

$$\mathrm{Var}[S_n] = \sum_{i=1}^{n} \mathrm{Var}[X_i]. \tag{4.8}$$

4.2 大数定律与强大数定律

实际经验告诉我们: 掷一个结构正常的硬币, 虽然不能准确预言掷出的结果, 但如果独立地连掷 n 次, 当 n 充分大以后, 出现正面的频率 $\dfrac{S_n}{n}$ 与 $\dfrac{1}{2}$ 很接近, 其中 S_n 为在此 n 次中出现正面的总次数, 这类事实有直观的解释: 要从随机现象中, 寻求必然的规律, 应该研究大量的随机现象, 在大量的随机现象里, 各自的偶然性在一定的程度上可以相互抵消, 相互补偿, 因而可能显示出必然的法则来.

于是现实向我们提出一个理论问题: 在一般的 Bernoulli 试验中, 每次试验时, A 出现的概率为 $0 < p < 1$, 以 S_n 表示前 n 次试验中 A 出现的次数, 能否从数学上严格证明:

$$\frac{S_n}{n} \to p \quad (n \to \infty)? \tag{4.9}$$

此问题可以改述如下: 考虑独立随机变量列 X_k, 其中

$$X_k(\omega) = \begin{cases} 1, & \text{如} A \text{在第} k \text{次试验中出现}, \\ 0, & \text{反之}. \end{cases} \tag{4.10}$$

求证:

$$\frac{\sum\limits_{k=1}^{n} X_k}{n} \to p \quad (p = \mathbb{E}[X_1]).$$

或者, 更广泛地, 提出下列一般问题.

设已给随机变量列 X_k 及二列常数 $\{C_k\}, \{D_k\}, D_k \neq 0, k = 1, 2 \cdots$, 试研究随机变量列 $\{Y_n\}$ 的收敛性, 其中

$$Y_n = \frac{1}{D_n} \sum_{k=1}^{n} (X_k - C_k).$$

这决定于如下三个因素:

(i) $\{X_n\}_{n \geqslant 1}$ 具有什么性质?

(ii) 什么样的 $\{C_k\}$ 与 $\{D_k\}$?

(iii) 用哪种收敛性?

关于 (i), 一般总设 $\{X_n\}_{n \geqslant 1}$ 是独立的, 关于 (ii), 当取 $C_k = \mathbb{E}[X_k], D_n = n$ 时, 并且 Y_n 几乎确定收敛 (依概率收敛) 到 0 时, 我们说对 $\{X_n\}$ 强大数定律 (或大数定律) 成立, 有时说 $\{X_n\}$ 服从强大数定律 (大数定律); 当选取 $C_k = \mathbb{E}[X_k]$, $D_n = \sqrt{\sum_{k=1}^{n} \text{Var}[X_k]}$ 时, 并且 Y_n 的分布弱收敛到标准正态分布时, 我们就得到中心极限定理, 留待 4.3 节介绍.

4.2.1　大数定律

设一般 Bernoulli 试验中, 每次试验时成功的概率为 $p : 0 < p < 1$, 以 S_n 表示前 n 次试验中成功的次数, 则 S_n 服从二项分布 $B(n, p)$, 即

$$p_k = \mathbb{P}[S_n = k] = \binom{n}{k} p^k (1-p)^{n-k} \quad (k = 0, 1, \cdots, n).$$

则对 $\delta > 0$, 有

$$\begin{aligned}
\mathbb{P}\{|S_n - np| \geqslant n\delta\} &= \sum_{|k-np| \geqslant n\delta} p_k = \sum_{|k-np| \geqslant n\delta} \binom{n}{k} p^k (1-p)^{n-k} \\
&\leqslant \frac{1}{n^2 \delta^2} \sum_{|k-np| \geqslant n\delta} (k-np)^2 \binom{n}{k} p^k (1-p)^{n-k} \\
&\leqslant \frac{1}{n^2 \delta^2} \sum_{k=1}^{n} (k-np)^2 \binom{n}{k} p^k (1-p)^{n-k} \\
&= \frac{1}{n^2 \delta^2} \mathbb{E}[S_n - np]^2 \\
&= \frac{1}{n^2 \delta^2} \text{Var}[S_n] \\
&= \frac{1}{n^2 \delta^2} np(1-p)
\end{aligned}$$

$$= \frac{p(1-p)}{n\delta^2}, \tag{4.11}$$

$$\lim_{n\to\infty} \mathbb{P}\left\{\left|\frac{S_n}{n} - p\right| \geqslant \delta\right\} \leqslant \lim_{n\to\infty} \frac{p(1-p)}{n\delta^2} = 0. \tag{4.12}$$

在 (4.11) 中, 我们用到下面简单不等式的离散形式:

$$\int_{x:g(x)\geqslant a} g(x)d\alpha \geqslant a\alpha[x : g(x) \geqslant a],$$

其中 $g(x) = (x - np)^2$, $a = n\delta$. 当 $\{X_i\}_{i=1}^n$ 相互独立, $S_n = X_1 + X_2 + \cdots + X_n$, $\mathbb{P}[X_i = 1] = p$ 且 $\mathbb{P}[X_i = 0] = 1 - p$. 故

$$\mathbb{E}[S_n] = np,$$

$$\text{Var}[S_n] = \sum_{i=1}^n \text{Var}[x_i] = n\text{Var}[x_i] = np(1-p).$$

(4.12) 表明的大数定律, 称为 Bernoulli 大数定律.

上面讨论的方法可以推广成: 对任意独立, 同分布的随机变量列 $\{X_i\}_{i\geqslant 1}$, 如果假设

$$a = \mathbb{E}[X_i], \quad \sigma^2 = \text{Var}[X_i] \quad (i = 1, 2, \cdots),$$

则

$$\mathbb{E}\left[\frac{S_n}{n}\right] = a,$$

且

$$\text{Var}\left[\frac{S_n}{n}\right] = \frac{\text{Var}[S_n]}{n^2} = \frac{n \cdot \sigma^2}{n^2} = \frac{\sigma^2}{n}.$$

Chebyshev 不等式 对满足 $\mathbb{E}[X^2] < \infty$ 的随机变量 X, 对 $\delta > 0$ 有

$$\begin{aligned}
\mathbb{P}\{|X - \mathbb{E}[X]| \geqslant \delta\} &= \int_{|X-\mathbb{E}[X]|\geqslant\delta} d\mathbb{P} \\
&\leqslant \frac{1}{\delta^2}\int_{|X-\mathbb{E}[X]|\geqslant\delta} |X - \mathbb{E}[X]|^2 d\mathbb{P} \\
&\leqslant \frac{1}{\delta^2}\int_{\Omega} |X - \mathbb{E}[X]|^2 d\mathbb{P} \\
&= \frac{1}{\delta^2}\text{Var}[X]. \tag{4.13}
\end{aligned}$$

将 $|\cdot|^2$ 换为 $|\cdot|^r$, 便得 Markov 不等式.

应用 Chebyshev 不等式, 便可证明如下的大数定律.

定理 4.2.1(大数定律) 设 $\{X_n\}_{n\geqslant 1}$ 为随机变量列, 对任意整数 n,

$$\text{Var}\left[\sum_{k=1}^{n}X_k\right] < \infty,$$

$$\lim_{n\to\infty}\frac{1}{n^2}\text{Var}\left[\sum_{k=1}^{n}X_k\right] = 0, \tag{4.14}$$

则 $\{X_k\}_{k\geqslant 1}$ 服从大数定律, 即对任意 $\varepsilon > 0$, 有

$$\lim_{n\to\infty}\mathbb{P}\left\{\left|\frac{1}{n}\sum_{k=1}^{n}(X_k - \mathbb{E}[X_k])\right| \geqslant \varepsilon\right\} = 0. \tag{4.15}$$

证明 在 Chebyshev 不等式 (4.13) 中, 取

$$X = \sum_{k=1}^{n}(X_k - \mathbb{E}[X_k]), \quad \delta = n\varepsilon,$$

因而 $\mathbb{E}[X] = 0$. 得

$$\mathbb{P}\left\{\left|\frac{1}{n}\sum_{k=1}^{n}(X_k - \mathbb{E}[X_k])\right| \geqslant \varepsilon\right\} \leqslant \frac{1}{n^2\varepsilon^2}\text{Var}\left[\sum_{k=1}^{n}X_k\right] \to 0 \quad (n\to\infty).$$

推论 4.2.2(Chebyshev 大数定律) 设对独立随机变量列 $\{X_k\}_{k\geqslant 1}$, 有常数 C, 使得 $\text{Var}[X_k] \leqslant C(k = 1, 2, \cdots)$, 则 $\{X_k\}_{k\geqslant 1}$ 服从大数定律.

证明 由

$$\text{Var}\left[\sum_{k=1}^{n}X_k\right] = \sum_{k=1}^{n}\text{Var}[X_k] \leqslant nC < \infty,$$

$$\frac{1}{n^2}\text{Var}\left[\sum_{k=1}^{n}X_k\right] \leqslant \frac{nC}{n^2} = \frac{C}{n} \to 0 \quad (n\to\infty),$$

并应用定理 4.2.1, 推出 (4.15).

推论 4.2.3(Bernoulli 大数定律) 设 Bernoulli 试验中, 事件 A 出现的概率为 $p, 0 \leqslant p \leqslant 1$. 以 S_n 表示前 n 次试验中 A 出现的次数, 则对任意 $\varepsilon > 0$, 有

$$\lim_{n\to\infty}\mathbb{P}\left\{\left|\frac{S_n}{n} - p\right| \geqslant \varepsilon\right\} = 0. \tag{4.16}$$

证明 设 X_k 的定义如 (4.10). 则

$$\mathbb{E}[X_k] = p, \quad \text{Var}[X_k] = p(1-p) \leqslant 1.$$

故由推论 4.2.2 推出.

引理 4.2.4 设 $X_1, X_2, \cdots, X_n$ 为 n 个独立的随机变量, 令 $X = \sum\limits_{k=1}^{n} X_n$, 则 X 对应的特征函数

$$\phi_X(t) = \prod_{k=1}^{n} \phi_{X_k}(t).$$

证明 设 $n = 2$ 时, 有

$$
\begin{aligned}
\phi_X(t) &= \mathbb{E}[e^{it(X_1 + X_2)}] \\
&= \mathbb{E}[e^{itX_1} \cdot e^{itX_2}] \\
&= \mathbb{E}[\cos tX_1 + i \sin tX_1][\cos tX_2 + i \sin tX_2] \\
&= \mathbb{E}[\cos tX_1 \cdot \cos tX_2] + i\mathbb{E}[\sin tX_1 \cdot \cos tX_2] \\
&\quad + i\mathbb{E}[\cos tX_1 \cdot \sin tX_2] - \mathbb{E}[\sin tX_1 \cdot \sin tX_2].
\end{aligned}
$$

由 X_1 与 X_2 的独立性, 得

$$
\begin{aligned}
\phi_X(t) &= \mathbb{E}[\cos tX_1] \cdot \mathbb{E}[\cos tX_2] + i\mathbb{E}[\sin tX_1] \cdot \mathbb{E}[\cos tX_2] \\
&\quad + i\mathbb{E}[\cos tX_1] \cdot \mathbb{E}[\sin tX_2] + i^2\mathbb{E}[\sin tX_1] \cdot \mathbb{E}[\sin tX_2] \\
&= \{\mathbb{E}[\cos tX_1] + i\mathbb{E}[\sin tX_1]\} \cdot \{\mathbb{E}[\cos tX_2] + i\mathbb{E}[\sin tX_2]\} \\
&= \mathbb{E}[e^{itX_1}] \cdot \mathbb{E}[e^{itX_2}] \\
&= \phi_{X_1}(t) \cdot \phi_{X_2}(t).
\end{aligned}
$$

对一般的 n, 应用数学归纳法.

事实上, 大数定律的成立, 并不需要二阶矩必存在, 一般我们有以下定理.

定理 4.2.5(Khinchin 大数定律) 设 $\{X_k\}_{k \geqslant 1}$ 为相互独立的随机变量列, 有相同的分布 (iid) 随机变量列, 则 $\{X_k\}_{k \geqslant 1}$ 服从大数定律的充要条件是 X_1 有有限的数学期望.

证明 必要性. 因 $\{X_k\}_{k \geqslant 1}$ 服从大数定律, 由定义, 必有 $\mathbb{E}[X_1] < \infty$.

充分性. 以 $\phi(t)$ 表示 X_k 的特征函数, $a = \mathbb{E}[X_k]$. 根据同分布的假定, 它们都不依赖 k, 由定理 3.1.1 中 (3) 及引理 4.2.4, 知

$$Y_n = \frac{S_n}{n} = \frac{1}{n} \sum_{k=1}^{n} X_k$$

的特征函数是

$$\phi_{Y_n}(t) = \left[\phi\left(\frac{t}{n}\right)\right]^n.$$

而且当 $t \to 0$ 时, 有 Taylor 展开式,

$$\phi(t) = 1 + iat + o(t), \tag{4.17}$$

其中用到 $\phi(0) = 1$, $\phi'(0) = ia$ (见例 3.1.2).

因此, 对任一固定的 t, 有

$$\lim_{n \to \infty} \phi_{Y_n}(t) = \lim_{n \to \infty} \left[\phi\left(\frac{t}{n}\right) \right]^n = \lim_{n \to \infty} \left[1 + \frac{iat}{n} + o\left(\frac{t}{n}\right) \right]^n = e^{iat}. \tag{4.18}$$

但 e^{iat} 是单点分布函数

$$G(x) = \begin{cases} 1, & x \geqslant a, \\ 0, & x < a \end{cases} \tag{4.19}$$

的特征函数, i.e. $\phi_G(t) = e^{iat}$, 故 (4.18) 说明: Y_n 的分布函数函数 $G_n(x)(n \to \infty)$ 弱收敛于 $G(x)$. 于是对任意的 $\varepsilon > 0$,

$$\begin{aligned} \mathbb{P}\left\{ \left| \frac{1}{n}\sum_{k=1}^{n} X_k - a \right| \geqslant \varepsilon \right\} &= \mathbb{P}\{Y_n \geqslant a + \varepsilon\} + \mathbb{P}\{Y_n \leqslant a - \varepsilon\} \\ &= 1 - G_n(a + \varepsilon - 0) + G_n(a - \varepsilon) \\ &\to 1 - 1 + 0 = 0 \quad (n \to \infty). \end{aligned} \tag{4.20}$$

充分性得证.

推论 4.2.3 的 Bernoulli 大数定律亦可由定理 4.2.5 直接推出.

4.2.2 Kolmogrov 不等式

引理 4.2.6(Kolmogrov 不等式) 设 $X_1, X_2, \cdots, X_n$ 为 n 个独立随机变量, 方差 $\mathrm{Var}[X_i] = \sigma_i^2 < \infty$, 令 $s_n^2 = \sum_{k=1}^{n} \sigma_k^2$, 则对任意 $\varepsilon > 0$, 有

$$\mathbb{P}\left(\max_{1 \leqslant k \leqslant n} \left| \sum_{j=1}^{k} (X_j - \mathbb{E}[X_j]) \right| \geqslant \varepsilon \right) \leqslant \frac{s_n^2}{\varepsilon^2}. \tag{4.21}$$

证明 不妨设 $\mathbb{E}[X_k] = 0$, 否则以 $X_k - \mathbb{E}[X_k]$ 代替 X_k, $(k = 1, 2, \cdots, n)$. 此不等式的重要性在于: 估计式仅依赖 s_n^2, 而与被加数的个数无关. 事实上, 令 $S_n = \sum_{k=1}^{n} X_k$, 则 Chebyshev 不等式为

$$\mathbb{P}(|S_n| \geqslant \varepsilon) \leqslant \frac{s_n^2}{\varepsilon^2},$$

其中 $s_n^2 = \mathrm{Var}[S_n]$. 这里看到, 最大值不起作用.

令

$$T_n(\omega) = \sup_{1 \leqslant k \leqslant n} |S_k(\omega)|,$$

则 (4.21) 变为

$$\mathbb{P}(T_n(\omega) \geqslant \varepsilon) \leqslant \frac{s_n^2}{\varepsilon^2}. \tag{4.22}$$

下面证 (4.22). 令

$$E_k = \{|S_1| < \varepsilon, |S_2| < \varepsilon, \cdots, |S_{k-1}| < \varepsilon, |S_k| \geqslant \varepsilon\}, \quad 1 \leqslant k \leqslant n,$$

则 $E_i \cap E_j = \varnothing (i \neq j)$, 且

$$\{T_n(\omega) \geqslant \varepsilon\} = \bigcup_{k=1}^n E_k. \tag{4.23}$$

由独立性, 且 $S_k I_{E_k}$ 仅依赖 $X_1, X_2, \cdots, X_k$, 知 $S_n - S_k$ 与 $S_k I_{E_k}$ 独立 (其中 I_{E_k} 为 E_k 的示性函数), 所以

$$\mathbb{P}(E_k) \leqslant \frac{1}{\varepsilon^2} \int_{E_k} S_k^2 d\mathbb{P} \leqslant \frac{1}{\varepsilon^2} \int_{E_k} [S_k^2 + (S_n - S_k)^2] d\mathbb{P}$$

$$= \frac{1}{\varepsilon^2} \int_{E_k} [S_k^2 + 2S_k(S_n - S_k) + (S_n - S_k)^2] d\mathbb{P}$$

$$= \frac{1}{\varepsilon^2} \int_{E_k} S_n^2 d\mathbb{P}. \tag{4.24}$$

上式中用到: 因 $\mathbb{E}[X_k] = 0 (k \geqslant 1)$, 故有

$$\int_{E_k} S_k(S_n - S_k) d\mathbb{P} = \int_\Omega S_k I_{E_k}(S_n - S_k) d\mathbb{P}$$

$$= \mathbb{E}[S_k I_{E_k}] \mathbb{E}[S_n - S_k]$$

$$= 0. \tag{4.25}$$

将 (4.24), 从 $k = 1$ 加到 $k = n$, 得

$$\mathbb{P}(T_n \geqslant \varepsilon) = \sum_{k=1}^n \mathbb{P}(E_k) \leqslant \frac{1}{\varepsilon^2} \sum_{k=1}^n \int_{E_k} S_n^2 d\mathbb{P}$$

$$= \frac{1}{\varepsilon^2} \int_{T_n \geqslant \varepsilon} S_n^2 d\mathbb{P} \leqslant \frac{\mathrm{Var}[S_n]}{\varepsilon^2} = \frac{s_n^2}{\varepsilon^2}.$$

于是得到 (4.22).

4.2.3 强大数定律

应用 Kolmogrov 不等式, 便得到如下的强大数定律.

定理 4.2.7(Kolmogrov 强大数定律) 设 $\{X_k\}$ 为独立随机变量列, 方差 $\sigma_k^2 = \mathrm{Var}[X_k] < \infty(k = 1, 2, \cdots, n)$, 且 $\sum\limits_{k=1}^{\infty} \dfrac{\sigma_k^2}{k^2} < \infty$, 则

$$\lim_{n\to\infty} \frac{1}{n} \sum_{k=1}^{n} (X_k - \mathbb{E}[X_k]) = 0, \quad \text{a.s.} \tag{4.26}$$

证明 不妨设 $E[X_k] = 0$, 令

$$S_n(\omega) = \sum_{k=1}^{n} \frac{X_k(\omega)}{k},$$

$$b_m(\omega) = \sup\{|S_{m+k}(\omega) - S_m(\omega)|, k = 1, 2, \cdots\}$$

$$b(\omega) = \inf\{b_m(\omega), m = 1, 2, \cdots\}.$$

对任意实数 x,

$$\{b_m(\omega) \leqslant x\} = \bigcap_{k=1}^{\infty} \{|S_{m+k}(\omega) - S_m(\omega)| \leqslant x\} \in \mathscr{F}, \tag{4.27}$$

所以 $b_m(\omega)$ 为随机变量, 类似可知 $b(\omega)$ 亦为随机变量.

对任意的 $\varepsilon > 0$ 及二正整数 n, m, 由 Kolmogrov 不等式 (4.21) 得到

$$\mathbb{P}(\max_{1\leqslant k\leqslant n} |S_{m+k}(\omega) - S_m(\omega)| \geqslant \varepsilon) \leqslant \frac{1}{\varepsilon^2} \sum_{k=m+1}^{m+n} \frac{\sigma_k^2}{k^2}, \tag{4.28}$$

其中以 $\dfrac{X_k}{k}$ 代替 X_k, 仍以 S_n 记 n 项和.

令 $T_n(\omega) = \max\limits_{1\leqslant k\leqslant n} |S_{m+k}(\omega) - S_m(\omega)|$, 则对 $\omega \in \Omega$, 有 $T_n(\omega) \uparrow b_m(\omega)(n \to \infty)$, 且集合列 $\{T_n(\omega) \geqslant \varepsilon\}_{n\geqslant 1}^{\infty}$ 为单调上升列, 且

$$(b_m(\omega) > \varepsilon) \subset \bigcup_{n=1}^{\infty} (T_n(\omega) \geqslant \varepsilon).$$

由 $\mathbb{P}(\cdot)$ 的可数可加性、单调性, 有

$$\mathbb{P}(b_m(\omega) > \varepsilon) \leqslant \mathbb{P}\left(\bigcup_{n=1}^{\infty} (T_n(\omega) \geqslant \varepsilon)\right)$$

$$= \lim_{n\to\infty} \mathbb{P}(T_n(\omega) \geqslant \varepsilon).$$

再由 (4.28), 得

$$\mathbb{P}(b_m(\omega) > \varepsilon) \leqslant \frac{1}{\varepsilon^2} \sum_{k=m+1}^{\infty} \frac{\sigma_k^2}{k^2}, \tag{4.29}$$

由此及 $b_m(\omega) \geqslant b(\omega)$, 有

$$\mathbb{P}(b(\omega) > \varepsilon) \leqslant \mathbb{P}(b_m(\omega) > \varepsilon) \leqslant \frac{1}{\varepsilon^2} \sum_{k=m+1}^{\infty} \frac{\sigma_k^2}{k^2}.$$

令 $m \to \infty$, 因为 $\sum\limits_{k=1}^{\infty} \dfrac{\sigma_k^2}{k^2} < \infty$, 知 $\mathbb{P}(b(\omega) > \varepsilon) = 0$ 对任意 $\varepsilon > 0$ 成立. 再由

$$(b(\omega) > 0) = \bigcup_{n=1}^{\infty} \left(b(\omega) > \frac{1}{n} \right),$$

$$\left(b(\omega) > \frac{1}{n} \right) \subset \left(b(\omega) > \frac{1}{n+1} \right) \quad (n = 1, 2, \cdots),$$

由 $\mathbb{P}(\cdot)$ 的可数可加性, 得

$$\mathbb{P}(b(\omega) > 0) = \lim_{n \to \infty} \mathbb{P}\left(b(\omega) > \frac{1}{n} \right) = 0.$$

于是 $b(\omega) = 0$ (a.s.), 由以下引理 4.2.8, 知 $\sum\limits_{k=1}^{\infty} \dfrac{X_n(\omega)}{k}$, 几乎处处收敛, 再由引理 4.2.9 得

$$\lim_{n \to \infty} \frac{1}{n} \sum_{k=1}^{n} X_k = 0, \quad \text{a.s.}$$

此即 (4.26).

引理 4.2.8 设 $\{C_k\}$ 为数列, 令

$$S_n = \sum_{k=1}^{n} C_k \quad (n = 1, 2, \cdots),$$

$$b_m = \sup\{|S_{m+k} - S_m|, k = 1, 2, \cdots\},$$
$$b = \inf\{b_m, m = 1, 2, \cdots\},$$

则级数 $\sum\limits_{k=1}^{\infty} C_k$ 收敛当且仅当 $b = 0$.

证明 必要性. 设 $\sum\limits_{k=1}^{\infty} C_k$ 收敛, 则对任意 $\varepsilon > 0$, 存在正整数 n_0, 使得 $|S_{n_0+k} - S_{n_0}| < \varepsilon$, 对一切 $k = 1, 2, \cdots$ 成立, 故 $0 \leqslant b \leqslant b_{n_0} \leqslant \varepsilon$, 由 ε 的任意性, 得 $b = 0$.

充分性. 设 $b = 0$, 对任意的 $\varepsilon > 0 = b$, 由下确界的定义, 存在 $m_0 \geqslant 1$, 使 $b_{m_0} < \varepsilon$ 即对一切 $k \geqslant 1, |S_{m_0+k} - S_{m_0}| \leqslant b_{m_0} < \varepsilon$, 因此, $\sum\limits_{k=1}^{n} C_k$ 收敛.

引理 4.2.9 对数列 $\{C_k\}_{k \geqslant 1}$, 如果 $\sum\limits_{k=1}^{\infty} \dfrac{C_k}{k}$ 收敛, 则

$$\lim_{n \to \infty} \frac{1}{n} \sum_{k=1}^{n} C_k = 0.$$

证明 令

$$S_0 = 0, \quad S_n = \sum_{k=1}^{n} \frac{C_k}{k}, \quad T_n = \sum_{k=1}^{n} C_k \quad (n = 1, 2, \cdots),$$

则 $C_k = k(S_k - S_{k-1}), k = 1, 2, \cdots$, 故

$$T_{n+1} = \sum_{k=1}^{n+1} C_k = \sum_{k=1}^{n+1} k S_k - \sum_{k=1}^{n+1} k S_{k-1}$$

$$= (n+1)S_{n+1} + \sum_{k=1}^{n} k S_k - \sum_{k=2}^{n+1} k S_{k-1}$$

$$= -\sum_{k=1}^{n} S_k + (n+1)S_{n+1}.$$

于是

$$\frac{T_{n+1}}{n+1} = -\frac{n}{n+1} \frac{1}{n} \sum_{k=1}^{n} S_k + S_{n+1}.$$

因为 $\{S_k\}$ 收敛于 $\overline{S}$, 故 $\dfrac{1}{n} \sum\limits_{k=1}^{n} S_k$ 也收敛到同一极限 $\overline{S}$, 故

$$\lim_{n \to \infty} \frac{1}{n} \sum_{k=1}^{n} C_k = \lim_{n \to \infty} \frac{T_n}{n} = \lim_{n \to \infty} \left[-\frac{n-1}{n} \frac{1}{n-1} \sum_{k=1}^{n-1} S_k + S_n \right]$$

$$= -\overline{S} + \overline{S} = 0.$$

推论 4.2.10 设 $\{X_k\}$ 为独立同分布 (iid) 随机变量列, 且 $\sigma^2 = \mathrm{Var}[X_1] < \infty$, 则 $\{X_k\}_{k \geqslant 1}$ 服从强大数定律, 且

$$\lim_{n \to \infty} \frac{1}{n} \sum_{k=1}^{n} X_k = a, \quad \text{a.s.,} \tag{4.30}$$

其中 $a = \mathbb{E}[X_1]$.

证明 因同分布, 故 $a = \mathbb{E}[X_k] = \mathbb{E}[X_1], \sigma^2 = \mathrm{Var}[X_1] = \mathrm{Var}[X_k]$ 与 k 无关, 由于

$$\sum_{k=1}^{\infty} \frac{\sigma_k^2}{k^2} = \sigma^2 \sum_{k=1}^{\infty} \frac{1}{k^2} < \infty,$$

由定理 4.2.7 知 $\{X_k\}$ 服从强大数定律, 且 (4.30) 成立.

推论 4.2.11(Borel 强大数定律) 设 Bernoulli 试验中, 事件 A 每次出现的概率为 $p : 0 < p < 1$, 以 S_n 表前 n 次试验中事件 A 出现的次数, 则

$$\lim_{n \to \infty} \frac{S_n}{n} = p, \quad \text{a.s.}$$

证明 定义随机变量 X_k:

$$X_k(\omega) = \begin{cases} 1, & A\text{在第} k \text{次出现}, \\ 0, & \text{其他}, \end{cases}$$

则 $\{X_k\}_{k \geqslant 1}$ 为 (iid) 随机变量列, 且 $\mathbb{E}[X_k] = p$, $\mathrm{Var}[X_k] = p(1-p)$. 由推论 4.2.10 立得.

定理 4.2.7 有着广泛的应用, 但条件不是必要的, 对于独立同分布的随机变量列, 可以找到充分必要条件, 下面介绍一种新方法: 截尾法.

引理 4.2.12(Borel-Cantelli 引理) 设 $\{A_n\}$ 为事件列, $\sum\limits_{n=1}^{\infty} \mathbb{P}(A_n) < \infty$, 则

$$\mathbb{P}\left(\bigcap_{k=1}^{\infty} \bigcup_{n=k}^{\infty} A_n\right) = 0.$$

证明 设 $B_k = \bigcup\limits_{n=k}^{\infty} A_n$, 则 $B_k \supset B_{k+1}$, 故由 $\mathbb{P}(\cdot)$ 的次可加性

$$\mathbb{P}\left(\bigcap_{k=1}^{\infty} \bigcup_{n=k}^{\infty} A_n\right) = \lim_{k \to \infty} \mathbb{P}(B_k) \leqslant \lim_{k \to \infty} \sum_{n=k}^{\infty} \mathbb{P}(A_n) = 0.$$

引理 4.2.13(截尾法) 设 $\{X_k\}_{k \geqslant 1}$ 为具有有限数学期望的随机变量列, 有相同的分布函数 $F(x)$, 令

$$X_k^*(\omega) = \begin{cases} X_k(\omega), & |X_k(\omega)| \leqslant k, \\ 0, & |X_k(\omega)| > k. \end{cases} \tag{4.31}$$

如果级数

$$\sum_{k=1}^{\infty} \mathbb{P}(X_k^*(\omega) \neq X_k(\omega)) < \infty, \tag{4.32}$$

且 $\{X_k^*(\omega)\}_{k \geqslant 1}$ 服从强大数定律, 则 $\{X_k(\omega)\}_{k \geqslant 1}$ 也服从强大数定律.

证明 由条件 (4.32), 应用引理 4.2.12(Borel-Cantelli 引理), 得

$$\mathbb{P}\left(\bigcap_{k=1}^{\infty} \bigcup_{n=k}^{\infty} [X_n^*(\omega) \neq X_n(\omega)]\right) = 0.$$

换言之, 对几乎一切 $\omega \in \Omega$, 知

$$X_k^*(\omega) \neq X_k(\omega), \quad \text{只对有限个} k \text{成立}. \tag{4.33}$$

考虑

$$\left| \frac{1}{n} \sum_{k=1}^{n} (X_k(\omega) - \mathbb{E}[X_k]) \right|$$

$$\leqslant \left| \frac{1}{n} \sum_{k=1}^{n} (X_k(\omega) - X_k^*(\omega)) \right| + \left| \frac{1}{n} \sum_{k=1}^{n} (X_k^*(\omega) - \mathbb{E}[X_k^*]) \right| + \left| \frac{1}{n} \sum_{k=1}^{n} (\mathbb{E}[X_k^*] - \mathbb{E}[X_k]) \right|. \tag{4.34}$$

根据 (4.33), 对几乎一切 ω, 当 $n \to \infty$ 时, 右方第一项趋于 0; 由假设 $\{X_k^*\}$ 服从强大数定律, 故第二项也趋于 $0(n \to \infty)$; 现考虑第三项, 由假定 $\mathbb{E}[X_k] < \infty$, 故

$$\int_{-\infty}^{\infty} |x| dF(x) < \infty.$$

若令

$$C_k = \left| \int_{|x|>k} |x| dF(x) \right|,$$

则

$$\lim_{k \to \infty} C_k = \lim_{k \to \infty} \int_{|x|>k} |x| dF(x) = 0. \tag{4.35}$$

定义

$$g_k(x) = \begin{cases} x, & |x| \leqslant k, \\ 0, & |x| > k, \end{cases}$$

则 $g_k(x)$ 为 Borel 可测的函数, 且 $X_k^* = g_k(X_k)$.

由于

$$\mathbb{E}[X_k^*] = \int_{-\infty}^{\infty} g_k(x) dF(x) = \int_{|x| \leqslant k} x dF(x),$$

故对 $n > N$, 有

$$\left| \frac{1}{n} \sum_{k=1}^{n} (\mathbb{E}[X_k^*] - \mathbb{E}[X_k]) \right| \leqslant \frac{1}{n} \sum_{k=1}^{n} |\mathbb{E}[X_k] - \mathbb{E}[X_k^*]|$$

$$= \frac{1}{n} \sum_{k=1}^{n} \left| \int_{|x|>k} x dF(x) \right|$$

$$= \frac{1}{n} \sum_{k=1}^{n} C_k.$$

由于 (4.35), $\lim_{n\to\infty} C_n = 0$, 故上式趋于 0, 于是 $\{X_k\}_{k\geqslant 1}$ 服从强大数定律.

引理 4.2.13 是一种重要的方法, 将对 $\{X_k\}$ 的研究化为对有界的 $\{X_k^*\}$ 的研究.

定理 4.2.14(Kolmogrov)　设 $\{X_k\}_{k\geqslant 1}$ 为独立同分布的随机变量列, X_k 的分布函数为 $F(x)$, 则

$$\lim_{n\to\infty} \frac{1}{n} \sum_{k=1}^{n} (X_k - \mathbb{E}[X_k]) = 0, \quad \text{a.s.} \tag{4.36}$$

成立的充要条件是 $\mathbb{E}[X_1] < \infty$. 此时, 如记 $a = \mathbb{E}[X_1]$, 则 (4.36) 可以写成

$$\lim_{n\to\infty} \frac{1}{n} \sum_{k=1}^{n} X_k = a, \quad \text{a.s.}$$

证明　必要性是强大数定律的定义要求的, 只证充分性. 对定理中的 $\{X_k\}$, 如 (4.31) 用截尾法, 得到 $\{X_k^*\}_{k\geqslant 1}$, 易知 $\{X_k^*\}_{k\geqslant 1}$ 也是随机变量列. 因为 $\mathbb{E}[X_1] < \infty$, 故 $\int_{-\infty}^{\infty} |x| dF(x) < \infty$. 由同分布的假定, 知

$$\begin{aligned}
\sum_{k=1}^{\infty} \mathbb{P}(X_k^* \neq X_k) &= \sum_{k=1}^{\infty} \mathbb{P}(|X_k| > k) \\
&= \sum_{k=1}^{\infty} \mathbb{P}(|X_1| > k) \\
&= \sum_{k=1}^{\infty} \sum_{l=k}^{\infty} \mathbb{P}(l < |X_1| \leqslant l+1) \\
&= \sum_{l=1}^{\infty} l \cdot \mathbb{P}(l < |X_1| \leqslant l+1) \\
&\leqslant \sum_{l=0}^{\infty} \int_{l<|X|\leqslant l+1} |x| dF(x) \\
&\leqslant \int_{-\infty}^{\infty} |x| dF(x) < \infty. \tag{4.37}
\end{aligned}$$

因而根据引理 4.2.13, 只需证得 $\{X_k^*\}$ 服从强大数定律, 为此, 由定理 4.2.7, 只需验证 $\sum_{k=1}^{\infty} \frac{\text{Var}[X_k^*]}{k^2} < \infty$ 即可.

事实上, 由

$$\text{Var}[X_k^*] \leqslant \mathbb{E}[(X_k^*)^2]$$

$$= \int_{|x| \leqslant k} x^2 dF(x) \leqslant \sum_{l=0}^{\infty} (l+1)^2 \mathbb{P}(l \leqslant |X_1| < l+1),$$

可知

$$\sum_{k=1}^{\infty} \frac{\mathrm{Var}[X_k^*]}{k^2} \leqslant \sum_{k=1}^{\infty} \sum_{l=0}^{\infty} \frac{(l+1)^2}{k^2} \mathbb{P}(l \leqslant |X_1| < l+1)$$

$$\leqslant \sum_{l=0}^{\infty} \mathbb{P}(l \leqslant |X_1| < l+1) \cdot (l+1)^2 \sum_{k=l}^{\infty} \frac{1}{k^2}. \qquad (4.38)$$

此时, 当 $l = 0$ 时, 可理解为 $\sum\limits_{k=1}^{\infty} \dfrac{1}{k^2}.$

利用

$$\sum_{k=l}^{\infty} \frac{1}{(k+1)^2} < \sum_{k=l}^{\infty} \int_k^{k+1} \frac{dx}{x^2} = \int_l^{\infty} \frac{dx}{x^2} = \frac{1}{l},$$

得

$$\sum_{k=l}^{\infty} \frac{1}{k^2} = \frac{1}{l^2} + \sum_{k=l+1}^{\infty} \frac{1}{k^2} = \frac{1}{l^2} + \sum_{k=l}^{\infty} \frac{1}{(k+1)^2} < \frac{1}{l^2} + \frac{1}{l} < \frac{2}{l}.$$

故由 (4.38) 及 (4.37) 中的推导得

$$\sum_{k=1}^{\infty} \frac{\mathrm{Var}[X_k^*]}{k^2} < \infty.$$

4.2.4 大数定律的应用——Monte-Carlo 方法

例 4.2.15 如图 4.1 所示, 设 $f(x)(a \leqslant x \leqslant b)$ 是连续函数, 试用概率论的方法, 近似计算 $\int_a^b f(x)dx.$

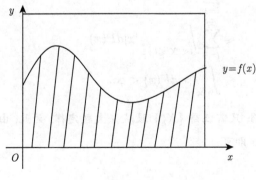

图 4.1

解 不妨设 $a = 0, b = 1$, 且 $0 \leqslant f(x) \leqslant 1, x \in [0,1]$.

考察随机试验 E: 向 $\mathbb{R}^2$ 中矩形 $[0,1] \times [0,1]$ 中均匀分布地掷点, 将 E 独立重复地进行下去, 以 A 表示此矩形中曲线 $y = f(x)$ 下的区域, 即

$$A = \{(x,y) : 0 \leqslant y \leqslant f(x), x \in [0,1]\}.$$

定义随机变量 X_k 为

$$X_k = \begin{cases} 1, & \text{第 } k \text{ 次掷的点落于} A \text{中}, \\ 0, & \text{反之}, \end{cases}$$

则 $\{X_k\}_{k \geqslant 1}$ 为独立同分布的随机变量列, 且

$$\mathbb{E}[X_k] = \mathbb{P}(X_k = 1) = |A| = \int_a^b f(x)dx.$$

由推论 4.2.11, 有

$$\lim_{n \to \infty} \frac{1}{n} \sum_{k=1}^n X_k = \int_a^b f(x)dx, \quad \text{a.s.}$$

表示当 n 充分大时, 前 n 次试验中, 点落在 A 的点数 $\sum\limits_{k=1}^n X_k$ 除以 n, 几乎确定与积分值 $\int_a^b f(x)dx$ 相等.

这种近似计算方法, 叫 Monte-Carlo 方法, 现有大量的计算软件可用.

4.3 中心极限定理

在现实中, 人们需要考虑许多随机因素产生的总影响, 例如, 考虑无穷重 Bernoulli 试验 $\widetilde{E} = E^\infty$, 事件 A 在每次试验 E 中出现的概率为 p, $0 < p < 1$, 不出现的概率为 $q = 1 - p$, 令

$$X_k = \begin{cases} 1, & A \text{在第} k \text{次试验中出现}, \\ 0, & \text{反之}, \end{cases} \quad k = 1, 2, \cdots.$$

因而 $S_n = \sum\limits_{k=1}^n X_k$ 是前 n 次试验中事件 A 出现的总次数. 人们关心的中心问题是: 当 $n \to \infty$ 时, $S_n = \sum\limits_{k=1}^n X_k$ 的分布函数或者分布趋于什么? 由于 $\lim\limits_{n \to \infty} S_n$ 可以取 ∞

值, 所以最好不研究 $S_n = \sum\limits_{k=1}^{n} X_k$ 的本身, 而考虑 (譬如说) 它的标准化随机变量

$$Y_n = \frac{\sum\limits_{k=1}^{n}(X_k - \mathbb{E}[X_k])}{\sqrt{\mathrm{Var}\left[\sum\limits_{k=1}^{n} X_k\right]}} \qquad (4.39)$$

的分布函数或者分布的极限,

4.3.1 独立同分布随机变量列的中心极限定理

设 $X_k(k = 1, 2, \cdots)$ 的方差 $\sigma_k^2 = \mathrm{Var}[X_k] < \infty$, 且大于 0, 令

$$a_k = \mathbb{E}[X_k], \quad \sigma_k^2 = \mathrm{Var}[X_k], \quad s_n^2 = \sum_{k=1}^{n} \sigma_k^2, \quad S_n = \sum_{k=1}^{n} X_k. \qquad (4.40)$$

显然可设 $a = a_k(k = 1, 2, \cdots, m)$. 此时, $s_n^2 = \mathrm{Var}[S_n]$. 我们说, 随机变量列 $\{X_k\}_{k \geqslant 1}$ 满足中心极限定理, 如果对任意 $x \in R$, 有

$$\lim_{n \to \infty} \mathbb{P}\left\{ \frac{1}{s_n} \sum_{k=1}^{n}(X_k - a) \leqslant x \right\} = \frac{1}{\sqrt{2\pi}} \int_{-\infty}^{x} e^{-\frac{s^2}{2}} ds. \qquad (4.41)$$

(4.41) 说明: 随机变量 $\dfrac{1}{s_n^2} \sum\limits_{k=1}^{n}(X_k - a)$ 依分布收敛到一个服从标准正态分布 $N(0,1)$ 的随机变量.

我们的目的是: 研究在什么条件下, $\{X_k\}_{k \geqslant 1}$ 服从中心极限定理? 一个简单而又常用的结果是:

定理 4.3.1 设 $\{X_k\}$ 为独立, 具有同分布的随机变量列, 且 $0 < \sigma^2 = \mathrm{Var}[X_k] < \infty$, 则对 $x \in R$, 有

$$\lim_{n \to \infty} \mathbb{P}\left\{ \frac{1}{\sigma\sqrt{n}} \sum_{k=1}^{n}(X_k - a) \leqslant x \right\} = \frac{1}{\sqrt{2\pi}} \int_{-\infty}^{x} e^{-\frac{s^2}{2}} ds. \qquad (4.42)$$

证明 由于各项同分布, 故 $a = a_k, \sigma^2 = \sigma_k^2$, 均与 k 无关.

以 $\phi_k(t)$ 表示 $X_k - a$ 的特征函数, 因为 $X_k - a(k = 1, 2, \cdots)$ 也同分布, 故 $\phi_k(t) = \phi(t)$ 不依赖 k, 由定理 3.1.1 中 (3) 及引理 4.2.4, 知

$$\frac{1}{\sigma\sqrt{n}} \sum_{k=1}^{n}(X_k - a)$$

的特征函数 $\varphi_n(t)$ 为

$$\varphi_n(t) = \left[\phi\left(\frac{t}{\sigma\sqrt{n}} \right) \right]^n. \qquad (4.43)$$

由于 $X_k - a$ 的 1 阶及 2 阶矩分别为 0 及 σ^2, 由例 3.1.2, 在 $t = 0$ 附近, 可以将 $\phi(t)$ 按 Taylor 公式展开为

$$\phi(t) = 1 - \frac{1}{2}\sigma^2 t^2 + o(t^2), \tag{4.44}$$

以 $\dfrac{t}{\sigma\sqrt{n}}$ 代 t, 得

$$\varphi_n(t) = \left[1 - \frac{t^2}{2n} + \frac{o(t^2)}{n}\right]^n \to e^{-\frac{t^2}{2}} \quad (n \to \infty)$$

由于 $e^{-\frac{t^2}{2}}$ 是标准正态分布的特征函数, 故由定理 3.2.1, 可知随机变量列

$$\frac{1}{\sigma\sqrt{n}}\sum_{k=1}^{n}(X_k - a)$$

的分布函数处处趋于标准正态随机变量的分布函数, 即

$$\lim_{n\to\infty}\mathbb{P}\left\{\frac{1}{\sigma\sqrt{n}}\sum_{k=1}^{n}(X_k - a) \leqslant x\right\} = \frac{1}{\sqrt{2\pi}}\int_{-\infty}^{x}e^{-\frac{s^2}{2}}ds$$

对 $x \in \mathbb{R}$ 成立.

推论 4.3.2 (de Moivre-Laplace 中心极限定理) 以 S_n 表示 Bernoulli 试验中前 n 次试验中事件 A 出现的总次数, 每次试验中 A 出现的概率为 $p, 0 < p < 1$, 则当 $n \to \infty$ 时, 对 $a, b(a < b)$, 有

$$\lim_{n\to\infty}\mathbb{P}\left\{a < \frac{S_n - np}{\sqrt{np(1-p)}} < b\right\} = \frac{1}{\sqrt{2\pi}}\int_{a}^{b}e^{-\frac{s^2}{2}}ds. \tag{4.45}$$

证明

$$X_k = \begin{cases} 1, & \text{第} k \text{次} A \text{出现}, \\ 0, & \text{反之}. \end{cases}$$

$\{X_k\}_{k\geqslant 1}$ 是独立随机变量列, X_k 有相同的分布密度矩阵 $\begin{pmatrix} 1 & 0 \\ p & 1-p \end{pmatrix}$, 则

$$S_n = \sum_{k=1}^{n}X_k, \quad \mathbb{E}[X_k] = p, \quad \mathrm{Var}[X_k] = p(1-p) > 0,$$

$$s_n^2 = \sum_{k=1}^{n}\mathrm{Var}[X_k] = np(1-p).$$

由定理 4.3.1, 立得 (4.45).

4.3.2 独立随机变量列的中心极限定理

在定理 4.3.1 中, 随机变量列 $\{X_k\}$ 具有同分布的条件太强, 可以去掉, 假设随机变量列 $\{X_k\}$ 为独立的, $\mathbb{E}[X_k] = 0$, 且 $0 < \sigma_k^2 = \mathrm{Var}[X_k] < \infty$, 定义 $s_n^2 = \sum\limits_{k=1}^{n} \sigma_k^2$, 假设 $s_n^2 \to \infty (n \to \infty)$, $S_n = \sum\limits_{k=1}^{n} X_k$, 则 $Y_n = \dfrac{S_n}{s_n}$ 具有 0 均值, $\mathbb{E}[Y_n] = 0$, 且 $\mathrm{Var}[Y_n] = 1$, 因此, 期望在一定较弱条件下, 有

$$\lim_{n \to \infty} \mathbb{P}[Y_n \leqslant x] = \frac{1}{\sqrt{2\pi}} \int_{-\infty}^{x} e^{-\frac{s^2}{2}} ds,$$

并非不合理. 下面引入:

● Lindeberg 条件: 设 α_k 为对应于 X_k 的分布, 对任意 $\varepsilon > 0$, 有

$$\lim_{n \to \infty} \frac{1}{s_n^2} \sum_{k=1}^{n} \int_{|x| \geqslant \varepsilon s_n} x^2 d\alpha_k = 0, \tag{4.46}$$

其中 $s_n^2 = \sum\limits_{k=1}^{n} \sigma_k^2$.

定理 4.3.3 (Lindeberg 中心极限定理) 随机变量列 $\{X_k\}_{k \geqslant 1}$ 假定如上, 且满足 Lindeberg 条件, 则 $\{X_k\}_{k \geqslant 1}$ 满足中心极限定理, 即

$$\lim_{n \to \infty} \mathbb{P}\left[\frac{1}{s_n} \sum_{k=1}^{n} X_k \leqslant x \right] = \frac{1}{\sqrt{2\pi}} \int_{-\infty}^{x} e^{-\frac{s^2}{2}} ds, \quad x \in \mathbb{R}.$$

证明 对 $n \geqslant 1$, 令

$$X_{n,j} = \frac{X_j}{s_n} \quad (1 \leqslant j \leqslant n).$$

记 $X_{n,j}$ 对应的分布 $\alpha_{n,j}$, 特征函数为

$$\phi_{n,j}(t) = \mathbb{E}[e^{itX_{n,j}}] = \int_{R^1} e^{itx} d\alpha_{n,j} = \int_{R^1} e^{it\frac{x}{s_n}} d\alpha_j = \phi_j\left(\frac{t}{s_n}\right),$$

其中 ϕ_j 与 $\phi_{n,j}$ 分别为对 α_j 与 $\alpha_{n,j}$ 的特征函数.

如果以 μ_n 记 $Y_n = \dfrac{S_n}{s_n}$ 的分布, 由于

$$Y_n = X_{n,1} + X_{n,2} + \cdots + X_{n,n}, \tag{4.47}$$

则它的特征函数 $\hat{\mu}_n(t)$ 由下式给出:

$$\hat{\mu}_n(t) = \prod_{j=1}^{n} \phi_{n,j}(t). \tag{4.48}$$

我们的目的是证明:

$$\lim_{n\to\infty} \hat{\mu}_n(t) = e^{-\frac{t^2}{2}}, \tag{4.49}$$

这里 $e^{-\frac{t^2}{2}}$ 为标准正态分布 $N(0,1)$ 的特征函数. (4.49) 等价于

$$\lim_{n\to\infty} \ln[\hat{\mu}_n(t)] + \frac{t^2}{2} = 0. \tag{4.50}$$

将证明分为几步: 首先, 定义

$$\psi_{n,j}(t) = e^{[\phi_{n,j}(t)-1]}, \quad \psi_n(t) = \prod_{j=1}^{n} \psi_{n,j}(t).$$

现断言对每个有限个 T, 可证:

$$\lim_{n\to\infty} \sup_{|t|\leqslant T} \sup_{1\leqslant j\leqslant n} |\phi_{n,j}(t)-1| = 0, \tag{4.51}$$

且

$$\sup_n \sup_{|t|\leqslant T} \sum_{j=1}^{n} |\phi_{n,j}(t)-1| < \infty. \tag{4.52}$$

如果 (4.51) 与 (4.52) 已证明, 则有

$$\lim_{n\to\infty} \sup_{|t|\leqslant T} |\ln\hat{\mu}_n(t) - \ln\psi_n(t)|$$

$$\leqslant \lim_{n\to\infty} \sup_{|t|\leqslant T} \sum_{j=1}^{n} |\ln\phi_{n,j}(t) - [\phi_{n,j}(t)-1]|$$

$$\leqslant \lim_{n\to\infty} \sup_{|t|\leqslant T} C \sum_{j=1}^{n} |\phi_{n,j}-1|^2$$

$$\leqslant C \lim_{n\to\infty} \left\{ \sup_{|t|\leqslant T} \sup_{1\leqslant j\leqslant n} |\phi_{n,j}(t)-1| \right\} \left\{ \sup_{|t|\leqslant T} \sum_{j=1}^{n} |\phi_{n,j}-1| \right\}$$

$$= 0.$$

上面从第二式到第三式, 用到下面关系:

$$\ln r = \ln[1 + (r-1)] = r - 1 + O(r-1)^2.$$

这样一来, 为证 (4.50), 归结为证:

$$\lim_{n\to\infty} \sup_{|t|\leqslant T} \left| \ln\psi_n(t) + \frac{t^2}{2} \right| = \lim_{n\to\infty} \sup_{|t|\leqslant T} \left| \left[\sum_{j=1}^{n} (\phi_{n,j}-1) \right] + \frac{t^2}{2} \right| = 0. \tag{4.53}$$

下面先证 (4.51) 与 (4.52).

$$
\begin{aligned}
\sup_{|t|\leqslant T}|\phi_{n,j}(t)-1| &= \sup_{|t|\leqslant T}\left|\int_{R^1}[e^{itx}-1]d\alpha_{n,j}\right| \\
&= \sup_{|t|\leqslant T}\left|\int_{R^1}[e^{it\frac{x}{s_n}}-1]d\alpha_j\right| \\
&= \sup_{|t|\leqslant T}\left|\int_{R^1}\left[e^{it\frac{x}{s_n}}-1-it\frac{x}{s_n}\right]d\alpha_j\right| \\
&\leqslant CT^2\int_{R^1}\frac{x^2}{s_n^2}d\alpha_j \\
&= CT^2\left[\int_{|x|\leqslant\varepsilon s_n}\frac{x^2}{s_n^2}d\alpha_j+\int_{|x|>\varepsilon s_n}\frac{x^2}{s_n^2}d\alpha_j\right] \\
&\leqslant CT^2\varepsilon^2+CT^2\frac{1}{s_n^2}\int_{|x|\geqslant\varepsilon s_n}x^2d\alpha_j.
\end{aligned}
$$

在上述运算中, 用到均值为 0, 及估计式 $|e^{ix}-1-ix|\leqslant Cx^2$. 如果令 $n\to\infty$, 由 Lindeberg 条件, 上式第二项趋于 0. 因而, 有

$$
\lim_{n\to\infty}\sup_{1\leqslant j\leqslant n}\sup_{|t|\leqslant T}|\phi_{n,j}(t)-1|\leqslant\varepsilon^2 CT^2.
$$

由 $\varepsilon>0$ 的任意性, 有

$$
\lim_{n\to\infty}\sup_{1\leqslant j\leqslant n}\sup_{|t|\leqslant T}|\phi_{n,j}(t)-1|=0.
$$

另外, 由上式中前四个式子, 又可得

$$
\begin{aligned}
&\sup_{|t|\leqslant T}\sum_{j=1}^n|\phi_{n,j}(t)-1| \\
&\leqslant CT^2\sum_{j=1}^n\int_{R^1}\frac{x^2}{s_n^2}d\alpha_j \\
&\leqslant CT^2\frac{1}{s_n^2}\sum_{j=1}^n\sigma_j^2 \\
&= CT^2<\infty.
\end{aligned}
$$

于是 (4.51) 与 (4.52) 得证. 最后证 (4.53) 的后一等式. 对每个 $\varepsilon>0$, 由 Lindeberg 条件, 有

$$
\lim_{n\to\infty}\sup_{|t|\leqslant T}\left|\left[\sum_{j=1}^n(\phi_{n,j}-1)\right]+\frac{t^2}{2}\right|
$$

$$\leqslant \lim_{n\to\infty} \sup_{|t|\leqslant T} \sum_{j=1}^{n} \left| (\phi_{n,j}-1) + \frac{t^2\sigma_j^2}{2s_n^2} \right|$$

$$= \lim_{n\to\infty} \sup_{|t|\leqslant T} \sum_{j=1}^{n} \left| \int_{R^1} \left[e^{it\frac{x}{s_n}} - 1 - it\frac{x}{s_n} + \frac{t^2 x^2}{2s_n^2} \right] d\alpha_j \right|$$

$$= \lim_{n\to\infty} \sup_{|t|\leqslant T} \sum_{j=1}^{n} \left| \int_{|x|<\varepsilon s_n} \left[e^{it\frac{x}{s_n}} - 1 - it\frac{x}{s_n} + \frac{t^2 x^2}{2s_n^2} \right] d\alpha_j \right|$$

$$+ \lim_{n\to\infty} \sup_{|t|\leqslant T} \sum_{j=1}^{n} \left| \int_{|x|\geqslant\varepsilon s_n} \left[e^{it\frac{x}{s_n}} - 1 - it\frac{x}{s_n} + \frac{t^2 x^2}{2s_n^2} \right] d\alpha_j \right|$$

$$\leqslant \lim_{n\to\infty} CT^3 \sum_{j=1}^{n} \int_{|x|<\varepsilon s_n} \frac{x^3}{s_n^3} d\alpha_j + \lim_{n\to\infty} CT^2 \sum_{j=1}^{n} \int_{|x|\geqslant\varepsilon s_n} \frac{x^2}{s_n^2} d\alpha_j$$

$$< \varepsilon^3 CT^3 + \lim_{n\to\infty} CT^2 \sum_{j=1}^{n} \int_{|x|\geqslant\varepsilon s_n} \frac{x^2}{s_n^2} d\alpha_j$$

$$= \varepsilon^3 CT^3.$$

再由 ε 的任意性, (4.53) 的后一等式成立. 在运算中用到关系式:

$$\left| e^{ix} - 1 - ix + \frac{x^2}{2} \right| \leqslant C \cdot \frac{|x|^3}{3!}, \quad \left| e^{ix} - 1 - ix \right| \leqslant Cx^2.$$

推论 4.3.4 如果独立的随机变量列 $\{X_k\}_{k\geqslant 1}$ 满足 Lyapunov 条件: 存在 $\delta > 0$, 使

$$\lim_{n\to\infty} \frac{1}{s_n^{2+\delta}} \sum_{j=1}^{n} \int_{R^1} |x|^{2+\delta} d\alpha_j = 0,$$

则 $\{X_k\}_{k\geqslant 0}$ 满足中心极限定理.

提示: 验证 Lindeberg 条件成立.

注记 4.3.1 可以证明: 如果 Lindeberg 条件满足, 则

$$\lim_{n\to\infty} s_n = \infty, \quad \lim_{n\to\infty} \frac{\sigma_n}{s_n} = 0.$$

以下定理不给出证明 (证明过程见 [1]).

定理 4.3.5 (Lindeberg-Feller) 对独立随机变量列 $\{X_k\}$, 中心极限定理及条件 $\lim_{n\to\infty} s_n = \infty$, $\lim_{n\to\infty} \frac{\sigma_n}{s_n} = 0$ 成立的充分必要条件是 Lindeberg 条件成立.

注记 4.3.2 在条件 $\lim_{n\to\infty} s_n = \infty$, $\lim_{n\to\infty} \frac{\sigma_n}{s_n} = 0$ 下, 中心极限定理成立当且仅当 Lindeberg 条件成立.

4.4 重对数定理

在极限定理中, 除中心极限定理和 (强) 大数定律外, 还有一个著名的极限定理: 重对数定理. 这个定理最初由 Khinchin 于 1926 年对 Bernoulli 试验证明, 后来 Kolmogrov 等人推广.

这里只就 Bernoulli 试验来说明定理的实质.

以 S_n 表前 n 次试验中 A 出现的次数, $0 < p = \mathbb{P}(A) < 1$. 强大数定律断定:

$$\lim_{n \to \infty} \frac{S_n}{n} = p, \quad \text{a.s.}$$

由此可见, 以概率 1, 对任意的 $\varepsilon > 0$, 有

$$\left| \frac{S_n}{n} - p \right| < \varepsilon,$$

对一切充分大的 n 成立. 如果用 y 轴来表示 $S_n - np$, 上式表示: 以概率 1, $S_n - np$ 界于二直线 $y = \varepsilon n$ 及 $y = -\varepsilon n$ 之中, 除对有穷多个 n 以外; 也就是说, 以概率 1, $S_n - np$ 只能走出此直线以外有穷次. 我们可以进一步问: 这样的界限是否太宽? 能否指出最可能精确的界限?

研究结果发现: 可以把这两条线修改为 (见图 4.2)

$$y = (1 + \varepsilon)\sqrt{2npq \ln \ln(n)}, \quad y = -(1 + \varepsilon)\sqrt{2npq \ln \ln(n)},$$

其中 $q = 1 - p, \varepsilon > 0$ 是任意的. 对于这两条新线所围成的区域, 以概率 1, $S_n - np$ 至多只能走出有穷次; 而且还证明了: 以概率 1, $S_n - np$ 会走出下二线:

$$y = (1 - \varepsilon)\sqrt{2npq \ln \ln(n)}, \quad y = -(1 - \varepsilon)\sqrt{2npq \ln \ln(n)},$$

无穷多次.

这就是下述定理的基本含义.

重对数定理 (Khinchin)   对 Bernoulli 试验 $\widetilde{E} = E^\infty$, 以 S_n 表事件 A 在前 n 次试验中出现的次数, A 在每次试验中出现的概率为 $p, 0 < p < 1, q = 1 - p$, 则

$$\overline{\lim_{n \to \infty}} \frac{S_n - np}{\sqrt{2npq \ln \ln(n)}} = 1, \quad \text{a.s.},$$

$$\underline{\lim_{n \to \infty}} \frac{S_n - np}{\sqrt{2npq \ln \ln(n)}} = 1, \quad \text{a.s.}$$

证明   略. (可参见文献 [1, 178 页]).

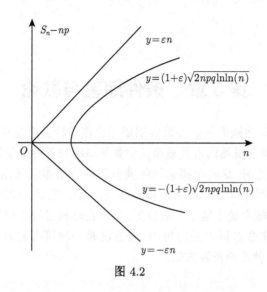

图 4.2

习　题　4

1. 如果 X, Y 为独立的随机变量, 对任意两个可测函数 f, g. 证明:$f(X)$ 与 $g(Y)$ 是独立的.

2. 设 X, Y 为独立的随机变量, 如果 f, g 为可测函数, 且 $\mathbb{E}[|f(X)|] < \infty$, $\mathbb{E}[|g(Y)|] < \infty$, 则

$$\mathbb{E}[f(X) \cdot g(Y)] = \mathbb{E}[f(X)] \cdot \mathbb{E}[g(Y)].$$

3. 如果 X, Y 为两个独立的随机变量, 证明:X 与 Y 不相关, 且

$$\mathrm{Var}[X + Y] = \mathrm{Var}[X] + \mathrm{Var}[Y],$$

其中

$$\mathrm{Var}[X] = \mathbb{E}[(X - \mathbb{E}[X])^2] = \mathbb{E}[X^2] - (\mathbb{E}[X])^2$$

为 X 的方差.

4. 证明推论 4.3.4.

5. 证明注记 4.3.1.

第5章 条件期望与鞅论

在概率论中, 条件概率与条件数学期望无论在理论上还是在应用中, 都有着重要的意义, 这两个概念虽然同古典概率论中条件概率与条件数学期望有着密切的联系, 但又有本质的区别, 这两个概念用经典分析的方法难以做出确切的表达, 需要借助于测度论这一数学工具, 特别是 Radon-Nikodym 定理, 本章对此进行论证.

鞅理论不但在概率论中居于重要位置, 而且在随机过程的研究中起到了不可替代的作用. 特别, 在金融衍生品定价中, 鞅方法是一种核心的方法. 本章介绍离散参数及连续参数的鞅理论及鞅方法.

5.1 经典条件概率与条件数学期望的演变

设 $(\Omega, \mathscr{F}, \mathbb{P})$ 为概率空间, $B \in \mathscr{F}$ 为一事件, 且 $\mathbb{P}(B) > 0$, 对于 $\mathscr{F}$ 中的任一事件 A, 令

$$\mathbb{P}(A \mid B) = \frac{\mathbb{P}(A \cap B)}{\mathbb{P}(B)}, \tag{5.1}$$

则 $\mathbb{P}(\cdot \mid B)$ 是定义在 $\mathscr{F}$ 上的集函数, 称之为在给定事件 B 之下的条件概率, 对于 $A \in \mathscr{F}, \mathbb{P}(A \mid B)$ 称为事件 A 在给定事件 B 之下的条件概率. 记为 $\mathbb{P}_B(A) = \mathbb{P}(A|B)$.

条件概率具有如下性质.

(1) (乘法公式) 若 $A, B \in \mathscr{F}, \mathbb{P}(A) > 0, \mathbb{P}(B) > 0$, 则

$$\mathbb{P}(A \cap B) = \mathbb{P}(A)\mathbb{P}(B \mid A) = \mathbb{P}(B)\mathbb{P}(A \mid B). \tag{5.2}$$

一般地, 若 $\mathbb{P}(A_1 \cap A_2 \cap \cdots \cap A_{n-1}) > 0$, 则

$$\mathbb{P}(A_1 \cap A_2 \cap \cdots \cap A_n)$$
$$= \mathbb{P}(A_1)\mathbb{P}(A_2 \mid A_1)\mathbb{P}(A_3 \mid A_1 \cap A_2) \cdots \mathbb{P}(A_n \mid A_1 \cap A_2 \cap \cdots \cap A_{n-1}). \tag{5.3}$$

(2) (全概率公式) 若 $A \in \mathscr{F}$, $\{B_k\}$ 为 $\mathscr{F}$ 中有限个或可数个两两不相交且具有正概率的事件, 且 $A \subset \bigcup\limits_{k=1}^{\infty} B_k$, 则

$$\mathbb{P}(A) = \sum_{k=1}^{\infty} \mathbb{P}(B_k)\mathbb{P}(A \mid B_k). \tag{5.4}$$

(3) (Bayes 公式) 若 $A \in \mathscr{F}$, $\mathbb{P}(A) > 0$, 且 $\{B_k\}$ 是 $\mathscr{F}$ 中有限个或可数个两两不相交的正概率事件, $A \subset \bigcup\limits_{k=1}^{\infty} B_k$, 则对每一个 B_k, 有

$$\mathbb{P}(B_k \mid A) = \frac{\mathbb{P}(B_k)\mathbb{P}(A \mid B_k)}{\sum\limits_{k=1}^{\infty} \mathbb{P}(B_k)\mathbb{P}(A \mid B_k)}. \tag{5.5}$$

定义 5.1.1 设 X 为概率空间 $(\Omega, \mathscr{F}, \mathbb{P}_B)$ 上的随机变量, 且积分 $\int_{\Omega} X(\omega)d\mathbb{P}_B$ 存在, 则称它为随机变量 X 在给定事件 B 之下的条件数学期望, 记作

$$\mathbb{E}[X \mid B] = \int_{\Omega} X(\omega)d\mathbb{P}_B. \tag{5.6}$$

(4) 若 $\mathbb{E}[X]$ 存在 (不一定有限), 且 $\mathbb{P}(B) > 0$, 则 $\mathbb{E}[X \mid B]$ 存在, 且

$$\mathbb{E}[X \mid B] = \frac{1}{\mathbb{P}(B)} \int_{B} X(\omega)d\mathbb{P}. \tag{5.7}$$

证明 当 $X(\omega) = I_A(\omega)$, $\omega \in \Omega$, $A \in \mathscr{F}$ 时, 有

$$\mathbb{E}[X \mid B] = \int_{\Omega} I_A(\omega)d\mathbb{P}_B = \mathbb{P}_B(A)$$

$$= \frac{\mathbb{P}(A \cap B)}{\mathbb{P}(B)} = \frac{1}{\mathbb{P}(B)} \int_{B} I_A(\omega)d\mathbb{P}$$

$$= \frac{1}{\mathbb{P}(B)} \int_{B} X(\omega)d\mathbb{P}.$$

于是 (5.7) 对 X 为简单函数时成立, 由单调收敛定理, 知 (5.7) 对 X 为非负随机变量时成立, 最后, 对一般的随机变量 X, 只要 $\mathbb{E}[X]$ 存在, 分别考虑 X^+ 与 X^- 之后, 推得性质 4 成立.

注记 5.1.1 X 在给定事件 B 下的条件数学期望的实际意义是 X 在集合 B 上的平均值.

注记 5.1.2 $\forall A \in \mathscr{F}$, 有 $\mathbb{P}(A|B) = \mathbb{E}(I_A(\cdot)|B)$.

由注记 5.1.1 可以将条件期望进行推广, 而由注记 5.1.2 知, 条件概率为条件期望的特例.

在实践中, 仅讨论单个事件下的条件期望是不够的, 而必须把条件期望看成 ω 的函数. 如: 当我们同时考虑 $\mathbb{E}[X|B]$ 和 $\mathbb{E}[X|B^C]$ 时, 我们不将它们看成独立的两个数, 而将其看成一个函数, 当 $\omega \in B$ 时, 取 X 在 B 上的平均值 $\mathbb{E}[X|B]$; 而当 $\omega \in B^C$ 时, 取 X 在 B^C 上的平均值 $\mathbb{E}[X|B^C]$. 更一般地, 当 $\{B_n\}$ 是 Ω 的可数分割, 且 $\mathbb{P}(B_n) > 0$, $n = 1, 2, \cdots$ 时, 我们认为函数

$$\sum \mathbb{E}[X|B_n]I_{B_n}(\omega)$$

为注记 5.1.1 意义下的条件期望. 为了理解它的现实意义, 下面举例说明.

例 5.1.1　求在单位时间内, 某平面区域 G 上接受来自宇宙质点的平均能量.

设单位时间内落于 G 的质点数为 μ, 第 k 个质点所具有的能量为 X_k, 这里 X_k 及 μ 都是随机变量, 且 μ 以非负整数为值. 单位时间内 G 所接受的能量是

$$X = X_1 + X_2 + \cdots + X_\mu,$$

而所需求的答案是 $\mathbb{E}[X]$.

由于 μ 为随机变量, 不可直接应用 $\mathbb{E}[\cdot]$ 的可加性, 但可以化为

$$\mathbb{E}[X] = \int_\Omega X(\omega)d\mathbb{P} = \sum_{n=1}^\infty \int_{\{\mu=n\}} X(\omega)d\mathbb{P}$$

$$= \sum_{n=1}^\infty \mathbb{E}[X|\{\mu=n\}]\mathbb{P}(\{\mu=n\})$$

$$= \int_\Omega \left\{ \sum_{n=1}^\infty \mathbb{E}[X|\{\mu=n\}] \right\} 1_{\{\mu=n\}}(\omega)d\mathbb{P}.$$

因此, 求 $X(\omega)$ 的数学期望, 就化为求条件数学期望

$$\sum_{n=1}^\infty \mathbb{E}[X|\{\mu=n\}]1_{\{\mu=n\}}(\omega)$$

的数学期望问题. 注意, 当 $\mathbb{P}\{\mu=n\}=0$ 时, $\mathbb{E}[X|\mu=n]$ 无意义, 故上述函数可能在一个零概率集上无意义, 但它不影响积分的结果.

引入下面的定义.

定义 5.1.2　设 $(\Omega, \mathscr{F}, \mathbb{P})$ 为概率空间, $\{B_n\} \subset \mathscr{F}$ 为 Ω 的可数分割, 令 $\mathscr{B} = \sigma\{B_n, n=1, 2, \cdots\}, \mathbb{E}[X]$ 存在, 按等价意义 (即可以在 Σ 的零概率集上任意取值), 定义的下列 $\mathscr{B}$-可测函数:

$$\mathbb{E}[X|\mathscr{B}](\omega) = \sum_{n=1}^\infty \mathbb{E}[X|B_n]I_{B_n}(\omega) \tag{5.8}$$

称为 X 在给定 σ-代数 $\mathscr{B}$ 下关于 $\mathbb{P}$ 的条件数学期望.

由定义 5.1.2 可以看出: $\mathbb{E}[X|\mathscr{B}]$ 在 $\mathscr{B}$ 的每个原子 B_n 上, 取 X 在此原子上的平均值. 因此, $\mathbb{E}[X|\mathscr{B}]$ 在 $\mathscr{B}$ 的原子上把 X 平滑化了.

任取 $B \in \mathscr{B}(\mathbb{P}(B) > 0)$, 则 $B = \bigcup_n B_n$, 于是由性质 (4), 有

$$\mathbb{P}(B)\mathbb{E}[X|B] = \int_B Xd\mathbb{P} = \sum_n \int_{B_n} Xd\mathbb{P}$$

$$= \sum_n \mathbb{P}(B_n)\mathbb{E}[X|B_n]$$

$$= \int_B \sum_{n=1}^{\infty} \mathbb{E}[X|B_n] 1_{B_n}(\omega) d\mathbb{P}$$

$$= \int_B \mathbb{E}[X|\mathscr{B}] d\mathbb{P},$$

即有

$$\mathbb{E}[X|B] = \frac{1}{\mathbb{P}(B)} \int_B \mathbb{E}[X|\mathscr{B}] d\mathbb{P}. \tag{5.9}$$

可以作为 $\mathbb{E}[X|\mathscr{B}]$ 的描述性定义, 而定义 5.1.2 中的 (5.8), 则作为条件数学期望 $\mathbb{E}[X|\mathscr{B}]$ 的构造性定义. 于是, 有

$$\int_B \mathbb{E}[X|\mathscr{B}] d\mathbb{P} = \mathbb{P}(B) \cdot \mathbb{E}[X|B] = \int_B X d\mathbb{P}$$

下面再引入一种与定义 5.1.2 等价, 但可以进一步推广的定义.

定义 5.1.2′ 设 X 为 $(\Omega, \mathscr{F}, \mathbb{P})$ 上的随机变量, $\mathbb{E}[X]$ 存在, $\{B_n\} \subset \mathscr{F}$ 为 Ω 的可数分割, $\mathscr{B} = \sigma\{B_n, n \geqslant 1\}$. 称满足下式的 $\mathscr{B}$-可测函数 $\mathbb{E}[X|\mathscr{B}]$ 为 X 在 σ-代数 $\mathscr{B}$ 下关于 $\mathbb{P}$ 的条件期望

$$\int_B X d\mathbb{P} = \int_B \mathbb{E}[X|\mathscr{B}] d\mathbb{P}, \quad \forall B \in \mathscr{B}. \tag{5.10}$$

注记 5.1.3 (5.9) 表明: 定义 5.1.2 的 $\mathbb{E}[X|\mathscr{B}]$ 和 (5.10) 定义的 $\mathbb{E}[X|\mathscr{B}]$ 是同一的 (在等价的意义下).

定义 5.1.2′ 对于进一步推广条件期望的定义, 提供了途径. 将在下一节进行.

5.2 给定 σ-代数之下条件期望与条件概率

在前面一节分析的基础上, 我们给出下面的定义.

定义 5.2.1 设 $(\Omega, \mathscr{F}, \mathbb{P})$ 是概率空间, $\mathscr{B} \subset \mathscr{F}$ 为 $\mathscr{F}$ 的子 σ-代数. X 为 $(\Omega, \mathscr{F}, \mathbb{P})$ 上的随机变量, 且 $\mathbb{E}[X]$ 存在 (不一定有限), X 在给定的 σ-代数 $\mathscr{B}$ 之下 (关于 $\mathbb{P}$) 的条件数学期望, 记作 $\mathbb{E}[X|\mathscr{B}]$, 指的是满足下述条件的 Ω 上的一个 $\mathscr{B}$-可测函数的等价类中的任何一个,

$$\int_B \mathbb{E}[X|\mathscr{B}] d\mathbb{P} = \int_B X d\mathbb{P}, \quad \forall B \in \mathscr{B}. \tag{5.11}$$

为了讨论 $\mathbb{E}[X|\mathscr{B}]$ 的存在性, 需要应用测度论中的 Radon-Nikodym 定理.

设 $(\Omega, \mathscr{F})$ 为可测空间, $(\Omega, \mathscr{F})$ 上的一个符号测度, 就是满足可数可加性, 但不必非负的, 定义在 $\mathscr{F}$ 上的集函数 $\lambda(\cdot)$.

可数可加性仍为满足如下两个等价形式的性质:

(i) 对于 $\mathscr{F}$ 中任意可数个不相交的子集 $\{A_n\}_{n\geqslant 1}$, 有

$$\lambda\left(\bigcup_{n=1}^{\infty} A_n\right) = \sum_{n=1}^{\infty} \lambda(A_n);$$

(ii) 对于 $\mathscr{F}$ 中的单调列 $\{A_n\}$, $A_n \downarrow A$ 或 $A_n \uparrow A(n \to \infty)$, 有

$$\lim_{n\to\infty} \lambda(A_n) = \lambda(A).$$

对于 $(\Omega, \mathscr{F})$ 上的任意两个非负测度 μ_1 与 μ_2, $\lambda = \mu_1 - \mu_2$ 为带有符号测度的实例.

定义 5.2.2 $\mathscr{F}$ 中集合 A 称为关于 $\lambda(\cdot)$ 为全正 (全负) 的, 如果对每个 $B \in \mathscr{F}$, 且 $B \subset A$, 有 $\lambda(B) \geqslant 0(< 0)$.

注记 5.2.1 显然, 任意全正集合的子集必为全正的; 可数全正集合的并仍为全正集合.

引理 5.2.1 设 $\lambda(\cdot)$ 为 $(\Omega, \mathscr{F})$ 上可数可加的带符号测度, 则

$$\sup_{A\in\mathscr{F}} |\lambda(A)| < \infty.$$

证明 假如 $\sup\limits_{B\in\mathscr{F}} |\lambda(B)| = \infty$, 则存在 $A \in \mathscr{F}$ 满足

$$\sup_{B\subset A} |\lambda(B)| = \infty. \tag{5.12}$$

事实上, 如果对每个 $A \in \mathscr{F}$, 有 $\sup\limits_{B\subset A} |\lambda(B)| < \infty$. 假如 $\sup\limits_{B\subset A^C} |\lambda(B)| < \infty$, 则一定有 $\sup\limits_{B\in\mathscr{F}} |\lambda(B)| < \infty$. 这与反证假设矛盾. 因此, 一定有 $\sup\limits_{B\subset A^C} |\lambda(B)| = \infty$. 由于 $A^C \in \mathscr{F}$, 这说明 (5.12) 成立.

给定 $A \in \mathscr{F}$, 使 (5.12) 成立. 则对任意大的正数 N_1, 存在 $A_1 \in \mathscr{F}$, 使得 $A_1 \subset A$ 且 $|\lambda(A_1)| \geqslant N$ 及 $\sup\limits_{B\subset A_1} |\lambda(B)| = \infty$.

事实上, 由于 $\lambda(\Omega)$ 为有限数, 且不难证明, $||\lambda(E)| - |\lambda(E^C)|| \leqslant |\lambda(\Omega)|$, $E \in \mathscr{F}$. 故推知: 如果取 $E \subset A$ 使 $|\lambda(E)|$ 非常大, 则 $|\lambda(E^C)|$ 一定也非常大. 至少两个集合 E 与 E^C 中之一叫 A_1, 满足

$$\sup_{B\subset A_1} |\lambda(B)| = \infty(A_1 = E \text{或} E^C).$$

将这一过程继续下去, 由归纳法, 得到 $\{A_k\}_{k\geqslant 1}$, $A_k \downarrow \varnothing(k \to \infty)$, 且 $|\lambda(A_k)| \geqslant N_k(k \in Z)$, 故 $|\lambda(A_k)| \to \infty(k \to \infty)$. 这与 $\lambda(\cdot)$ 的可数可加性矛盾.

引理 5.2.2 对正数 $L > 0$, 如果 $A \in \mathscr{F}$, 满足 $\lambda(A) = L$, 则存在 A 的全正子集 $\overline{A} \subset A$, 满足 $\lambda(\overline{A}) \geqslant L$.

证明 设 $A \in \mathscr{F}$, $\lambda(A) = L > 0$. 定义 $m = \inf\limits_{B \subset A} \lambda(B)$, 由于空集 $\varnothing \subset A$, 所以 $m \leqslant 0$. 如果 $m = 0$, 则 A 为全正的, 已达目的. 现设 $m < 0$. 由引理 5.2.1, 知 $m > -\infty$.

由 m 的定义, $m < \dfrac{m}{2}$, 选 $B_1 \subset A$, 使

$$\lambda(B_1) \leqslant \frac{m}{2} < 0,$$

令 $A_1 = A \backslash B_1$, 则

$$\lambda(A_1) = \lambda(A) - \lambda(B_1) \geqslant \lambda(A) = L, \qquad \inf_{B \subset A_1} \lambda(B) \geqslant \frac{m}{2}.$$

由归纳法, 我们得到

$$A \supset A_1 \supset A_2 \supset \cdots \supset A_k \supset \cdots, \quad \lambda(A_k) \geqslant L(k \geqslant 1)),$$

且

$$\inf_{B \subset A_k} \lambda(B) \geqslant \frac{m}{2^k} \quad (k = 1, 2, 3, \cdots).$$

定义 $\overline{A} = \bigcap\limits_{k=1}^{\infty} A_k$, 即 $A_k \downarrow \overline{A}$, 则 $\overline{A} \subset A$, 且

$$\lambda(\overline{A}) = \lim_{k \longrightarrow \infty} \lambda(A_k) \geqslant L.$$

定理 5.2.3 (Hahn-Jordan 分解) 可测空间 $(\Omega, \mathscr{F})$ 上的任何符号测度 $\lambda(\cdot)$, 均可分解为 $(\Omega, \mathscr{F})$ 上两个非负测度 μ^+ 与 μ^- 的差, 即

$$\lambda = \mu^+ - \mu^-. \tag{5.13}$$

进一步地, μ^+ 与 μ^- 可以选为相互垂直的, 即存在不相交的 Ω 的子集 $\Omega_+, \Omega_- \in \mathscr{F}$, 满足

$$\mu^+(\Omega_-) = \mu^-(\Omega_+) = 0. \tag{5.14}$$

此时, Ω_+ 与 Ω_- 可以选为 Ω 的关于 λ 全正的与全负的子集, 而 μ^+ 与 μ^- 恰好分别为 λ 在 Ω_+ 上的限制与 λ 在 Ω_- 上限制的相反数.

证明 首先注意到可数全正集合的并还是全正集合, 无论这些集合是相交, 还是不相交.

定义 $m^+ = \sup\limits_{A \in \mathscr{F}} \lambda(A)$.

如果 $m^+ = 0$, 则 $\lambda(A) \leqslant 0, A \in \mathscr{F}$. 此时, 取 $\Omega_+ = \varnothing$ 且 $\Omega_- = \Omega$. 已证结论.

如果 $m^+ > 0$, 则存在 $A_n \in \mathscr{F}$, 使 $\lambda(A_n) > m^+ - \dfrac{1}{n}$. 由引理 5.2.2, 取全正子集 $\overline{A}_n \subset A_n$, 满足 $\lambda(\overline{A}_n) > m^+ - \dfrac{1}{n}$. 令 $\Omega_+ = \bigcup\limits_{n=1}^{\infty} \overline{A}_n$, 则 Ω_+ 为关于 λ 全正的集合, 且 $\lambda(\Omega_+) = m^+$. 再令 $\Omega_- = \Omega \backslash \Omega_+$, 则易知 Ω_- 为关于 λ 为全负的集合, 令 μ^+ 为 $\lambda(\cdot)$ 在 Ω_+ 上的限制, 而 μ^- 为 $\lambda(\cdot)$ 在 Ω_- 上的限制, 得证.

注记 5.2.2 如果 μ 为 $(\Omega, \mathscr{F})$ 上的非负测度, $f(\cdot)$ 为可积函数, 则

$$\lambda(A) = \int_A f(\omega)d\mu = \int_\Omega 1_A(\omega)f(\omega)d\mu,$$

则 $\lambda(\cdot)$ 为可数可加的带符号测度, 且

$$\Omega_+ = \{\omega \in \Omega : f(\omega) \geqslant 0\}, \quad \Omega_- = \{\omega \in \Omega : f(\omega) < 0\}.$$

如果定义 $f^+(\omega)$ 与 $f^-(\omega)$ 分别为 f 的正部与负部, 则

$$\mu^+(A) = \int_A f^+(\omega)d\mu, \quad \mu^-(A) = \int_A f^-(\omega)d\mu$$

对 $A \in \mathscr{F}$ 成立, 此时 $\lambda = \mu^+ - \mu^-$.

给定测度空间 $(\Omega, \mathscr{F}, \mu)$ 上可积函数 $f(\cdot)$, 符号测度 $\lambda(\cdot)$ 定义为

$$\lambda(A) = \int_A f(\omega)d\mu = \int_\Omega I_A(\omega)f(\omega)d\mu. \tag{5.15}$$

具有和 μ 的一种特殊关系: 对任意集合 A, 只要 $\mu(A) = 0$, 就一定有 $\lambda(A) = 0$. 由此, 抽象出如下的定义.

定义 5.2.3 设 $(\Omega, \mathscr{F}, \mu)$ 为非负测度空间, 其上符号测度 λ 称为关于非负测度 μ 为绝对连续的, 记为 $\lambda \ll \mu$, 如果对于 $A \in \mathscr{F}$, 只要 $\mu(A) = 0$, 就一定有 $\lambda(A) = 0$.

以下是一个重要的定理, 当 λ 为非负测度时, 即为经典 Radon-Nikodym 定理.

定理 5.2.4(Radon-Nikodym 定理) 如果 $\lambda \ll \mu$, 则存在可积函数 $f(\omega)$ 满足

$$\lambda(A) = \int_A f(\omega)d\mu, \tag{5.16}$$

对一切 $A \in \mathscr{F}$. 函数 f 是 a.s. 唯一确定的, 并称 f 为 λ 关于 μ 的 Radon-Nikodym 导数, 记为

$$f(\omega) = \frac{d\lambda}{d\mu}. \tag{5.17}$$

证明 定理的证明依赖于 Hahn-Jordan 分解定理.

如果已知 (5.16) 成立, 则 $\Omega_+ = \{\omega : f(\omega) \geqslant 0\}$. 如果定义 $\lambda_a = \lambda - a\mu$, 则对每个实数 a, λ_a 为一个符号测度. 现定义 $\Omega(a)$ 为 λ_a 的全正子集. 这些集合仅除去零测集无定义, 由于同时我们仅可处理可数个零测集, 所以将 a 的取值限制在有理数集 Q 上是个不错的选择. 粗略地说, $\Omega(a)$ 就是使得 $f(\omega) \geqslant a$ 的集合.

我们试图由 $\Omega(a)$ 构造 f, 以下定义

$$f(\omega) = \sup\{a \in Q : \omega \in \Omega(a)\}.$$

关键是要验证以上定义是有意义的. 因为当 a 增加时, λ_a 会变得更负, 故当 a 递增时, 有 $\Omega(a)$ 递减. 不失一般性, 我们可以假定 $a_1 > a_2$ 时, 有 $\Omega(a_1) \subset \Omega(a_2)$(除去零测集外). 显然有

$$\{\omega : f(\omega) > x\} = \{\omega : \omega \in \Omega(y), \exists 有理数 y > x\} = \bigcup_{y>x, y\in Q} \Omega(y).$$

由此, 可知 $f(\cdot)$ 可测. 如果 $A \subset \bigcap_{a \in Q} \Omega(a)$, 则 $\lambda(A) - a\mu(A) \geqslant 0$ 对一切 $a \in Q$ 成立. 如果 $\mu(A) > 0$, 则由 $a \in Q$ 的任意性, 知 $\lambda(A) = +\infty$, 因此知 $\mu(A) = 0$. 由 λ 关于 μ 的绝对连续性, 有 $\lambda(A) = 0$.

另一方面, 如果 $A \cap \Omega(a) = \varnothing$ 对一切 $a \in Q$ 成立, 则 $\lambda(A) - a\mu(A) < 0$, 对一切 $a \in Q$ 成立. 故若 $\mu(A) > 0$, 必有 $\lambda(A) = -\infty$, 矛盾. 因此, 必有 $\mu(A) = 0$, 由 λ 关于 μ 的绝对连续性, 又有 $\lambda(A) = 0$. 由 $f(\omega)$ 的定义, 知关于 λ 与 μ, $f(\omega)$ 均为 a.s. 有限的.

取任意两个实数 $a < b$, 考虑 $E_{a,b} = \{\omega : a \leqslant f(\omega) \leqslant b\}$. 对任意的有理数 $a' < a$ 及 $b' > b$, 有 $E_{a,b} \subset \Omega(a') \bigcap \Omega^C(b')$. 因此, 对任意集合 $A \subset E_{a,b}$, 令 $a' \uparrow a$ 且 $b' \downarrow b$, 由 $f(\omega)$, $\Omega(a')$ 及 $\Omega^C(b')$ 的定义, 知

$$a\mu(A) \leqslant \lambda(A) \leqslant b\mu(A). \tag{5.18}$$

对任意整数 n 及正有理数 h, 定义

$$E_n = \{\omega : nh \leqslant f(\omega) \leqslant (n+1)h\}, \quad -\infty < n < +\infty,$$

则对任意 $A \in \mathscr{F}$ 及每个 n, 由 (5.18)(取 $a' = nh$, $b' = (n+1)h$), 有

$$\begin{aligned}
&\lambda(A \cap E_n) - h\mu(A \cap E_n) \\
&\leqslant nh\mu(A \cap E_n) \leqslant \int_{A \cap E_n} f(\omega)d\mu \\
&\leqslant (n+1)h\mu(A \cap E_n) \\
&\leqslant \lambda(A \cap E_n) + h\mu(A \cap E_n).
\end{aligned}$$

对上式关于 n 进行相加, 由 $\lambda(\cdot), \mu(\cdot)$ 的可数可加性, 有

$$\lambda(A) - h\mu(A) \leqslant \int_A f(\omega)d\mu \leqslant \lambda(A) + h\mu(A).$$

从而 $f(\cdot)$ 为可积的, 且当取 $h \downarrow 0$ 时, 得到

$$\lambda(A) = \int_A f(\omega)d\mu, A \in \mathscr{F}.$$

注记 5.2.3(唯一性) 如果存在可积函数 f_1 及 f_2, 使得

$$\lambda(A) = \int_A f_1(\omega)d\mu = \int_A f_2(\omega)d\mu, \quad A \in \mathscr{F}.$$

令 $g(\omega) = f_1(\omega) - f_2(\omega)$, 则 $\int_A g(\omega)d\mu = 0, A \in \mathscr{F}$. 对任意 $\varepsilon > 0$, 令 $A_\varepsilon = \{\omega : g(\omega) \geqslant \varepsilon\}$, 则 $\varepsilon\mu(A_\varepsilon) \leqslant \int_{A_\varepsilon} g(\omega)d\mu = 0$, $\mu(A_\varepsilon) = 0$. 由 $\varepsilon > 0$ 的任意性, 知 $g(\omega) \leqslant 0$, a.s. 关于 μ. 同理可证: $g(\omega) \geqslant 0$ a.s. 关于 μ. 因此, 关于 μ-a.s. $f_1(\omega) = f_2(\omega)$.

下面讨论给定 σ-代数条件下条件期望的存在性.

在 Radon-Nikodym 定理中, 如果 $\lambda \ll \mu$ 为定义在 $(\Omega, \mathscr{F})$ 上的概率测度, 可定义 Radon-Nikodym 导数 $f(\omega) = \dfrac{d\lambda}{d\mu}$ 为 $\mathscr{F}$-可测函数, 使得对任意 $A \in \mathscr{F}$, 有

$$\lambda(A) = \int_A f(\omega)d\mu.$$

如果 $\Sigma \subset \mathscr{F}$ 为子 σ-代数, 那么 λ 关于 μ 在 $\mathscr{F}$ 上的绝对连续性, 显然蕴涵 λ 关于 μ 在 Σ 上的绝对连续性. 在可测空间 (Ω, Σ) 上应用 Radon-Nikodym 定理, 得到 Radon-Nikodym 导数

$$g(\omega) = \frac{d\lambda}{d\mu} = \frac{d\lambda}{d\mu}|_\Sigma,$$

使得

$$\lambda(A) = \int_A g(\omega)d\mu, \quad A \in \Sigma,$$

其中 g 为 Σ-可测的. 因为原来的函数 f 仅为 $\mathscr{F}$-可测的, 所以它一般不能作为关于子 σ-代数 Σ 的 Radon-Nikodym 导数.

定理 5.2.5 设 $(\Omega, \mathscr{F}, \mathbb{P})$ 为概率空间, $\mathscr{B} \subset \mathscr{F}$ 为子 σ-代数. X 为 $(\Omega, \mathscr{F}, \mathbb{P})$ 上的随机变量, 且 $\mathbb{E}[X]$ 存在, 则存在 $g(\cdot)$ 关于 $\mathscr{B}$ 可测, 且

$$g(\omega) = \mathbb{E}[X|\mathscr{B}](\omega), \quad \text{a.s.}$$

证明 在 $\mathscr{F}$ 上定义符号测度

$$\lambda(A) = \int_A X(\omega)d\mathbb{P}, \quad A \in \mathscr{F},$$

则 $\lambda \ll \mathbb{P}$ 在 $\mathscr{F}$ 上成立. 当然 $\lambda \ll \mathbb{P}$ 在 $\mathscr{B}$ 上也成立, 从而由 Radon-Nikodym 定理存在 $g(\cdot)$ 关于 $\mathscr{B}$ 可测, 且

$$\lambda(A) = \int_A g(\omega)d\mathbb{P}, \quad A \in \mathscr{B}.$$

于是, 对任意 $A \in \mathscr{B}$, 有

$$\int_A g(\omega)d\mathbb{P} = \int_A X(\omega)d\mathbb{P}, \quad \forall A \in \mathscr{B},$$

即

$$g = \mathbb{E}[X \,|\, \mathscr{B}].$$

定理 5.2.6 设 $(\Omega, \mathscr{F}, \mathbb{P})$ 为概率空间, $\mathscr{B} \subset \mathscr{F}$ 为子 σ-代数, $X(\cdot)$ 为 $(\Omega, \mathscr{F})$ 上随机变量, $\mathbb{E}[X]$ 存在, 则条件期望具有如下性质.

(1) 如果 $Y = \mathbb{E}[X \,|\, \mathscr{B}]$, 则 $\mathbb{E}[Y] = \mathbb{E}[X]$, $\mathbb{E}[1 \,|\, \mathscr{B}] = 1$, a.s.;

(2) 如果 X 非负, 则 $Y = \mathbb{E}[X \,|\, \mathscr{B}] \geqslant 0$, a.s.;

(3) 映射 $\mathbb{E}[\cdot | \mathscr{B}]$ 为线性的, 即当 a_1, a_2 为常数, X_1, X_2 为 $(\Omega, \mathscr{F}, \mathbb{P})$ 上随机变量, $\mathbb{E}[X_i]$ 存在 $(i = 1, 2)$, 则

$$\mathbb{E}[a_1 X_1 + a_2 X_2 \,|\, \mathscr{B}] = a_1 \mathbb{E}[X_1 \,|\, \mathscr{B}] + a_2 \mathbb{E}[X_2 \,|\, \mathscr{B}];$$

(4) 如果 $Y = \mathbb{E}[X \,|\, \mathscr{B}]$, 那么 $|Y(\omega)| \leqslant \mathbb{E}[|X(\omega)| | \mathscr{B}]$, 从而

$$\int_{\Omega} |Y(\omega)| \, d\mathbb{P} \leqslant \int_{\Omega} |X(\omega)| \, d\mathbb{P};$$

(5) (取出性质) 如果 $Y(\omega)$ 为有界的 $\mathscr{B}$-可测的随机变量, 那么

$$\mathbb{E}[YX \,|\, \mathscr{B}] = Y\mathbb{E}[X \,|\, \mathscr{B}], \quad \text{a.e.};$$

(6) (塔性质) 如果 $\mathscr{B}_2 \subset \mathscr{B}_1 \subset \mathscr{F}$ 为 $\mathscr{F}$ 的子 σ-代数, 那么

$$\mathbb{E}[X \,|\, \mathscr{B}_2] = \mathbb{E}[\mathbb{E}[X \,|\, \mathscr{B}_1] \,|\, \mathscr{B}_2];$$

(7) (Jensen 不等式) 如果 $\phi(x)$ 为 x 的凸函数, 且 $Y = \mathbb{E}[X \,|\, \mathscr{B}]$, 那么

$$\phi(Y(\omega)) \leqslant \mathbb{E}[\phi(X(\omega)) \,|\, \mathscr{B}], \quad \text{a.e.}, \tag{5.19}$$

若对上式两端取期望, 有

$$\mathbb{E}[\phi(Y)] \leqslant \mathbb{E}[\phi(X)]. \tag{5.20}$$

证明 (1)—(3) 的证明是明显的.

(4) 设 $Y = \mathbb{E}[X \,|\, \mathscr{B}]$, 对任意 $A \in \mathscr{F}$, 定义符号测度 $\lambda(A) = \int_A X(\omega) d\mathbb{P}$, 即 $d\lambda = X d\mathbb{P}$. 注意 $\mathscr{B} \subset \mathscr{F}$, 有

$$\int_{\Omega} |X(\omega)| \, d\mathbb{P} = \sup_{A \in \mathscr{F}} \lambda(A) - \inf_{A \in \mathscr{F}} \lambda(A)$$

$$\geqslant \sup_{A \in \mathscr{B}} \lambda(A) - \inf_{A \in \mathscr{B}} \lambda(A)$$

$$= \int_{\Omega} |\mathbb{E}[X \,|\, \mathscr{B}]| \, d\mathbb{P}$$

$$= \int_\Omega |Y(\omega)|\, d\mathbb{P}.$$

(5) 对任意 $B \in \mathscr{B}$, 取 $Y(\omega) = I_B(\omega)$, 则对任意的 $A \in \mathscr{B}$, 注意到 $A \cap B \in \mathscr{B}$, 故有

$$\int_A \mathbb{E}[YX \mid \mathscr{B}]d\mathbb{P} = \int_A \mathbb{E}[I_B X \mid \mathscr{B}]d\mathbb{P} = \int_A I_B X d\mathbb{P}$$
$$= \int_{A \cap B} X d\mathbb{P} = \int_{A \cap B} \mathbb{E}[X \mid \mathscr{B}]d\mathbb{P}$$
$$= \int_A I_B \mathbb{E}[X \mid \mathscr{B}]d\mathbb{P} = \int_A Y\mathbb{E}[X \mid \mathscr{B}]d\mathbb{P}.$$

由 $A \in \mathscr{B}$ 的任意性, 知, 当 $Y(\omega) = I_B(\omega)$ 时, (5) 成立, 由线性推出 $Y(\omega)$ 为简单函数时, (5) 成立, 再由有界控制收敛定理, 知 $Y(\omega)$ 为有界 $\mathscr{B}$-可测函数时, (5) 成立.

(6) 对任意的 $A \in \mathscr{B}_2 \subset \mathscr{B}_1$, 知 $A \in \mathscr{B}_1 \in \mathscr{F}$, 由条件期望的定义, 有

$$\int_A \mathbb{E}[X \mid \mathscr{B}_2]d\mathbb{P} = \int_A X d\mathbb{P} = \int_A \mathbb{E}[X \mid \mathscr{B}_1]d\mathbb{P}$$
$$= \int_A \mathbb{E}[\mathbb{E}[X \mid \mathscr{B}_1] \mid \mathscr{B}_2]d\mathbb{P}.$$

由 $A \in \mathscr{B}_2$ 的任意性, 知

$$\mathbb{E}[X \mid \mathscr{B}_2] = \mathbb{E}[\mathbb{E}[X \mid \mathscr{B}_1] \mid \mathscr{B}_2],\ \text{a.e.}$$

(7) 首先注意到: 如果 $X_1 \geqslant X_2$, 那么 $\mathbb{E}[X_1 \mid \mathscr{B}] \geqslant \mathbb{E}[X_2 \mid \mathscr{B}]$, a.e. 由此得出

$$\mathbb{E}[\max(X_1, X_2) \mid \mathscr{B}] \geqslant \max\{\mathbb{E}[X_1 \mid \mathscr{B}], \mathbb{E}[X_2 \mid \mathscr{B}_2]\}.$$

因为对凸函数 $\phi(x)$, 有表达式

$$\phi(x) = \sup_a \{ax - \psi(a)\},$$

其中 $\psi(\cdot)$ 为 $\phi(\cdot)$ 的共轭凸函数, 且可将 a 的取值限制到有理数集上, 故上述的上确界, 只对可数个 a 进行计算, 所以

$$\mathbb{E}[\phi(X) \mid \mathscr{B}] = \mathbb{E}[\sup_a [aX - \psi(a)] \mid \mathscr{B}]$$
$$\geqslant \sup_a [a\mathbb{E}[X \mid \mathscr{B}] - \psi(a)]$$
$$= \sup_a [aY - \psi(a)]$$
$$= \phi(Y),\quad \text{a.e.}$$

两端取期望, 得

$$\mathbb{E}[\phi(X)] \geqslant \mathbb{E}[\phi(Y)].$$

例 5.2.7 设 $(\Omega, \mathscr{F}, \mathbb{P})$ 为概率空间, $\Sigma \subset \mathscr{F}$ 为子 σ-代数, 设 $H = L^2(\Omega, \mathscr{F}, \mathbb{P})$ 为全体 $\mathscr{F}$-可测平方可积函数, 其内积定义为

$$\langle X, Y \rangle_\mu = \int_\Omega X(\omega)Y(\omega)d\mathbb{P},$$

则 H 为 Hilbert 空间, 且闭子空间

$$H_0 = L^2(\Omega, \Sigma, \mathbb{P}) \subset H = L^2(\Omega, \mathscr{F}, \mathbb{P}),$$

对任意 $X \in H = L^2(\Omega, \mathscr{F}, \mathbb{P})$, $X \mapsto \mathbb{E}[X \mid \Sigma]$ 为从 H 到 H_0 的正交投影.

证明 若 $X \in H_0 = L^2(\Omega, \Sigma, \mathbb{P})$, 则 X 为 Σ-可测, 由取出性质, 有

$$\mathbb{E}[X \mid \Sigma] = X \cdot \mathbb{E}[1 \mid \Sigma] = X.$$

设 $X \in H = L^2(\Omega, \mathscr{F}, \mathbb{P})$, $\mathbb{E}[X \mid \Sigma]$ 为 Σ-可测函数, 记 $Y = \mathbb{E}[X \mid \Sigma]$, 由 Jensen 不等式及 (5.20), 有

$$\mathbb{E}[\mid Y \mid^2] \leqslant \mathbb{E}[\mid X \mid^2] < \infty,$$

从而 $Y = \mathbb{E}[X \mid \Sigma] \in H_0 = L^2(\Omega, \Sigma, \mathbb{P})$.

对任意 $Z \in H_0 = L^2(\Omega, \Sigma, \mathbb{P})$, 有

$$
\begin{aligned}
\mathbb{E}[\mid X - Z \mid^2 \mid \Sigma] &= \mathbb{E}[\mid X - \mathbb{E}[X \mid \Sigma] + \mathbb{E}[X \mid \Sigma] - Z \mid^2 \mid \Sigma] \\
&= \mathbb{E}[\mid X - \mathbb{E}[X \mid \Sigma] \mid^2 \mid \Sigma] + \mathbb{E}[\mid \mathbb{E}[X \mid \Sigma] - Z \mid^2 \mid \Sigma] \\
&\quad + 2\mathbb{E}[(X - \mathbb{E}[X \mid \Sigma])(\mathbb{E}[X \mid \Sigma] - Z) \mid \Sigma].
\end{aligned}
\tag{5.21}
$$

因 $\mathbb{E}[X \mid \Sigma] - Z$ 为 Σ-可测的, 由取出性质, 知

$$
\begin{aligned}
&\mathbb{E}[(X - \mathbb{E}[X \mid \Sigma])(\mathbb{E}[X \mid \Sigma] - Z) \mid \Sigma] \\
&= (\mathbb{E}[X \mid \Sigma] - Z)\mathbb{E}[(X - \mathbb{E}[X \mid \Sigma]) \mid \Sigma] \\
&= 0.
\end{aligned}
$$

由 (5.21) 知: 对任意 $Z \in H_0 = L^2(\Omega, \Sigma, \mathbb{P})$,

$$\mathbb{E}[\mid X - \mathbb{E}[X \mid \Sigma] \mid^2 \mid \Sigma] \leqslant \mathbb{E}[\mid X - Z \mid^2 \mid \Sigma].$$

将上式两端取期望, 有

$$\mathbb{E}[\mid X - \mathbb{E}[X \mid \Sigma] \mid^2] \leqslant \mathbb{E}[\mid X - Z \mid^2],$$

从而

$$\| X - \mathbb{E}[X \mid \Sigma] \| \leqslant \| X - Z \|, \quad \forall Z \in H_0.$$

由泛函分析知, $X \mapsto \mathbb{E}[X \mid \Sigma]$ 为正交投影.

5.3 离散参数鞅序列的定义与性质

首先引入鞅序列 (离散参数鞅) 的概念.

定义 5.3.1 设 $(\Omega, \mathscr{F}, \mathbb{P})$ 为概率空间, $\mathscr{F}_1 \subset \mathscr{F}_2 \subset \cdots \subset \mathscr{F}_n \subset \cdots$ 为子 σ-代数. n 元随机变量构成的链 $(X_1, X_2, \cdots, X_n)$ 称为长度为 n 的鞅序列, 如果下述条件满足:

(1) 每个 X_i 为可积的, 且关于 $\mathscr{F}_i$-可测;

(2) 对每个 $i \in \{1, 2, \cdots, n-1\}$, 有关系

$$X_i = \mathbb{E}[X_{i+1} | \mathscr{F}_i], \quad \mathbb{P}\text{-a.e.} \tag{5.22}$$

注记 5.3.1 如果对任意 $n, \{(X_i, \mathscr{F}_i) : 1 \leqslant i \leqslant n\}$ 为长度为 n 的鞅序列, 那么 $\{(X_i, \mathscr{F}_i) : 1 \leqslant i < \infty\}$ 称为无穷鞅序列, 或称 $\{X_i\}_{i \geqslant 1}$ 为离散参数 $(\mathscr{F}_i, \mathbb{P})$-鞅, 简称离散参数鞅.

注记 5.3.2 设 $\{(X_i, \mathscr{F}_i) : i \geqslant 1\}$ 为无穷鞅序列, 由条件数学期望的性质, 有

$$\mathbb{E}[X_i] = \mathbb{E}[\mathbb{E}[X_{i+1} | \mathscr{F}_i]] = \mathbb{E}[X_{i+1}] \quad (i = 1, 2, \cdots),$$

故 $\mathbb{E}[X_i] \equiv C$. 如果 $\mathscr{F}_0 = \{\varnothing, \Omega\}$ 为平凡的 σ-代数, 且 $X_0 \equiv C$, 那么 $\{(X_i, \mathscr{F}_i) : i \geqslant 0\}$ 为鞅序列.

注记 5.3.3 如果定义 $Y_{j+1} = X_{j+1} - X_j$, 那么

$$X_i = C + \sum_{1 \leqslant j \leqslant i} Y_j,$$

且由于 $\{X_i\}_{i \geqslant 0}$ 为 $(\mathscr{F}_i, \mathbb{P})$-鞅, 故

$$\mathbb{E}[Y_{i+1} | \mathscr{F}_i] = 0, \quad \mathbb{P}\text{-a.e.}$$

这样的序列 $\{Y_i\}_{i \geqslant 0}$ 称为鞅差分. 反之, 如果 Y_i 为具有 0 均值的独立随机变量列, 对每个 i, 取 σ-代数 $\mathscr{F}_i = \sigma\{Y_j : 1 \leqslant j \leqslant i\}$ 且 $X_i = C + \sum_{1 \leqslant j \leqslant i} Y_j$ 为 $(\mathscr{F}_i, \mathbb{P})$-鞅.

注记 5.3.4 我们可以按如下程序生成一个鞅序列: 给定一个递增的子 σ-代数族 $\{\mathscr{F}_i\}_{i \geqslant 0}$, 任取 $(\Omega, \mathscr{F}, \mathbb{P})$ 上可积的随机变量 $X(\omega)$, 取 $X_i = \mathbb{E}[X | \mathscr{F}_i] (i = 0, 1, \cdots)$, 易知 $\{(X_i, \mathscr{F}_i) : i \geqslant 0\}$ 为鞅序列. 当然, 每一有限鞅序列 $\{(X_i, \mathscr{F}_i) : 1 \leqslant i \leqslant n\}$ 均可如上生成, 因为可取 $X = X_n$. 对于无穷鞅序列, 自然提出一个重要的问题, 我们在后文专门进行讨论.

注记 5.3.5 如果某人参加一项 "公平" 的博弈, 到时刻 n, 局中人的资产 X_n 为一个鞅. 人们可以取直到时刻 n 博弈的一切结果构成 σ-代数 $\mathscr{F}_n$. 条件 $\mathbb{E}[X_{n+1} - X_n | \mathscr{F}_n] = 0$, 即断言博弈进展对过去历史为独立的. 即风险中性.

如果在鞅的定义 5.3.1 中 (2), 将等式 (5.22) 换为不等式:

(2a) 对每个 i, 有

$$X_i \leqslant \mathbb{E}[X_{i+1}|\mathscr{F}_i], \quad \mathbb{P}\text{-a.e.},$$

则称 $\{(X_i, \mathscr{F}_i) : 1 \leqslant i \leqslant n\}$ 为下鞅.

(2b) 对每个 i, 有

$$X_i \geqslant \mathbb{E}[X_{i+1}|\mathscr{F}_i], \quad \mathbb{P}\text{-a.e.},$$

则称 $\{(X_i, \mathscr{F}_i) : 1 \leqslant i \leqslant n\}$ 为上鞅.

类似地, 定义无穷下 (上) 鞅序列.

引理 5.3.1 如果 $\{(X_i, \mathscr{F}_i)\}$ 为一个鞅, φ 为凸 (凹) 函数, 且对每个 n, $\varphi(X_n)$ 为可积函数, 那么 $\{(\varphi(X_n), \mathscr{F}_n)\}$ 为一个下 (上) 鞅.

证明 设 $\varphi(\cdot)$ 为凸函数, 由 Jensen 不等式及 $\mathbb{E}[X_{n+1}|\mathscr{F}_n] = X_n$, 得

$$\mathbb{E}[\varphi(X_{n+1})|\mathscr{F}_n] \geqslant \varphi(\mathbb{E}[X_{n+1}|\mathscr{F}_n]) = \varphi(X_n).$$

同理, 对 $\varphi(\cdot)$ 为凹函数证明.

定理 5.3.2 (Doob 不等式) 设 $\{X_j\}_{1 \leqslant j \leqslant n}$ 为长度为 n 的鞅序列, 则

$$\mathbb{P}\left\{\omega : \sup_{1 \leqslant j \leqslant n} |X_j| \geqslant l\right\} \leqslant \frac{1}{l} \int_{\{\sup_{1 \leqslant j \leqslant n} |X_j| \geqslant l\}} |X_n| d\mathbb{P} \leqslant \frac{1}{l} \int_{\Omega} |X_n| d\mathbb{P}.$$

证明 令 $S(\omega) = \sup_{1 \leqslant j \leqslant n} |X_j(\omega)|$, 则

$$\{\omega : S(\omega) \geqslant l\} = E = \bigcup_{j=1}^{n} E_j,$$

其中

$$E_j = \{\omega : |X_1(\omega)| < l, |X_2(\omega)| < l, \cdots, |X_{j-1}(\omega)| < l, |X_j(\omega)| \geqslant l\}$$

$(j = 1, 2, \cdots, n)$, $E_i \cap E_j = \varnothing$, $i \neq j$. 因为 $\varphi(x) = |x|$ 为凸函数, $\{|X_j|\}_{1 \leqslant j \leqslant n}$ 为下鞅. 故 $\mathbb{E}[|X_n| |\mathscr{F}_j] \geqslant |X_j|$, a.e.$\mathbb{P}$, 从而对 $E_j \in \mathscr{F}_j$ 来说, 有

$$\mathbb{P}(E_j) \leqslant \frac{1}{l} \int_{E_j} |X_j| d\mathbb{P}$$

$$\leqslant \frac{1}{l} \int_{E_j} \mathbb{E}[|X_n| |\mathscr{F}_j] d\mathbb{P}$$

$$= \frac{1}{l} \int_{E_j} |X_n| d\mathbb{P},$$

从而

$$\mathbb{P}\{\omega : S(\omega) \geqslant l\} = \sum_{j=1}^{n} \mathbb{P}(E_j) \leqslant \frac{1}{l} \int_{\bigcup_{j=1}^{n} E_j} |X_n| d\mathbb{P}$$

$$= \frac{1}{l} \int_{\{S(\omega) \geqslant l\}} |X_n| d\mathbb{P} \leqslant \frac{1}{l} \int_{\Omega} |X_n| d\mathbb{P}.$$

注记 5.3.6   对 $p \geqslant 1$, 我们有

$$\mathbb{P}(E_j) \leqslant \frac{1}{l^p} \int_{E_j} |X_j|^p d\mathbb{P},$$

从而

$$\mathbb{P}(E) \leqslant \frac{1}{l^p} \int_E |X_n|^p d\mathbb{P}.$$

当 $p = 2$ 时, 将此与 Chebyshev 不等式比较, 这个简单不等式有各种应用, 例如:

推论 5.3.3 (Doob 不等式)   设 $\{X_j : 1 \leqslant j \leqslant n\}$ 为一个鞅, 令

$$S_n(\omega) = \sup_{1 \leqslant j \leqslant n} | X_j(\omega) |,$$

则

$$\mathbb{E}[S^p] \leqslant \left(\frac{p}{p-1}\right)^p \mathbb{E}[| X_n |^p], \quad \forall p > 1.$$

此推论为下面一般引理的结论,

引理 5.3.4   假设 X 与 Y 为两个定义在概率空间 $(\Omega, \mathscr{F}, \mathbb{P})$ 上的非负随机变量, 满足

$$\mathbb{P}\{Y \geqslant l\} \leqslant \frac{1}{l} \int_{Y \geqslant l} X d\mathbb{P}, \quad \forall l \geqslant 0,$$

则

$$\int_\Omega Y^p d\mathbb{P} \leqslant \left(\frac{p}{p-1}\right)^p \int_\Omega X^p d\mathbb{P}, \quad \forall p > 1.$$

证明   对 $l \geqslant 0$, 令 $T(l) = \mathbb{P}(Y \geqslant l)$, 并注意 $\frac{1}{p} + \frac{1}{q} = 1$, i.e., $(p-1)q = p$, 对 $y \geqslant 0$, 由条件知

$$T(y) = \mathbb{P}(Y \geqslant y) \leqslant \frac{1}{y} \int_{Y \geqslant y} X d\mathbb{P}.$$

于是由分部积分

$$
\begin{aligned}
\int_\Omega Y^p d\mathbb{P} &= -\int_0^\infty y^p dT(y) \\
&= p \int_0^\infty y^{p-1} T(y) dy \\
&\leqslant p \int_0^\infty y^{p-1} \cdot \frac{dy}{y} \cdot \int_{Y \geqslant y} X d\mathbb{P} \\
&= p \int_\Omega X \left[\int_0^Y y^{p-2} dy \right] d\mathbb{P}
\end{aligned}
$$

$$= \frac{p}{p-1} \int_\Omega X \cdot Y^{p-1} d\mathbb{P}$$

$$\leqslant \frac{p}{p-1} \left[\int_\Omega X^p d\mathbb{P} \right]^{\frac{1}{p}} \left[\int_\Omega Y^{q(p-1)} d\mathbb{P} \right]^{\frac{1}{q}}$$

$$= \frac{p}{p-1} \left[\int_\Omega X^p d\mathbb{P} \right]^{\frac{1}{p}} \left[\int_\Omega Y^p d\mathbb{P} \right]^{1-\frac{1}{p}}.$$

由此, 只要 $\int_\Omega Y^p d\mathbb{P} < \infty$, 便可以得到

$$\int_\Omega Y^p d\mathbb{P} \leqslant \left(\frac{p}{p-1} \right)^p \int_\Omega X^p d\mathbb{P}. \qquad (5.23)$$

对一般的 $Y(\omega)$, 令 $Y_N = \min(Y, N), N > 1$, 则 $Y_N(\omega)$ 为有界随机变量, 从而 $\int_\Omega Y_N^p d\mathbb{P} < \infty$. 且对 $0 < l \leqslant N$, 有

$$\mathbb{P}(Y_N \geqslant l) \leqslant \mathbb{P}(Y \geqslant l) \leqslant \frac{1}{l} \int_{Y \geqslant l} X d\mathbb{P}$$

$$= \frac{1}{l} \int_{Y_N \geqslant l} X d\mathbb{P}, \quad 0 \leqslant l \leqslant N.$$

于是以 Y_N 代 (5.23) 中的 Y, 有

$$\int_\Omega Y_N^p d\mathbb{P} \leqslant \left(\frac{p}{p-1} \right)^p \int_\Omega X^p d\mathbb{P}. \qquad (5.24)$$

令 $N \to \infty$, 由 Fatou 引理, 得

$$\int_\Omega Y^p dp \leqslant \left(\frac{p}{p-1} \right)^p \int_\Omega X^p d\mathbb{P}.$$

5.4 鞅收敛定理

设 $(\Omega, \mathscr{F}, \{\mathscr{F}_n\}_{n \geqslant 0}, \mathbb{P})$ 为过滤概率空间, 其中 $\mathscr{F}_0 = \{\varnothing, \Omega\}$, $\mathscr{F}_0 \subset \mathscr{F}_1 \subset \cdots \subset \mathscr{F}_n \subset \mathscr{F} = \sigma \left(\bigcup_{n=0}^{\infty} \mathscr{F}_n \right)$. 记函数空间 $L^p = L^p(\Omega, \mathscr{F}, \mathbb{P})(1 \leqslant p < \infty)$.

定理 5.4.1 设 $1 \leqslant p \leqslant \infty$, 随机变量 $X \in L^p$, 令 $X_n = \mathbb{E}[X|\mathscr{F}_n](n \geqslant 0)$, 则

(1) $\{X_n\}_{n \geqslant 0}$ 为 $(\mathbb{P}, \{\mathscr{F}_n\}_{n \geqslant 0})$-鞅, 且

$$\sup_n \mathbb{E}[|X_n|^p] \leqslant \mathbb{E}[|X|^p];$$

(2) 在 L^p 中, $X_n \to X(n \to \infty)$, 即

$$\lim_{n \to \infty} \| X_n - X \|_p = 0 \quad (n \to \infty).$$

证明　(1) 由条件期望的塔性质, 有

$$\mathbb{E}[X_{n+1}|\mathscr{F}_n] = \mathbb{E}[\mathbb{E}[X|\mathscr{F}_{n+1}]|\mathscr{F}_n]$$
$$= \mathbb{E}[X|\mathscr{F}_n]$$
$$= X_n \quad (n \geqslant 0).$$

再由 Jensen 不等式, 有

$$|X_n|^p = |\mathbb{E}[X|\mathscr{F}_n]|^p \leqslant \mathbb{E}[|X|^p|\mathscr{F}_n],$$

两端取期望值, 得

$$\mathbb{E}[|X_n|^p] \leqslant \mathbb{E}[|X|^p].$$

对左端取上确界即可.

(2) 首先设 $X \in L^p$ 且为有界函数. 由 (1) 得

$$\sup_n \mathbb{E}[|X_n|^2] \leqslant \mathbb{E}[|X|^2] < \infty. \tag{5.25}$$

由于 $\{X_n\}_{n\geqslant 0}$ 为鞅, 令 $Y_n = X_n - X_{n-1}$, 则 $\sup_n \mathbb{E}[|Y_n|^2] < \infty$, 且对 $n \neq m$, 不妨设 $n < m$, 因为 Y_n 为 $\mathscr{F}_n$-可测, 从而 $\mathscr{F}_{m-1}$-可测. 由取出性质

$$\mathbb{E}[Y_n Y_m|\mathscr{F}_{m-1}] = Y_n \mathbb{E}[Y_m|\mathscr{F}_{m-1}]$$
$$= Y_n \mathbb{E}[X_m - X_{m-1}|\mathscr{F}_{m-1}]$$
$$= 0.$$

取期望得 $\mathbb{E}[Y_n Y_m] = 0$. 从而

$$\mathbb{E}[|X_n|^2] = \mathbb{E}[|X_n - X_{n-1} + X_{n-1} - X_{n-2} + \cdots - X_1 + X_1 - X_0 + X_0|^2]$$
$$= \mathbb{E}[(Y_n + \cdots + Y_1 + X_0)^2]$$
$$= \mathbb{E}[X_0^2] + \sum_{j=1}^n \mathbb{E}[Y_j^2]. \tag{5.26}$$

由于 $\sup_n \mathbb{E}[|X_n|^2] < \infty$, 即 $\{X_n\}^2$ 为 L^2 中有界列. 因为 L^2 为希尔伯特空间, 从而有子列 $\{X_k\}$ 及 $Y \in L^2$, 使得在 L^2 中

$$X_k \xrightarrow{w} Y \quad (k \to \infty).$$

对于 $m \geqslant 0$, 任取 $A \in \mathscr{F}_m$, 有

$$\int_A Y d\mathbb{P} = \int_\Omega I_A \cdot Y d\mathbb{P} = \lim_{k\to\infty} \int_\Omega I_A \cdot X_k d\mathbb{P} = \int_A X d\mathbb{P}. \tag{5.27}$$

因为 $\mathscr{F} = \sigma(\bigcup\limits_{m=0}^{\infty} \mathscr{F}_m)$, 故对任意的 $A \in \mathscr{F}$, (5.27) 为真, 从而 $X = Y$.

下面证:$\mathbb{E}[|X_n - X|^2] \to 0$, 由 (5.25) 及 (5.26) 知, $\lim\limits_{n \to \infty} \mathbb{E}[X_n^2]$ 存在. 再由 L^2 中 $X_k \overset{w}{\longrightarrow} X$ 及范数的弱下半连续性, 有

$$\mathbb{E}[|X|^2] \leqslant \varliminf_{k \to \infty} \mathbb{E}[|X_k|^2] = \lim_{k \to \infty} \mathbb{E}[X_k^2].$$

对任意 $n \geqslant 1$, 有

$$|X_n| = |\mathbb{E}[X|\mathscr{F}_n]| \leqslant \mathbb{E}[|X||\mathscr{F}_n].$$

从而

$$\begin{aligned}
&\mathbb{E}[|X - X_n|^2|\mathscr{F}_n] \\
&= \mathbb{E}[|X|^2|\mathscr{F}_n] + \mathbb{E}[|X_n|^2|\mathscr{F}_n] - 2\mathbb{E}[|X_n||X||\mathscr{F}_n] \\
&= \mathbb{E}[|X|^2|\mathscr{F}_n] + \mathbb{E}[|X_n|^2|\mathscr{F}_n] - 2|X_n|\mathbb{E}[|X||\mathscr{F}_n] \\
&\leqslant \mathbb{E}[|X|^2|\mathscr{F}_n] + \mathbb{E}[|X_n|^2|\mathscr{F}_n] - 2|X_n|^2.
\end{aligned}$$

两端取期望, 得

$$\mathbb{E}[|X - X_n|^2] \leqslant \mathbb{E}[|X|^2] - \mathbb{E}[|X_n|^2].$$

于是

$$0 \leqslant \lim_{n \to \infty} \mathbb{E}[|X - X_n|^2] \leqslant \lim_{n \to \infty} [\mathbb{E}[|X|^2] - \mathbb{E}[|X_n^2|]] \leqslant 0.$$

因此

$$\mathbb{E}[|X - X_n|^2] \to 0 \quad (n \to \infty).$$

于是

$$\lim_{n \to \infty} \mathbb{E}[|X - X_n|^p] = 0 \quad (n \to \infty, 1 \leqslant p \leqslant 2),$$

对 $p > 2$, 同理可证.

其次, 设 $X \in L^p(p \geqslant 1)$, 取 $X' \in L^\infty$, 使 $\mathbb{E}[|X - X'|^p] < \dfrac{\varepsilon}{3}$ (ε 为任意小的正数). 令

$$X_n' = \mathbb{E}[X'|\mathscr{F}_n],$$

由条件期望的性质,

$$\mathbb{E}[|X_n' - X_n|^p] \leqslant \dfrac{\varepsilon}{3}.$$

又由上面所证: $\mathbb{E}[|X' - X_n'|^p] \to 0 \, (n \to \infty)$, 存在 N, 使当 $n > N$ 时, $\mathbb{E}[|X' - X_n'|^p] < \dfrac{\varepsilon}{3}$. 于是

$$\mathbb{E}[|X - X_n|^p] \leqslant \varepsilon \quad (n \geqslant N).$$

定理 5.4.2   如果 $1 < p < \infty$, L^p 中鞅 $\{X_n\}_{n\geqslant 0}$ 满足 $\sup\limits_{n} \mathbb{E}[|X_n|^p] < \infty$, 则存在随机变量 $X \in L^p$, 使得

$$X_n = \mathbb{E}[X|\mathscr{F}_n] \quad (n \geqslant 0).$$

证明   设 $\sup\limits_{n} \mathbb{E}[|X_n|^p] < \infty\,(1 < p < \infty)$, 由于空间 L^p 为自反 Banach 空间, 所以范数有界序列 $\{X_n\}$ 有子列弱收敛. 因此, 有 $\{X_n\}$ 的子列 $\{X_{n_j}\}$ 及 $X \in L^p$, 使得

$$X_{n_j} \xrightarrow{w} X \quad (j \to \infty). \tag{5.28}$$

由于

$$(L^p)^* = L^q \quad \left(\frac{1}{p} + \frac{1}{q} = 1\right),$$

对 $n \geqslant 0$, 任取 $A \in \mathscr{F}_n$, $\chi_A(\cdot) \in L^q$, 从而由 (5.28)

$$\int_A X d\mathbb{P} = \int_\Omega X \cdot I_A d\mathbb{P} = \lim_{j\to\infty} \int_\Omega X_{n_j} I_A d\mathbb{P} = \lim_{j\to\infty} \int_A X_{n_j} d\mathbb{P}. \tag{5.29}$$

取 j 充分大, 使 $n_j > n$, 由于 $\{X_n\}_{n\geqslant 1}$ 为鞅, 有

$$\mathbb{E}[X_{n_j}|\mathscr{F}_n] = X_n.$$

于是对 $A \in \mathscr{F}_n$, 由条件期望的定义

$$\int_A X_{n_j} d\mathbb{P} = \int_A \mathbb{E}[X_{n_j}|\mathscr{F}_n] d\mathbb{P} = \int_A X_n d\mathbb{P}.$$

从而由 (5.29) 及上式, 得

$$\int_A X d\mathbb{P} = \int_A X_n d\mathbb{P}, \quad \forall A \in \mathscr{F}_n.$$

再由条件期望的定义, 有

$$X_n = \mathbb{E}[X|\mathscr{F}_n] \quad (n \geqslant 0).$$

注记 5.4.1   设 $\{X_n\}$ 为 $(\mathbb{P}, \{\mathscr{F}_n\}_{n\geqslant 0})$-鞅, 如果存在随机变量 X, 满足

$$X_n = \mathbb{E}[X|\mathscr{F}_n] \quad (n \geqslant 0),$$

则称 $\{X_n\}$ 为 Levy 鞅.

定理 5.4.3   设 $X \in L^p \; (1 \leqslant p < \infty)$, $X_n = \mathbb{E}[X|\mathscr{F}_n]\,(n \geqslant 0)$, 则

$$X_n \to X \quad (n \to \infty), \quad \mathbb{P}\text{-a.s.}$$

证明　由 Hölder 不等式, $\mathbb{E}[|X|] \leqslant (\mathbb{E}[|X|^p])^{\frac{1}{p}}$, 只需对 $p = 1$ 证明.

设 $\mu \subset L^1$ 为使定理成立的 $X \in L^1$ 的集合. 则显然 μ 为 L^1 的线性子空间. 下面证 μ 为 L^1 的闭稠子空间, 从而 $\mu = L^1$.

设

$$\mu_n = \{X(\cdot) \in L^1 : X(\cdot) \text{为} \mathscr{F}_n\text{-可测}\},$$

则 μ_n 为 L^1 的闭线性子空间, 且 $\bigcup\limits_{n=0}^{\infty} \mu_n \subset L^1$. 由定理 5.4.1, 对任意 $X(\cdot) \in L^1$, $X_n = \mathbb{E}[X|\mathscr{F}_n] \in \mu_n$, 使

$$\mathbb{E}[|X - X_n|] \to 0 \quad (n \to \infty).$$

从而 $\bigcup\limits_{n=0}^{\infty} \mu_n$ 在 L^1 中稠. 又由 $\mu_n \subset \mu \ (n \geqslant 0)$, 故 μ 在 L^1 中稠.

下面证 μ 在 L^1 中闭.

设 $\{Y_j\} \subset \mu \subset L^1$, $Y_j \to X \ (j \to \infty)$ 于 L^1. 定义 $Y_{n,j} = \mathbb{E}[Y_j|\mathscr{F}_n]$. 由 Doob 不等式与 Jensen 不等式

$$\begin{aligned}
\mathbb{P}\left(\left\{\sup_{0 \leqslant n \leqslant N} |X_n| \geqslant L\right\}\right) &\leqslant \frac{1}{L} \int_{\{\sup_{0 \leqslant n \leqslant N} |X_n| \geqslant L\}} |X_N| d\mathbb{P} \\
&\leqslant \frac{1}{L}\mathbb{E}[|X_N|] \\
&\leqslant \frac{1}{L}\mathbb{E}[|X|].
\end{aligned}$$

因而 $\{X_n\}$ 为几乎处处的有界序列. 注意到 $X_n = \mathbb{E}[X|\mathscr{F}_n]$, 从而由定理5.4.1, 在 L^1 中

$$X_n \to X \quad (n \to \infty).$$

只需证:

$$\limsup_n X_n = \liminf_n X_n, \quad \mathbb{P}\text{-a.e.}$$

成立. 此时, 可知 $X \in \mu$, 从而 μ 为闭集.

事实上, 若记

$$X = Y_j + (X - Y_j) \quad (j \geqslant 1),$$

则有

$$X_n = Y_{n,j} + (X_n - Y_{n,j}) \quad (j, n \geqslant 1),$$

由于 $Y_j \in \mu$, 故知

$$\limsup_n Y_{n,j} = \liminf_n Y_{n,j}, \quad \mathbb{P}\text{-a.e.} \tag{5.30}$$

从而由 (5.30), 有不等式

$$\limsup X_n - \liminf X_n$$

$$= [\limsup Y_{n,j} - \liminf Y_{n,j}] + [\limsup(X_n - Y_{n,j}) - \liminf(X_n - Y_{n,j})]$$

$$\leqslant 2 \sup |X_n - Y_{n,j}|. \tag{5.31}$$

由 (5.31) 得, $\forall \varepsilon > 0, j \geqslant 1$,

$$\mathbb{P}(\{\limsup X_n - \liminf X_n|\} \geqslant \varepsilon\})$$

$$\leqslant \mathbb{P}\left(\left\{\sup |X_n - Y_{n,j}| \geqslant \frac{\varepsilon}{2}\right\}\right)$$

$$\leqslant \frac{2}{\varepsilon}\mathbb{E}[|X - Y_j|] \quad (j \geqslant 1). \tag{5.32}$$

上式最后不等式, 用到 Doob 不等式及 Jensen 不等式. 由于 (5.32) 的左端与 j 无关, 故当令 $j \to \infty$ 时, 便知

$$\limsup X_n - \liminf X_n = 0, \quad \mathbb{P}\text{-a.e.}$$

注记 5.4.2　当 $\{X_n\}$ 为 L^1-有界鞅时, 尚不知是否存在 $X \in L^1$, 使得

$$X_n = \mathbb{E}[X|\mathscr{F}_n] \quad (n \geqslant 1).$$

5.5　Doob 鞅分解定理与 Doob 可选停时定理

5.5.1　Doob 鞅分解定理

下鞅的最简单例子是一列 Ω 上的函数, 对于几乎一切 $\omega \in \Omega$, 函数列关于 n 是非减的, 一般说来, 最简单的例子往往也是最一般的, 更确切地说, Doob 的鞅分解定理断言下述命题,

定理 5.5.1(Doob 鞅分解定理)　设 $(\Omega, \mathscr{F}, \mathbb{P})$ 为概率空间, $\{\mathscr{F}_n\}$ 为递增的 σ-代数流, 如果 $\{(X_n, \mathscr{F}_n) : n \geqslant 1\}$ 为 $(\Omega, \mathscr{F}, \mathbb{P})$ 上的下鞅 (上鞅), 则 X_n 可以表示为 $X_n = Y_n + A_n$, 具有如下性质:

(1) $\{(Y_n, \mathscr{F}_n) : n \geqslant 1\}$ 为鞅;

(2) $A_{n+1}(\omega) \geqslant (\leqslant)A_n(\omega)$, a.e.$\omega, n \geqslant 1$;

(3) $A_1(\omega) \equiv 0$;

(4) 对每个整数 $n \geqslant 2$, A_n 为 $\mathscr{F}_{n-1}$-可测的, X_n 由 Y_n 与 A_n 唯一确定.

证明　设 $\{X_n\}$ 为下鞅, 故 $\{X_n\}$ 为可积随机变量列, 且 X_n 为 $\mathscr{F}_n$ 可测的, 令 $A_1(\omega) \equiv 0$. 先定义

$$A_2 = \mathbb{E}[X_2 - X_1 \mid \mathscr{F}_1] + A_1,$$

然后归纳定义

$$A_n = A_{n-1} + \mathbb{E}[X_n - X_{n-1} \mid \mathscr{F}_{n-1}] \quad (n \geqslant 2).$$

当 $n \geqslant 2$ 时, A_n 为 $\mathscr{F}_{n-1}$-可测的, 又因 $\{(X_n, \mathscr{F}_n) : n \geqslant 1\}$ 为 $(\Omega, \mathscr{F}, \mathbb{P})$ 上的下鞅, 故

$$A_n - A_{n-1} = \mathbb{E}[X_n \mid \mathscr{F}_{n-1}] - X_{n-1} \geqslant 0, \quad \text{a.e.}\omega.$$

即对 a.e. $\omega \in \Omega$, $\{A_n\}$ 为非减过程, (2) 和 (3) 得证.

下面验证 (1), 首先, 对 $n \geqslant 1$, 令 $Y_n = X_n - A_n$, 则

$$
\begin{aligned}
\mathbb{E}[\mid Y_n \mid] &= \mathbb{E}[\mid X_n - A_n \mid] \\
&\leqslant \mathbb{E}[\mid X_n \mid + \mid A_1 + \sum_{j=2}^{n} (A_j - A_{j-1}) \mid] \\
&\leqslant \mathbb{E}[\mid X_n \mid] + \sum_{j=2}^{n} \mathbb{E}[\mathbb{E}[\mid X_j - X_{j-1} \mid \mid \mathscr{F}_{j-1}]] \\
&\leqslant \mathbb{E}[\mid X_n \mid] + \sum_{j=2}^{n} \mathbb{E}[\mid X_j \mid + \mid X_{j-1} \mid] \\
&< \infty,
\end{aligned}
$$

又由 A_{n+1} 的定义, 有

$$
\begin{aligned}
&\mathbb{E}[X_{n+1} - A_{n+1} \mid \mathscr{F}_n] \\
&= \mathbb{E}[X_{n+1} - \mathbb{E}[X_{n+1} - X_n \mid \mathscr{F}_n] - A_n \mid \mathscr{F}_n] \\
&= \mathbb{E}[X_{n+1} - X_{n+1} + X_n - A_n \mid \mathscr{F}_n] \\
&= X_n - A_n.
\end{aligned}
$$

因此, $\{(X_n - A_n, \mathscr{F}_n) : n \geqslant 1\}$ 为鞅.

因为 $A_1 \equiv 0$, 如有 $\{B_n\}_{n \geqslant 1}$, B_n 为 $\mathscr{F}_{n-1}$-可测,

$$\{(X_n - B_n, \mathscr{F}_n) : n \geqslant 1\}$$

为鞅, 则

$$A_n - B_n = [(X_n - B_n) - (X_n - A_n)]$$

为 $\mathscr{F}_{n-1}$-可测的鞅, 由取出性质,

$$A_n - B_n = \mathbb{E}[A_{n+1} - B_{n+1} \mid \mathscr{F}_n] = A_{n+1} - B_{n+1} \quad (n \geqslant 1).$$

因此, $A_n - B_n \equiv C$. 由 $A_1 = 0 = B_1$, 知 $C = 0$. 即 $A_n = B_n$.

注记 5.5.1　一般地, 给定可积函数列 $\{X_n : n \geqslant 1\}$, 使得 X_n 为 $\mathscr{F}_n$-可测的, 令 $A_1 \equiv 0$, 定义

$$A_n = A_{n-1} + \mathbb{E}[X_n - X_{n-1} \mid \mathscr{F}_{n-1}], (n \geqslant 2)$$

且 $Y_n = X_n - A_n(n \geqslant 2)$, 则 $X_n = Y_n + A_n$ 且 $A_n \mathscr{F}_{n-1}$-可测且可积, $\{(Y_n, \mathscr{F}_n) : n \geqslant 1\}$ 为鞅, 且分解为唯一的, 易证 A_n 为 a.e. 非减的 (非增的) 当且仅当 $\{X_n\}$ 为下 (上) 鞅.

现在研究 L^1-有界鞅, 如果 $\{(X_n, \mathscr{F}_n) : n \geqslant 1\}$ 为非负鞅, 则 $\{(X_n, \mathscr{F}_n) : n \geqslant 1\}$ 为 L^1-有界的. 事实上, $\mathbb{E}[|X_n|] = \mathbb{E}[X_n] = \mathbb{E}[X_1] < \infty$, 取两个非负鞅的差, 便得到一个 L^1-有界鞅, 其逆亦真.

定理 5.5.2   设 $\{(X_n, \mathscr{F}_n) : n \geqslant 1\}$ 为 L^1-有界鞅, 则存在两个非负鞅 $\{(Y_n, \mathscr{F}_n) : n \geqslant 1\}$ 及 $\{(Z_n, \mathscr{F}_n) : n \geqslant 1\}$ 满足

$$X_n = Y_n - Z_n \quad (n \geqslant 1). \tag{5.33}$$

证明   对每个 $j \geqslant 1$ 及 $n \geqslant j$, 定义

$$Z_{j,n} = \mathbb{E}[|X_n||\mathscr{F}_j].$$

由于 $\{|X_n| : n \geqslant 1\}$ 为下鞅, 所以

$$
\begin{aligned}
Z_{j,n+1} - Z_{j,n} &= \mathbb{E}[(|X_{n+1}| - |X_n|)||\mathscr{F}_j] \\
&= \mathbb{E}[\mathbb{E}[(|X_{n+1}| - |X_n|)|\mathscr{F}_n]|\mathscr{F}_j] \geqslant 0, \quad \text{a.e.}
\end{aligned}
$$

由于 $Z_{j,n}$ 为非负的, 且 $\mathbb{E}[Z_{j,n}] = \mathbb{E}[|X_n|] \leqslant M, (n \geqslant 1)$. 由单调收敛定理, 对每个 $j \geqslant 1$, 在 L^1 中存在 $Z_j \geqslant 0$, 使得在 L^1 中, 有 $Z_{j,n} \to Z_j (n \to \infty)$. 因为鞅的极限为鞅, 且当 $n \geqslant j$ 时, $\{(Z_{j,n}, \mathscr{F}_n) : j \geqslant 1\}$ 为鞅, 由此导出 $\{(Z_j, \mathscr{F}_j) : j \geqslant 1\}$ 为鞅. 进而知

$$Z_j + X_j = \lim_{n \to \infty} \mathbb{E}[|X_n| + X_n|\mathscr{F}_j] \geqslant 0.$$

这里用到 $|X_n| + X_n \geqslant 0$, a.e.. 于是

$$X_j = (Z_j + X_j) - Z_j \quad (j \geqslant 1).$$

注记 5.5.2   设 $\{(X_n, \mathscr{F}_n) : n \geqslant 1\}$ 为非负鞅, 则 $\mathbb{E}[X_n] = \mathbb{E}[X_0]. (n \geqslant 1)$. 如果 $X_n \neq 0, a.e.$ 可假定 $\mathbb{E}[X_n] = 1 (n \geqslant 1)$.

注记 5.5.3   一个构造非负鞅的典型方法: 设 $(\Omega, \mathscr{F}, \mathbb{P})$ 为概率空间, $\mathscr{F}_0 \subset \mathscr{F}_1 \subset \cdots \subset \mathscr{F}_n \subset \cdots \subset \mathscr{F}$ 为增加的且满足 $\lim\limits_{n \to \infty} \mathscr{F}_n = \mathscr{F}$ 的 σ-代数流. 设 Q 为 $(\Omega, \mathscr{F})$ 的另一个概率测度, 且在每个 $\mathscr{F}_n$ 上 $Q \ll \mathbb{P}$: 即对每个 $A \in \mathscr{F}_n$ 且 $\mathbb{P}(A) = 0$, 则必有 $Q(A) = 0$. 此时, Q 在 $\mathscr{F}_n$ 上关于 $\mathbb{P}$ 的 Radon-Nikodym 导数

$$X_n = \frac{dQ}{d\mathbb{P}}\big|_{\mathscr{F}_n}$$

构成期望值为 1 的非负鞅 $\{X_n\}_{n \geqslant 1}$.

5.5.2   停时

设 $(\Omega, \mathscr{F})$ 为一可测空间, $\{\mathscr{F}_t : t \in T\}$ 为一族子 σ-代数, 其中 $T = \{t : a \leqslant t \leqslant b\}$ 或 $\{t : t \geqslant a\}$, 或 $T = \{0, 1, 2, \cdots\}$, 本节仅讨论最后一种情况.

假定

$$\mathscr{F}_0 \subset \mathscr{F}_1 \subset \cdots \subset \mathscr{F}_n \subset \cdots \subset \mathscr{F}, \tag{5.34}$$

称其为 σ-代数流或滤子, 四元组 $(\Omega, \mathscr{F}, \{\mathscr{F}_n\}_{n\geqslant 0}, \mathbb{P})$ 称为过滤概率空间. 其中 $\mathscr{F}_n$ 表示直到 n 时刻之前, 编译了所有事件的信息.

定义 5.5.1 对于 $n = 0, 1, 2, \cdots$, $X_n(\cdot) : \Omega \to R^1$ 为随机变量, 则称 $\{X_n(\omega)\}_{n\geqslant 0}$ 为离散时间的实值随机过程. 如果对每个 n, $X_n(\cdot)$ 为 $\mathscr{F}_n$ 可测的, 则称对于 σ-代数流随机过程 $\{X_n\}_{n\geqslant 0}$ 是适应的.

由上述可以认为, σ-代数流 $\mathscr{F}_n$ 为到时刻 n 之前, 随机过程 $\{X_n\}_{n\geqslant 0}$ 演化的所有信息的编译. 换言之, 如果直到时刻 n, 知道 $\mathscr{F}_n$ 中每个事件发生的可能性的大小, 则可推断出到时刻 n 时随机过程 $\{X_n\}$ 的路径. 因此, 我们称精确编译这些信息的 σ-代数流 $\{\mathscr{F}_n\}_{n\geqslant 0}$ 为与随机过程 $\{X_n\}_{n\geqslant 0}$ 相关的自然 σ-代数流. 自然 σ-代数流是使得 $\{X_n\}_{n\geqslant 0}$ 适应的最小 σ-代数流.

给定一个过滤概率空间 $(\Omega, \mathscr{F}, \{\mathscr{F}_n\}_{n\geqslant 0}, \mathbb{P})$, 一个 $\mathscr{F}$ 可测随机变量 $\tau(\cdot) : \Omega \to \{0, 1, 2, \cdots\}$ 称为停时, 如果对每个 $n \geqslant 0$, 集合 $\{\omega : \tau(\omega) \leqslant n\} \in \mathscr{F}_n$ 或等价地, 对每个 $n \geqslant 0$, $\{\omega : \tau(\omega) = n\} \in \mathscr{F}_n$. 在 Ω 的一个非空子集上, 停时可取 ∞. 对 $k \in \mathbb{N}$, $\tau(\omega) \equiv k$ 也是一个停时.

停时定义的实质是说: 在时刻 n 停止的决策, 仅仅依赖该时刻以前的信息.

命题 5.5.3 设 B 为 $\mathbb{R}$ 上任一 Borel 集, $X = \{X_n\}_{n\geqslant 0}$ 为适应的随机变量序列, 则

(1) $D_B(\omega) = \inf\{n : X_n(\omega) \in B\}$ 为停时, D_B 又称为首达时间;

(2) 若 τ 为停时, 则

$$S(\omega) = \inf\{n > \tau(\omega) : X_n(\omega) \in B\}$$

也是停时, 约定 $\inf \varnothing = +\infty$.

证明 (1) $\{D_B = n\} = \left(\bigcap_{m < n} \{X_m \in B^C\} \right) \cap \{X_n \in B\} \in \mathscr{F}_n$.

(2) $\{S(\omega) = n\} = \bigcup_{k=0}^{n-1} \left[\{\tau = k\} \cap \left(\bigcap_{m=k+1}^{n-1} \{X_m \in B^C\} \right) \cap \{X_n \in B\} \right] \in \mathscr{F}_n$.

例 5.5.4 设 $\{X_n\}_{n\geqslant 1}$ 为独立同分布随机变量序列, 且 $\mathbb{P}(X_n = 1) = p$, $\mathbb{P}(X_n = 0) = q = 1 - p$, 又 $\{\mathscr{F}_n\}_{n\geqslant 1}$ 为 $\{X_n\}_{n\geqslant 1}$ 的自然 σ-代数流, 令

$$\tau_1(\omega) = \inf\{k : X_k = 1\},$$

$$\tau_{n+1}(\omega) = \inf\{k \geqslant \tau_n : X_k = 1\}, \quad n \geqslant 1,$$

则由命题 5.5.3, $\{\tau_n\}_{n\geqslant 1}$ 都是停时, 且

$$\mathbb{P}(\tau_1 = n) = \mathbb{P}(X_1 = \cdots = X_{n-1} = 0, X_n = 1) = q^{n-1}p.$$

因而 $\mathbb{P}(\tau_1 < +\infty) = 1$, 即 τ_1 为有限停时, 而 $X_{\tau_1} = 1$. 对 τ_n 亦可考虑其分布.

命题 5.5.5　设 $\tau, \{\tau_k\}_{k \geqslant 1}$ 均为停时, 则

(1) 对 $k \geqslant 1$, $\tau + k$ 仍为停时;

(2) $\bigvee\limits_{k}(\tau_k)$, $\bigwedge\limits_{k}(\tau_k)$ 仍为停时.

证明　(1)$\{\tau + k = n\} = \{\tau = n - k\} \in \mathscr{F}_{n-k} \subset \mathscr{F}_n (n \geqslant k)$.

(2)$\{\bigvee\limits_{k}(\tau_k) \leqslant n\} = \bigcap\limits_{k}\{\tau_k \leqslant n\} \in \mathscr{F}_n$, $\{\bigwedge\limits_{k}(\tau_k) \leqslant n\} = \bigcup\limits_{k}\{\tau_k \leqslant n\} \in \mathscr{F}_n$.

对停时 τ, 其伴随的停止 σ-代数 $\mathscr{F}_\tau$ 定义为

$$\mathscr{F}_\tau = \{A : A \in \mathscr{F} \text{且} A \cap \{\omega : \tau(\omega) \leqslant n\} \in \mathscr{F}_n, \text{对每个} n \geqslant 0 \text{成立}\}$$
$$= \{A : A \in \mathscr{F} \text{且} A \cap \{\omega : \tau(\omega) = n\} \in \mathscr{F}_n, \text{对每个} n \geqslant 0 \text{成立}\}.$$

容易验证, $\mathscr{F}_\tau \subset \mathscr{F}$. 直观地说, $\mathscr{F}_\tau$ 中的事件 A, 是在时间 τ 我们停止观测过程而能回答是或者否的问题.

命题 5.5.6　若 τ 为停时, 令 $\mathscr{F}_\tau$ 为其伴随的停止 σ-代数, 则

(1) $A \in \mathscr{F}_\tau$ 的充要条件是 A 可以表示为

$$A = \bigcup_n \{A_n \cap \{\tau = n\}\} \cup \{A_\infty \cap \{\tau = +\infty\}\}, \tag{5.35}$$

其中 $A_n \in \mathscr{F}_n$, $A_\infty \in \mathscr{F}$;

(2) 随机变量 $X \in \mathscr{F}_\tau$ 的重要条件是 X 可以表示为

$$X = \sum_n X_n I_{\{\tau = n\}} + X_\infty I_{\{\tau = \infty\}}, \quad X_n \in \mathscr{F}_n, \quad X_\infty \in \mathscr{F}$$

证明　(1) 若 $A \in \mathscr{F}_\tau$, 令 $A_n = A \cap \{\tau = n\}$, $A_\infty = A \cap \{\tau = +\infty\}$, 则 $A_n \in \mathscr{F}_n$, $A_\infty \in \mathscr{F}_\infty$ 且 (5.35) 成立. 反之不难验证由 (5.35) 规定的 $A \in \mathscr{F}_\tau$.

(2) 证明与 (1) 类似.

命题 5.5.7　(1) 若 $\{X_n\}_{n \geqslant 1}$ 为适应随机变量序列, 且 τ 为停时, 则

$$X_\tau I_{\tau < \infty} \in \mathscr{F}_\tau;$$

(2) 若 $\{X_n\}_{n \geqslant 0}$ 为适应随机变量序列, 且 τ 为停时, 则 $X_\tau \in \mathscr{F}_\tau$.

证明　因

$$X_\tau I_{\{\tau < \infty\}} = \sum_{k=0}^{\infty} X_k I_{\{\tau = k\}}, \quad X_\tau = \sum_{k=0}^{\infty} X_k I_{\{\tau = k\}} + X_\infty I_{\{\tau = \infty\}},$$

由命题 5.5.6, $X_\tau\{I_{\tau < \infty}\}$ 和 X_τ 都是 $\mathscr{F}_\tau$ 可测的.

命题 5.5.8　设 τ_1, τ_2 为停时, 则

(1) 若 $A \in \mathscr{F}_{\tau_1}$, 则 $A \cap \{\tau_1 \leqslant \tau_2\} \in \mathscr{F}_{\tau_2}$, $A \cap \{\tau_1 = \tau_2\} \in \mathscr{F}_{\tau_2}$;

(2) 若 $\tau_1 \leqslant \tau_2$, 则 $\mathscr{F}_{\tau_1} \subset \mathscr{F}_{\tau_2}$.

证明 (1) $A \cap \{\tau_1 \leqslant \tau_2\} \cap \{\tau_2 = n\} = A \cap \{\tau_1 \leqslant n\} \cap \{\tau_2 = n\} \in \mathscr{F}_n$;

(2) 对 $A \in \mathscr{F}_{\tau_1}$, 由 (1), $A = A \cap \{\tau_1 \leqslant \tau_2\} \in \mathscr{F}_{\tau_2}$, 故 $\mathscr{F}_1 \subset \mathscr{F}_2$.

命题 5.5.9 设 τ 为停时, $A \in \mathscr{F}_\tau$, 则 $\tau_A = \tau 1_A + (+\infty)1_{A^c}$ 也是停时. τ_A 称为 τ 在 A 上的限制.

证明 $\{\tau_A = n\} = A \cap \{\tau = n\} \in \mathscr{F}_n$.

5.5.3 Doob 可选停时定理

以下的定理, 称为 Doob 可选停时定理, 为离散参数鞅论中的核心成果.

定理 5.5.10(Doob 可选停时定理) 设 $(\Omega, \mathscr{F}, \mathbb{P})$ 为概率空间.$\{\mathscr{F}_n\}_{n \geqslant 0}$ 为其中递增的 σ-代数流. $\{(X_n, \mathscr{F}_n) : n \geqslant 0)\}$ 为离散参数鞅. 如果 $0 \leqslant \tau_1 \leqslant \tau_2 \leqslant C$ 为两个有界停时, 那么

$$\mathbb{E}[X_{\tau_2}|\mathscr{F}_{\tau_1}] = X_{\tau_1}, \quad \text{a.e.} \tag{5.36}$$

证明 证明分两部分.

第一步 设 $\tau = \tau(\omega)$ 为有界停时, 且 $|\tau| \leqslant k$, 则

$$\mathbb{E}[X_k|\mathscr{F}_\tau] = X_\tau, \quad \text{a.e.} \tag{5.37}$$

事实上, 设 $A \in \mathscr{F}_\tau$, 如果定义 $E_j = \{\omega : \tau(\omega) = j\}$, 那么 $\Omega = \bigcup_{j=0}^{k} E_j$ 为不相交的并. 进而, 由 $\mathscr{F}_\tau$ 的定义, 对每个 $j = 1, 2, \cdots, k$, 有 $A \cap E_j \in \mathscr{F}_j$, 于是, 由鞅的性质, 有

$$\int_{A \cap E_j} X_k d\mathbb{P} = \int_{A \cap E_j} X_j d\mathbb{P} = \int_{A \cap E_j} X_\tau d\mathbb{P}. \tag{5.38}$$

将 (5.38) 的第一式与第三式 j 从 0 加到 k, 得

$$\int_A X_k d\mathbb{P} = \int_A X_\tau d\mathbb{P}.$$

因此

$$\mathbb{E}[X_k|\mathscr{F}_\tau] = X_\tau, \quad \text{a.e.} \tag{5.39}$$

第二步 证:

$$\mathbb{E}[X_{\tau_2}|\mathscr{F}_{\tau_1}] = X_{\tau_1}, \quad \text{a.e.}$$

对于 $0 \leqslant \tau_1 \leqslant \tau_2 \leqslant C$, 选正整数 k, $C \leqslant k$. 于是由 (5.39) 知

$$\mathbb{E}[X_k|\mathscr{F}_{\tau_i}] = X_{\tau_i} \quad (i = 1, 2), \quad \text{a.e.} \tag{5.40}$$

于是由 (5.40) 及条件期望的塔性质, 有

$$X_{\tau_1} = \mathbb{E}[X_k|\mathscr{F}_1] = \mathbb{E}[\mathbb{E}[X_k|\mathscr{F}_{\tau_2}]|\mathscr{F}_{\tau_1}] = \mathbb{E}[X_{\tau_2}|\mathscr{F}_{\tau_1}], \quad \text{a.e.}$$

推论 5.5.11　如果 $\{(X_n, \mathscr{F}_n) : n \geqslant 0\}$ 为离散参数鞅, $\tau = \tau(\omega)$ 为有界停时, 则

$$\mathbb{E}[X_\tau] = \mathbb{E}[X_0].$$

证明　设 $k > 0$, 使 $0 \leqslant \tau \leqslant k$. 取 $\tau_1 = 0, \tau_2 = \tau$, 由定理 5.5.10, 有

$$\mathbb{E}[X_\tau | \mathscr{F}_0] = X_0, \quad \text{a.e.}$$

两边取期望, 得

$$\mathbb{E}[X_\tau] = \mathbb{E}[X_0].$$

注记 5.5.4　说明在一场 "公平" 的赌博中, 如果选手不能预测未来, 机遇对任何一方来说是平等的.

推论 5.5.12　以上性质可以推广至 "下鞅" 或 "上鞅". 例如: 如果 $\{(X_n, \mathscr{F}_n) : n \geqslant 0\}$ 为下鞅, 那么对任何两个有界的停时 $\tau_1 \leqslant \tau_2$, 有

$$\mathbb{E}[X_{\tau_2} | \mathscr{F}_{\tau_1}] \geqslant X_{\tau_1}, \quad \text{a.e.}$$

证明提示: 应用 Doob 鞅分解定理.

5.5.4　鞅变换与期权定价

设 $(\Omega, \mathscr{F}, \mathbb{P})$ 为概率空间, $\{\mathscr{F}_n\}_{n \geqslant 0}$ 为递增的 σ-代数流. $\{(X_n, \mathscr{F}_n) : n \geqslant 0\}$ 为鞅, 令 $Y_n = X_n - X_{n-1}$ 为鞅差分, X_n 的鞅变换 Z_n 由下式递增给出

$$Z_n = Z_{n-1} + a_{n-1} Y_n \quad (n = 1, 2, \cdots), \tag{5.41}$$

其中 $a_{n-1}(\omega)$ 为 $\mathscr{F}_{n-1}$-可测的函数, 且具有足够的可积性, 以使 $a_{n-1} Y_n$ 可积. 经计算并由条件期望的性质, 有

$$\mathbb{E}[Z_n | \mathscr{F}_{n-1}] = Z_{n-1} + a_{n-1} \mathbb{E}[X_n - X_{n-1} | \mathscr{F}_{n-1}] = Z_{n-1}, \tag{5.42}$$

即 $\{(Z_n, \mathscr{F}_n) : n \geqslant 0\}$ 也是一个鞅, 称为鞅 $\{(X_n, \mathscr{F}_n) : n \geqslant 0\}$ 的鞅变换 (或离散形式的鞅表示定理). 上式的直观解释为: 一场公平的赌博中, 在每一环节, 依据先验历史信息, 选择赌注的所押的方面和大小, 会使赌博进一步公平进行. 特别重要的是: X_n 可以是均值为 0 的独立随机变量的和. 经鞅变换后, 增量的独立性已经不复存在, 一般来说 $\{(Z_n, \mathscr{F}_n) : n \geqslant 0\}$ 不再具有独立增量性.

下面介绍鞅变换在金融学中一个应用实例结束本节.

设非负随机变量列 $\{X_n\}_{n \geqslant 0}$, X_n 代表第 n 天在市场中交易的证券价值, 从第 $n-1$ 到第 n 天, 证券价值隔夜由 X_{n-1} 改变为 X_n. 我们可以在第 n 天结束时, 依据任意对我们有用的第 n 天之前的信息 $\mathscr{F}_n$, 决定对该证券持多头, 还是空头. 数

量 $a_{n-1}(\omega)$ 为从第 $n-1$ 到第 n 天隔夜持有该证券的份额数, 它为直到第 n 天对我们有用信息的函数. $a_{n-1}(\omega)$ 为正值代表多头, 而 $a_{n-1}(\omega)$ 为负值代表空头. 我们的隔夜盈亏为 $a_{n-1}(\omega)[X_n - X_{n-1}]$, 而积累的盈余 (或亏损) 为

$$Z_n - Z_0 = \sum_{j=1}^{n} a_{j-1}(\omega)[X_j - X_{j-1}]. \tag{5.43}$$

未定权益 (例如: 欧式期权) 实际上就是在某到期日 N, 关于 X_N 的一个赌博. 权益的实质是存在函数 $f(x)$, 使得在那天证券以价格 X 进行交易, 此权益收益为 $f(X)$. 例如, 看涨期权是以敲定价格 K 购买该证券, 收益为 $f(X) = (X-K)^+$; 而看跌期权, 是以敲定价 K 卖出该证券, 收益为 $f(X) = (K-X)^+$.

如果可能复制一个权益 V_N, 就是存在随机变量 $a_0, a_1, \cdots, a_{N-1}$ 及初始值 V_0, 使得变换

$$V_N = V_0 + \sum_{j=0}^{N-1} a_j(\omega)(X_{j+1} - X_j). \tag{5.44}$$

在时刻 N 每个可以接受价值运动 $X_0, X_1, \cdots X_N$ 下, 其值等于收益权益 $f(X_N)$. 即 $V_N = f(X_N)$. 如果该权益可以从初始资本 V_0 出发被精确地复制, 则 V_0 即为该权益的价格. 以期权为例, 任何人均可卖出该期权, 获得期权金 V_0, 以其作为初始资本, 遵循由系数 $a_0, a_1, \cdots, a_{N-1}$ 确定的投资策略, 到达时刻 N 时, 所获价值是从支付权益所需. 然而, 在市场中, 并不是每个权益均可以复制.

5.6 连续参数鞅

连续参数鞅在连续时间 Markov 过程理论中起到重要的作用, 先从定义开始.

定义 5.6.1 设 $(\Omega, \mathscr{F})$ 为可测空间, $\mathscr{F}$ 的一族子 σ-代数 $\{\mathscr{F}_t : t \geqslant 0\}$ 称为滤子, 如果 $s < t$ 蕴涵 $\mathscr{F}_s \subset \mathscr{F}_t$.

定义 5.6.2 给定概率空间 $(\Omega, \mathscr{F}, \mathbb{P})$ 和滤子 $\{\mathscr{F}_t : t \geqslant 0\}(\mathscr{F}_t \subset \mathscr{F})$, 随机变量族 $\{M_t\}_{t \geqslant 0}$, 其中 $M_t(\omega) = M(t, \omega)$, 称为连续参数 $(\mathscr{F}_t, \mathbb{P})$-鞅, 如果下述条件成立:

(i) 对几乎所有的 ω, $M(t, \omega)$ 关于 t 为左极右连的, 即在 t 处左极限存在, 且右极限连续, i.e, $M(t, \omega) = M(t+0, \omega)$;

(ii) 对每个 $t \geqslant 0, M_t$ 为 $\mathscr{F}_t$-可测的, 且为可积的;

(iii) 对 $0 \leqslant s < t$, 有

$$\mathbb{E}[M_t | \mathscr{F}_s] = M_s, \quad \text{a.e.} \tag{5.45}$$

在定义中, 可将参数集 $T = [0, +\infty)$ 换为 $T = [0, T_0]$.

离散参数鞅的多数成果, 均可推广到连续参数鞅中.

定义 5.6.3　在定义 5.6.2 中, 如果将 (5.45) 中的等号 "=" 换为 "≥" 或 "≤" 时, 则称随机变量族 $\{X_t\}_{t\geqslant 0}$ 为 $(\mathscr{F}_t, \mathbb{P})$- 下鞅或 $(\mathscr{F}_t, \mathbb{P})$- 上鞅.

例 5.6.1　证明: 如果 $\{M_t\}_{t\geqslant 0}$ 为 $(\mathscr{F}_t, \mathbb{P})$-鞅, $\{|M_t|\}_{t\geqslant 0}$ 为 $(\mathscr{F}_t, \mathbb{P})$-下鞅.

证明　任取整数 $T > 0$, 因为 $\{M_t\}_{t\geqslant 0}$ 为鞅, 则 $|M_T|$ 可积, 且 $\mathbb{E}[|M_T|] < \infty$. 令 $\phi(x) = |x|$, 则由 Jensen 不等式: 对 $0 \leqslant s < t$, 有

$$|M_s| = \phi(M_s) = \phi(\mathbb{E}[M_t|\mathscr{F}_s])$$
$$\leqslant \mathbb{E}[\phi(M_t)|\mathscr{F}_s] = \mathbb{E}[|M_t||\mathscr{F}_s].$$

下面引入停时的概念, 过滤概率空间 $(\Omega, \mathscr{F}, \{\mathscr{F}_t\}, \mathbb{P})$.

定义 5.6.4　设 $\tau(\cdot) : \Omega \to [0, +\infty)$ 为随机变量. 且对任意 $t \geqslant 0$,

$$E_t = \{\omega : \tau(\omega) \leqslant t\} \in \mathscr{F}_t,$$

则称 τ 为关于滤子 $\{\mathscr{F}_t\}$ 的停时.

给定一个关于 $\{\mathscr{F}_t\}$ 的停时, 对应的 σ-代数 $\mathscr{F}_\tau$ 定义为

$$\mathscr{F}_\tau = \{A \in \mathscr{F} : A \cap \{\omega : \tau(\omega) \leqslant t\} \in \mathscr{F}_t, t \geqslant 0\}. \tag{5.46}$$

下面将 Doob 的可选停时定理 (定理 5.5.10) 推广到连续参数鞅. 先证一个引理.

引理 5.6.2　设 $X(\omega)$ 为概率空间 $(\Omega, \mathscr{F}, \mathbb{P})$ 上的可积随机变量, 对 $\mathscr{F}$ 的子 σ-代数 Σ, 记 $X_\Sigma = \mathbb{E}[X|\Sigma]$ 为给定 σ-代数 Σ 条件下 X 的条件期望, 则当 Σ 在 $\mathscr{F}$ 的全体子 σ-代数变化时, 函数族 $\{X_\Sigma\}$ 为一致可积的.

证明　应用 Jensen 不等式, 有

$$\mathbb{E}[|X||\Sigma] \geqslant |X_\Sigma|, \quad \text{a.e.} \tag{5.47}$$

因而, 有

$$\mathbb{P}[|X_\Sigma| \geqslant l] \leqslant \frac{\mathbb{E}[|X_\Sigma|]}{l} \leqslant \frac{\mathbb{E}[|X|]}{l}.$$

另一方面, 集合 $\{\omega : X_\Sigma(\omega) \geqslant l\} \in \Sigma$. 由 (5.47), 有

$$\int_{|X_\Sigma| \geqslant l} |X_\Sigma| d\mathbb{P} \leqslant \int_{|X_\Sigma| \geqslant l} |X| d\mathbb{P}. \tag{5.48}$$

由于 $|X|$ 为可积的, 对 $\varepsilon > 0$, 由积分的绝对连续性, 存在 $\delta > 0$, 只要 $\mathbb{P}(|X_\Sigma| \geqslant l) < \delta$, 有

$$\int_{|X_\Sigma| \geqslant l} |X_\Sigma| d\mathbb{P} \leqslant \int_{|X_\Sigma| \geqslant l} |X| d\mathbb{P} < \varepsilon.$$

定理 5.6.3(Doob 可选停时定理) 设 $\{(M_t, \mathscr{F}_t) : t \geqslant 0\}$ 为 $\mathbb{P}$-鞅, 且 $0 \leqslant \tau_1 \leqslant \tau_2 \leqslant C$ 为两个有界停时, 则

$$\mathbb{E}[M_{\tau_2} \mid \mathscr{F}_{\tau_1}] = M_{\tau_1}, \quad \text{a.e.} \tag{5.49}$$

证明 首先证: 对有界停时 τ, 即如果 $\tau \leqslant C$, 则

$$\mathbb{E}[M_C \mid \mathscr{F}_\tau] = M_\tau, \quad \text{a.e.} \tag{5.50}$$

分两步: (i) 如果 τ 仅取有限个值 $t_1 < t_2 < \cdots < t_k \leqslant C$, $E_i = \{\omega : \tau(\omega) = t_i\}$ 且 $A \in \mathscr{F}_\tau$, 那么 $A \cap E_i \in \mathscr{F}_{t_i}$, 于是

$$\int_{A \cap E_i} M_\tau d\mathbb{P} = \int_{A \cap E_i} M_{t_i} d\mathbb{P} = \int_{A \cap E_i} M_C d\mathbb{P}.$$

将 E_i 从 $i = 1$ 到 $i = k$ 取并集, 上式取和,

$$\int_A M_\tau d\mathbb{P} = \int_A M_C d\mathbb{P}, \quad A \in \mathscr{F}_\tau.$$

故 $\mathbb{E}[M_C \mid \mathscr{F}_\tau] = M_\tau$,

(ii) 对于有界停时 $\tau < C$, 取

$$\tau_k = \frac{[k\tau] + 1}{k},$$

则 $\tau_k \geqslant \tau$, 且

$$\tau_k \leqslant C \quad (k = 1, 2, \cdots),$$

$$\tau_k \downarrow \tau \quad (k = 1, 2, \cdots).$$

而 τ_k 仅取有限个值, 由 (i) 中已证: 对任意 $A \in \mathscr{F}_\tau$, 则 $A \in \mathscr{F}_{\tau_k}$, 且

$$\int_A M_{\tau_k} d\mathbb{P} = \int_A M_C d\mathbb{P}, \tag{5.51}$$

即 $M_{\tau_k} = \mathbb{E}[M_C \mid \mathscr{F}_{\tau_k}]$, 由引理 5.6.2, $\{M_{\tau_k}\}_{k \geqslant 0}$ 为一致可积的, 由 (5.51), 得

$$\int_A M_\tau d\mathbb{P} = \int_A M_C d\mathbb{P}, \quad A \in \mathscr{F}_\tau.$$

因此 (5.50) 成立,

然后, 由 (5.50) 证 (5.49), 由 (5.41) 及条件期望的性质, 有

$$\mathbb{E}[M_{\tau_2} \mid \mathscr{F}_{\tau_1}] = \mathbb{E}[\mathbb{E}[M_C \mid \mathscr{F}_{\tau_2}] \mid \mathscr{F}_{\tau_1}]$$

$$= \mathbb{E}[M_C \mid \mathscr{F}_{\tau_1}]$$

$$= M_{\tau_1},$$

即 (5.49) 成立.

推论 5.6.4　如果 $\{(M_t, \mathscr{F}_t) : t \geqslant 0\}$ 为鞅, 且 τ 为任一停时, 则 $\{(M_{\tau \wedge t}, \mathscr{F}_{t \wedge \tau}) : t \geqslant 0\}$ 为鞅.

注记 5.6.1　应用 Doob 可选停时定理到无界停时 τ 时, 经常以 $\tau_T = \tau \wedge T$ 代替 τ. τ_T 为有界停, 且当 $T \to \infty$, $\tau_T \to \tau$, 建立 $\{M_{\tau \wedge T}\}$ 的一致可积性.

可用类似方法建立鞅收敛定理, Doob 可选停时定理, 可以推广到下鞅和上鞅.

定理 5.6.5　如果 $\{(M_t, \mathscr{F}_t) : t \geqslant 0\}$ 为下鞅, 且 $\tau_1 \leqslant \tau_2 \leqslant C$ 为两个有界停时, 则

$$\mathbb{E}[M_{\tau_2} | \mathscr{F}_{\tau_1}] \geqslant M_{\tau_1}, \quad \text{a.e.} \tag{5.52}$$

证明　将证明分为两步.

第一步　设 $\tau_1 \leqslant \tau_2 \leqslant C$ 为两个有界停时, 且仅取有限个值 $t_1 < t_2 < \cdots < t_k$. 令 $E_i = \{\omega : \tau_1(\omega) = t_i\}$, $F_i = \{\omega : \tau_2(\omega) = t_i\}$. 显然 $E_i \cap F_j = \varnothing$, 除非 $i \leqslant j$, 因此, 可将 E_i 表示为

$$E_i = \bigcup_{j \geqslant i} (E_i \cap F_j). \tag{5.53}$$

对于任意的 $A \in \mathscr{F}_{\tau_1}$, 对任意 i, 将 E_i 表示为不相交集合的并

$$E_i = (E_i \cap F_i) \cup (E_i \cap F_i^C).$$

由于 $\{(M_t, \mathscr{F}_t) : t \geqslant 0\}$ 为下鞅, 有

$$\int_{A \cap E_i} M_{\tau_1} d\mathbb{P} = \int_{A \cap E_i} M_{t_i} d\mathbb{P} \leqslant \int_{A \cap E_i \cap F_i} M_{t_i} d\mathbb{P} + \int_{A \cap E_i \cap F_i^c} M_{t_{i+1}} d\mathbb{P}. \tag{5.54}$$

这里已用到事实: $A \cap E_i \cap F_i^C \in \mathscr{F}_{t_i}$, 且 $A \cap E_i \cap F_i^C = \cup_{j > i}(A \cap E_i \cap F_j)$. 重复使用 (5.54), 得到

$$\int_{A \cap E_i} M_{\tau_1} d\mathbb{P} \leqslant \sum_{j \geqslant i} \int_{A \cap E_i \cap F_j} M_{t_j} d\mathbb{P} = \int_{A \cap E_i} M_{\tau_2} d\mathbb{P}.$$

将上式从 $i = 1$ 累加到 $t = k$, 得

$$\int_A M_{\tau_1} d\mathbb{P} \leqslant \int_A M_{\tau_2} d\mathbb{P},$$

或者, 有

$$\mathbb{E}[M_{\tau_2} | \mathscr{F}_{\tau_1}] \geqslant M_{\tau_1}, \quad \text{a.e.} \tag{5.55}$$

即 (5.52) 对取有限个值的 $\tau_1 \leqslant \tau_2 \leqslant C$ 的有界停时成立.

第二步　如果 $\tau_1 \leqslant \tau_2 \leqslant C$ 为任意两个有界停时, 不失一般性, 可设 $\tau_1 < \tau_2 < C$, 否则任取 $\delta > 0$, 以 $\tau_2 + \delta, C + \delta$ 分别代 τ_2 及 C, 然后再令 $\delta \to 0$.

对于 $\tau_1 < \tau_2 < C$, 假设以下述有界停时列 $\tau_{1,r}, \tau_{2,k}$ 逼近 τ_1, τ_2, 且具有如下性质: 对于充分大的 k, r, 有 $\tau_{2,k} \geqslant \tau_{1,r}, \{\tau_{1,r}\}$ 与 $\{\tau_{2,k}\}$ 非增, 均取有限个值, 且 $\tau_{1,r} \downarrow \tau_1, \tau_{2,k} \downarrow \tau_2$. 由 (5.55) 得

$$\mathbb{E}[M_{\tau_{2,k}}|\mathscr{F}_{\tau_{1,r}}] \geqslant M_{\tau_{1,r}}, \quad \text{a.e.}$$

保持 k 不变, 令 $r \to +\infty$, 由标准的鞅收敛定理, 我们导出

$$\mathbb{E}[M_{\tau_{2,k}}|\mathscr{F}_{\tau_1}] \geqslant M_{\tau_1}, \quad \text{a.e.} \tag{5.56}$$

为了当 $k \to \infty$ 时得到结论:

$$\mathbb{E}[M_{\tau_2}|\mathscr{F}_{\tau_1}] \geqslant M_{\tau_1}, \quad \text{a.e.} \tag{5.57}$$

我们将需要 $\{M_{\tau_{2,k}}\}$ 的正部 $\{M_{\tau_{2,k}}^+\}$ 的一致可积性, 而此性质可推出: 对 $A \in \mathscr{F}_{\tau_1}$, 有

$$\int_A M_{\tau_2}d\mathbb{P} \geqslant \overline{\lim_{k \to \infty}} \int_A M_{\tau_{2,k}}d\mathbb{P} \geqslant \int_A M_{\tau_1}d\mathbb{P}.$$

由此即有 (5.57).

由引理 5.6.2 及不等式

$$M_{\tau_{2,k}} \leqslant \mathbb{E}[M_C|\mathscr{F}_{\tau_{2,k}}],$$

可以推出 $\{M_{\tau_{2,k}}\}$ 的正部 $\{M_{\tau_{2,k}}^+\}$ 可被一致可积的函数族所控制, 因而也是一致可积的.

5.7 Markov 链

作为条件概率的一个应用, 我们讨论 Markov 链.

5.7.1 转移概率

设 $\{E_i\}(i = 0, 1, 2, \cdots)$ 为一列随机试验, 它们的一切可能出现的结果 ω_i 构成样本空间 $\Omega = (\omega_0, \omega_1, \omega_2, \cdots)$, 于是每次试验后必出现 Ω 中某 ω_j. 本节中, 我们总假定 Ω 为有限集或可数集, 到目前为止, 我们所讨论的随机试验列几乎都是独立的, 例如: Bernoulli 试验就是由一系列独立的随机试验组成的, 然而, 在现实中, 有许多随机试验列都不是独立的, 因而有研究相依的随机试验列的必要, 其中最简单的而且应用广泛的一种是由 Markov 运用条件概率首先研究的.

称随机试验列 $\{E_i\}(i = 0, 1, 2, \cdots)$ 为 Markov 链 (简称马氏链), 如果对任意的两个正整数 m, k, 任意整数 $0 \leqslant j_1 < j_2 < \cdots < j_l < m$, 有

$$\mathbb{P}(\omega'_{m+k} \mid \omega'_m \omega'_{j_l} \cdots \omega'_{j_2}\omega'_{j_1}) = \mathbb{P}(\omega'_{m+k} \mid \omega'_m), \tag{5.58}$$

这里 (5.58) 的直观意义是: 如已知现在第 m 次试验的结果 ω'_m, 那么将来第 $m+k$ 的结果 ω'_{m+k} 不依赖于过去第 j_k 次 $(k = 1, 2, \cdots, l)$ 的结果 $\omega'_{j_l} \cdots \omega'_{j_2} \omega'_{j_1}$; 或者说: 已知"现在", 则"将来"不依赖于"过去".

以 $P_{ij}(m, m+k)$ 表示"在第 m 次试验出现 ω_i 的条件下, 第 $m+k$ 次试验出现 ω_j"的条件概率, 即

$$P_{ij}(m, m+k) = \mathbb{P}(\omega'_{m+k} = \omega_j \mid \omega'_m = \omega_i), \tag{5.59}$$

式中"$\omega'_m = \omega_i$"表示事件"第 m 次试验出现的状态 ω'_m 为 ω_i", 也就是说"第 m 次试验出现 ω_i", 称 $P_{ij}(m, m+k)$ 为转移概率. 一般说来, $P_{ij}(m, m+k)$ 不仅依赖于 i, j, k, 而且还依赖于 m, 如果它们与 m 无关, 就称此 Markov 链为齐次的, 以下仅讨论齐次 Markov 链, 并将齐次二字省去.

在应用中, 特别重要的是一步转移概率

$$p_{ij} = P_{ij}(m, m+1). \tag{5.60}$$

以它们为元素, 构成一步转移概率矩阵 (简称转移概率矩阵):

$$P = (p_{ij}) \quad (i, j = 0, 1, 2, \cdots). \tag{5.61}$$

此矩阵具有下列两个性质:

(1)

$$0 \leqslant p_{ij} \leqslant 1 \quad (i, j = 0, 1, 2, \cdots), \tag{5.62}$$

(2)

$$\sum_j p_{ij} = 1 \quad (i = 0, 1, 2, \cdots). \tag{5.63}$$

事实上, 由定义 $p_{ij} = \mathbb{P}(\omega'_{m+1} = \omega_j | \omega'_m = \omega_i)$ 为条件概率, 所以 (5.62) 是显然的; 而 (5.63) 则是由于

$$\sum_j p_{ij} = \sum_j \mathbb{P}(\omega'_{m+1} = \omega_j | \omega'_m = \omega_i)$$
$$= \mathbb{P}(\Omega | \omega'_m = \omega_i)$$
$$= 1.$$

一般称满足 (5.62) 与 (5.63) 的矩阵为随机矩阵.

同理可见, n 步转移概率

$$p_{ij}(n) = P_{ij}(m, m+n) \tag{5.64}$$

的矩阵

$$P(n) = (p_{ij}(n)) \tag{5.65}$$

也是随机矩阵.

引理 5.7.1 对任意的正整数 l, n, 有 Chapman-Kolmogrov 方程 (简称 C-K 方程)

$$p_{ij}(l+n) = \sum_k p_{ik}(l) \cdot p_{kj}(n), \tag{5.66}$$

亦即

$$P(l+n) = P(l) \cdot P(n). \tag{5.67}$$

证明 由转移概率及条件概率的定义, 有

$$
\begin{aligned}
p_{ij}(l+n) &= \mathbb{P}(\omega'_{m+l+n} = \omega_j | \omega'_m = \omega_i) \\
&= \frac{\mathbb{P}(\omega'_m = \omega_i, \omega'_{m+l+n} = \omega_j)}{\mathbb{P}(\omega'_m = \omega_i)} \\
&= \sum_k \frac{\mathbb{P}(\omega'_m = \omega_i, \omega'_{m+l+n} = \omega_j, \omega'_{m+l} = \omega_k)}{\mathbb{P}(\omega'_m = \omega_i, \omega'_{m+l} = \omega_k)} \cdot \frac{\mathbb{P}(\omega'_m = \omega_i, \omega'_{m+l} = \omega_k)}{\mathbb{P}(\omega'_m = \omega_i)} \\
&= \sum_k \mathbb{P}(\omega'_{m+l+n} = \omega_j | \omega'_m = \omega_i, \omega'_{m+l} = \omega_k) \cdot \mathbb{P}(\omega'_{m+l} = \omega_k | \omega'_m = \omega_i).
\end{aligned}
\tag{5.68}
$$

利用 Markov 性质 (5.58) 及齐次性, $\sum\limits_k$ 号下第一因子等于

$$\mathbb{P}(\omega'_{m+l+n} = \omega_j | \omega'_{m+l} = \omega_k) = p_{kj}(n);$$

第二因子等于 $p_{ik}(l)$, 所以

$$p_{ij}(l+n) = \sum_k p_{ik}(l) \cdot p_{kj}(n).$$

注记 5.7.1 利用引理 5.7.1, 可以用一步转移概率表达多步的转移概率. 事实上,

$$P_{ij}(2) = \sum_k p_{ik} \cdot p_{kj}.$$

一般地, 有

$$p_{ij}(n+1) = \sum_k p_{ik}(n) \cdot p_{kj} = \sum_k p_{ik} \cdot p_{kj}(n). \tag{5.69}$$

注记 5.7.2 由注记 5.7.1 可见, 转移概率矩阵 (p_{ij}) 决定了随机试验列 $\{E_i\}$ 转移过程的概率法则, 就是说: 如果已知 $\omega'_m = \omega_i$, 那么 $\omega'_{m+n} = \omega_j$ 的概率就可以以 (p_{ij}) 求出. 然而, 矩阵 (p_{ij}) 没有决定开始分布, 也就是第 0 次 (即最初次) 试验中 $\omega'_0 = \omega_i$ 的概率, 不能由 (p_{ij}) 表达, 因而有必要引进初始分布:

$$q_i = \mathbb{P}(\omega'_0 = \omega_i) \quad (i = 0, 1, \cdots),$$

显然有

$$q_i \geqslant 0, \quad \sum_i q_i = 1. \tag{5.70}$$

因此, Markov 链的概率法则完全由 $(\mathbb{P}_{ij})$ 及 (q_i) 所决定.

注记 5.7.3   伴随着每一 Markov 链 $\{E_i\}$, 可以定义随机变量列 $\{X_i\}$ 如下: 对任意固定的 i, 令

$$X_i = j, \quad \text{如果} \omega_i' = \omega_j, \tag{5.71}$$

即如果第 i 次试验出现 ω_j, 那么定义 X_i 为 j, 即第 i 次试验结果的下标. 因而每个 X_i 只能取值非负整数, 随机变量列 $\{X_i\}$ 记录了这一列试验的结果. 通常也称 $\{X_i\}$ 为 Markov 链, 并将 $\{i\}$ 的值代数 $\{0, 1, 2, \cdots\}$ 称为此 Markov 链的状态空间. 利用 $\{X_i\}$ 可将 (5.58) 改写为

$$\mathbb{P}(X_{m+k} = i_{m+k} | X_m = i_m, X_{j_l} = i_{j_l}, \cdots, X_{j_2} = i_{j_2}, X_{j_1} = i_{j_1})$$
$$= \mathbb{P}(X_{m+k} = i_{m+k} | X_m = i_m), \tag{5.72}$$

其中 $i_{m+k}, i_m, i_{j_l}, \cdots, i_{j_2}, i_{j_1}$ 为任意非负整数.

5.7.2 例子

例 5.7.2   设 $\{E_i\}, i = 0, 1, 2, \cdots$ 为独立随机试验列. E_i 有相同的样本空间 $\Omega = \{\omega_0, \omega_1, \omega_2, \cdots\}$, 而且第 i 次试验中 E_i 出现 ω_j 的概率 p_j 与 i 无关, 则 E_i 是一 Markov 链.

事实上, 由独立性

$$p_{ij} = \mathbb{P}(\omega_{m+1}' = \omega_j | \omega_m' = \omega_i) = \mathbb{P}(\omega_{m+1}' = \omega_j) = p_j \quad (i, j = 0, 1, 2, \cdots),$$

且

$$\mathbb{P}(\omega_{m+k}' | \omega_m' \omega_{j_l} \cdots \omega_{j_2}' \omega_{j_1}') = \mathbb{P}(\omega_{m+k}')$$

及

$$\mathbb{P}(\omega_{m+k}' | \omega_m') = \mathbb{P}(\omega_{m+k}'),$$

有

$$\mathbb{P}(\omega_{m+k}' | \omega_m' \omega_{j_l} \cdots \omega_{j_2}' \omega_{j_1}') = \mathbb{P}(\omega_{m+k}' | \omega_m'),$$

i.e.$\{E_i\}$ 为 Markov 链. 特别, Bernoulli 试验是 Markov 链. 此 Markov 链的转移矩阵为

$$P = (p_{ij}) = \begin{pmatrix} p_0 & p_1 & p_2 & \cdots \\ p_0 & p_1 & p_2 & \cdots \\ \vdots & \vdots & \vdots & \end{pmatrix}.$$

例 5.7.3　设质点 M 在整数点集 $\{0,1,2,\cdots,a\}$ 上做随机游走, 每经一单位时间按下列概率规则改变一次位置: 如果它现在位于点 $j(0<j<a)$ 上, 则下一步以概率 $p(0<p<1)$ 转移到 $j+1$, 以概率 q 到 $j-1$, $q=1-p$; 如果它现在在 0(或 a), 它以后就永远停留在 0(或 a). 将每次位移看成一次随机试验 E_i, 把 j 看成 ω_j, 那么 $\{E_j\}$ 构成一个 Markov 链, 因为质点下一步移到某点 k 上的概率只依赖于它现在的位置而不依赖于过去的位置. 此时 $a+1$ 阶方程

$$P=\begin{pmatrix} 1 & 0 & 0 & 0 & \cdots & 0 & 0 & 0 \\ q & 0 & p & 0 & \cdots & 0 & 0 & 0 \\ 0 & q & 0 & p & \cdots & 0 & 0 & 0 \\ \vdots & \vdots & \vdots & \vdots & & \vdots & \vdots & \vdots \\ 0 & 0 & 0 & 0 & \cdots & q & 0 & p \\ 0 & 0 & 0 & 0 & \cdots & 0 & 0 & 1 \end{pmatrix}$$

为转移概率矩阵. 其中 0 与 a 称为吸引状态.

例 5.7.4　将例 5.7.3 一般化: 设质点在 $(\omega_0,\omega_1,\omega_2,\cdots)$ 上做随机运动, 每经一单位时间, 改变一次位置, 如果它现在在 ω_i, 那么它下一步转移到 ω_j 的概率为 p_{ij}, 这概率依赖于现在所在的位置 ω_i, 而与过去无关. 将每次位移看成一次随机试验, 于是 M 的一列位移构成 Markov 链 $P=(p_{ij})$.

例 5.7.5(Wright-Fisher 遗传模型)　遗传性质的携带者称为基因, 它们位于染色体上, 基因控制着生物的特征, 它们是成对出现的, 控制同一特征的不同基因称为等位基因, 记这对等位基因为 A 和 a, 分别称为显性的、隐性的. 在一个总体中基因 A 和 a 出现的频率称为基因频率, 分别记为 p 和 $1-p$.

设总体中的个体数为 $2N$, 每个个体的基因按 A 型基因的基因频率的大小在下一代中转移为 A 型基因. 因此, 繁殖出的第二代的基因是由试验次数为 $2N$ 的 Bernoulli 试验所确定的, 即如果在第 n 代母体中 A 型基因出现了 i 次, a 型基因出现了 $2N-i$ 次, 则下一代出现 A 型基因的概率为 $p_i=\dfrac{i}{2N}$, 而出现 a 型基因的概率为 $1-p_i=\dfrac{2N-i}{2N}$.

记 X_n 为第 n 代中携带基因 A 型的个体数, 则随机变量列 $\{X_n\}$ 是一个状态空间为 $E=\{0,1,2,\cdots,2N\}$ 的时齐 Markov 链, 其转移概率矩阵为 $P=(p_{ij})_{0\leqslant i,j\leqslant 2N}$, 其中

$$\begin{aligned} p_{ij} &= \mathbb{P}\{X_{n+1}=j|X_n=i\} \\ &= \binom{2N}{j}p_i^j(1-p_i)^{2N-j} \\ &= \binom{2N}{j}\left(\frac{i}{2N}\right)^j\left(\frac{2N-i}{2N}\right)^{2N-j}. \end{aligned}$$

5.7.3　遍历性

Markov 链理论中的一个重要问题是: 何时此链具有遍历性?

称 Markov 链具有遍历性, 如果对一切 i, j, 存在不依赖于 i 的极限

$$\lim_{n \to \infty} p_{ij}(n) = p_j, \tag{5.73}$$

其中 $p_{ij}(n)$ 是此链的 n 步转移概率.

(5.73) 的直观意义: 不论质点自哪一个状态 ω_i 出发, 当转移步数 n 充分大以后, 到达 ω_j 的概率都接近于 p_j. 因而, 当 n 充分大以后, 可用 p_j 作为 $p_{ij}(n)$ 的近似值.

下面的定理给出遍历性的一个充分条件及 p_j 的求法. 为简明起见, 这里只讨论有穷链.

定理 5.7.6　*对有穷的 Markov 链, 如果存在 s, 使得*

$$p_{ij}(s) > 0 \tag{5.74}$$

对一切 $i, j = 1, 2, \cdots, k$ 成立, 则此链是遍历的; 且 (5.73) 中的 $(p_1, p_2, \cdots, p_k)$ 是方程组

$$p_j = \sum_{i=1}^{k} p_i p_{ij} \quad (j = 1, 2, \cdots, k) \tag{5.75}$$

的满足条件

$$p_j > 0, \quad \sum_{j=1}^{k} p_j = 1 \tag{5.76}$$

的唯一解.

证明　分三步.

第一步　证 (5.73) 成立, i.e. 遍历性为真. 由 (5.69), 对 $n > 1$, 有

$$p_{ij}(n) = \sum_{l=1}^{k} p_{il} p_{lj}(n-1) \geqslant \min_{1 \leqslant l \leqslant k} p_{lj}(n-1) \sum_{l=1}^{k} p_{il} = \min_{1 \leqslant l \leqslant k} p_{lj}(n-1),$$

上式对一切 $i \geqslant 1$ 成立, 故

$$\min_{1 \leqslant i \leqslant k} p_{ij}(n) \geqslant \min_{1 \leqslant l \leqslant k} p_{lj}(n-1),$$

从而存在极限

$$\lim_{n \to \infty} \min_{1 \leqslant i \leqslant k} p_{ij}(n) = \overline{p}_j \geqslant 0.$$

同理可证

$$\max_{1\leqslant i\leqslant k} p_{ij}(n) \leqslant \max_{1\leqslant i\leqslant k} p_{ij}(n-1),$$

$$\lim_{n\to\infty} \max_{1\leqslant i\leqslant k} p_{ij}(n) = \overline{\overline{p}}_j \geqslant 0.$$

如果能证

$$\lim_{n\to\infty} \max_{1\leqslant i,l\leqslant k} |p_{ij}(n) - p_{lj}(n)| = 0, \tag{5.77}$$

则 $\overline{p}_j = \overline{\overline{p}}_j$, 从而 (5.73) 成立, 且 $p_j = \overline{p}_j = \overline{\overline{p}}_j$.

为证 (5.77), 取 $n > s$, 由引理 5.7.1 中 (5.66), 有

$$p_{ij}(n) = \sum_{r=1}^{k} p_{ir}(s)p_{rj}(n-s),$$

$$p_{ij}(n) - p_{lj}(n) = \sum_{r=1}^{k} p_{ir}(s)p_{rj}(n-s) - \sum_{r=1}^{k} p_{lr}(s)p_{rj}(n-s)$$

$$= \sum_{r=1}^{k} [p_{ir}(s) - p_{lr}(s)]p_{rj}(n-s). \tag{5.78}$$

如果 $p_{ir}(s) - p_{lr}(s) > 0$, 则定义 $\alpha_{il}^{(r)} = p_{ir}(s) - p_{lr}(s)$, 如果 $p_{ir}(s) - p_{lr}(s) \leqslant 0$, 则定义 $\beta_{il}^{(r)} = p_{lr}(s) - p_{ir}(s)$. 由于

$$\sum_{r=1}^{k} p_{ir}(s) = \sum_{r=1}^{k} p_{lr}(s) = 1,$$

可见

$$\sum_{r=1}^{k} [p_{ir}(s) - p_{lr}(s)] = \sum_{(r)} \alpha_{il}^{(r)} - \sum_{(r)} \beta_{lr}^{(r)} = 0, \tag{5.79}$$

这里, 第一个 $\sum_{(r)}$ 表示对一切使 $\alpha_{il}^{(r)}$ 有定义的 r 求和. 第二个和 $\sum_{(r)}$ 同理. 因此, 有

$$h_{il} = \sum_{(r)} \alpha_{il}^{(r)} = \sum_{(r)} \beta_{il}^{(r)}$$

由条件 (5.74), 对一切 l, r, 有 $p_{lr}(s) > 0$, 所以

$$\sum_{(r)} \alpha_{il}^{(r)} < \sum_{l=1}^{k} p_{il}(s) = 1$$

从而 $0 \leqslant h_{il} < 1$; 又因链是有穷的, 知

$$0 \leqslant h = \max_{1 \leqslant i, l \leqslant k} h_{il} < 1. \tag{5.80}$$

由 (5.78), 得

$$
\begin{aligned}
|p_{ij}(n) - p_{lj}(n)| &= \left| \sum_{(r)} \alpha_{il}^{(r)} p_{rj}(n-s) - \sum_{(r)} \beta_{il}^{(r)} p_{rj}(n-s) \right| \\
&\leqslant \left| \max_{1 \leqslant r \leqslant k} p_{rj}(n-s) \sum_{(r)} \alpha_{il}^{(r)} - \min_{1 \leqslant r \leqslant k} p_{rj}(n-s) \sum_{(r)} \beta_{il}^{(r)} \right| \\
&\leqslant h | \max_{1 \leqslant r \leqslant k} p_{rj}(n-s) - \min_{1 \leqslant r \leqslant k} p_{rj}(n-s)| \\
&\leqslant h \cdot \max_{1 \leqslant i, l \leqslant k} |p_{ij}(n-s) - p_{lj}(n-s)|,
\end{aligned}
$$

上式对一切 i, l 成立, 所以

$$\max_{1 \leqslant i, l \leqslant k} |p_{ij}(n) - p_{lj}(n)| \leqslant h \cdot \max_{1 \leqslant i, l \leqslant k} |p_{ij}(n-s) - p_{lj}(n-s)|.$$

利用此式 $\left[\dfrac{n}{s}\right]$ 次, 得

$$
\begin{aligned}
&\max_{1 \leqslant i, l \leqslant k} |p_{ij}(n) - p_{lj}(n)| \\
&\leqslant h^{\left[\frac{n}{s}\right]} \cdot \max_{1 \leqslant i, l \leqslant k} \left| p_{ij}\left(n - \left[\frac{n}{s}\right]s\right) - p_{lj}\left(n - \left[\frac{n}{s}\right]s\right) \right| \\
&\leqslant h^{\left[\frac{n}{s}\right]}. \tag{5.81}
\end{aligned}
$$

当 $n \to \infty$ 时, $\left[\dfrac{n}{s}\right] \to \infty$, 由 (5.80), 知 (5.77).

第二步　证明 $\{p_1, p_2, \cdots, p_k\}$ 满足 (5.75) 及 (5.76). 由 (5.69) 有

$$p_{lj}(n+1) = \sum_{i=1}^{k} p_{li}(n) p_{ij}, \tag{5.82}$$

对任意 l 成立. 令 $n \to \infty$, 得

$$p_j = \sum_{i=1}^{k} p_i \cdot p_{ij}(n) \quad (j = 1, 2, \cdots, k),$$

即 $(p_1, p_2, \cdots, p_k)$ 满足 (5.75). 再在 $\sum\limits_{j=1}^{k} p_{lj}(n) = 1$ 中, 令 $n \to \infty$, 得

$$\sum_{j=1}^{k} p_j = 1. \tag{5.83}$$

下面证明: 对任一组满足 (5.75) 的 $p_1, p_2, \cdots, p_k$ 以及任意的正整数 n, 有

$$p_j = \sum_{i=1}^{k} p_i p_{ij}(n) \quad (j = 1, 2, \cdots, k). \tag{5.84}$$

事实上, $n = 1$ 时, (5.84) 即为 (5.75), 故为真. 设 (5.84) 对 $n = m$ 成立, 以 p_{jl} 乘 (5.84) 两边, 并对 j 求和, 再利用 (5.75) 即得

$$\begin{aligned} p_l &= \sum_{j=1}^{k} p_j p_{jl} = \sum_{j=1}^{k} \sum_{i=1}^{k} p_i p_{ij}(m) p_{jl} \\ &= \sum_{i=1}^{k} p_i \sum_{j=1}^{k} p_{ij}(m) p_{jl} \\ &= \sum_{i=1}^{k} p_i p_{il}(m+1) \quad (l = 1, 2, \cdots, k), \end{aligned}$$

所以 (5.84) 对 $n = m + 1$ 成立. 于是 (5.84) 对 $n \geqslant 1$ 为真.

显然, 由 (5.75), 知 $p_j \geqslant 0$; 如果有某 j 使 $p_j = 0$, 则在 (5.84) 中, 取 $n = s$, 得

$$0 = \sum_{i=1}^{k} p_i p_{ij}(s),$$

但由 (5.74) 知一切 $p_{ij}(s) > 0$, 故为使上式成立, 必须对一切 $p_i = 0 (i = 1, 2, \cdots, k)$. 而这与 (5.83) 矛盾, 故 (5.76) 成立.

第三步 最后证 (5.73) 中的极限 (5.75), (5.76) 的唯一性. 假如某一组数 $\{v_1, v_2, \cdots, v_k\}$ 也满足 (5.75), (5.76). 由 (5.84) 得

$$v_j = \sum_{i=1}^{k} v_i p_{ij}(n) \quad (i = 1, 2, \cdots, n).$$

令 $n \to \infty$, 并注意 (5.76) 对 $\{v_1, v_2, \cdots, v_k\}$ 也成立, 得

$$v_j = \sum_{i=1}^{k} v_i p_j = p_j \sum_{i=1}^{k} v_i = p_j.$$

唯一性得证.

例 5.7.7 设 Markov 链只有三个状态, 它的转移概率矩阵为

$$P = \begin{pmatrix} q & p & 0 \\ q & 0 & p \\ 0 & q & p \end{pmatrix}$$

其中 $0 < p < 1, q = 1-p$. 这矩阵给出如下的在 $(0,1,2)$ 上的随机游走: 自 0 出发, 下一步停留在 0 的概率为 q, 来到 1 的概率为 p; 自 1 出发, 到 0 及 2 的概率分别为 q 与 p; 自 2 出发, 停留在 2 及 1 的概率分别为 p 与 q. 对 $s = 1, p_{ij}(s) > 0 (i \leqslant i, j \leqslant 3)$ 不满足, 但对 $s = 2$,

$$p_{ij}(2) = \sum_{k=1}^{3} p_{ik}p_{kj}, \quad 1 \leqslant i, j \leqslant 3,$$

故

$$P = (p_{ij}(2))_{1 \leqslant i,j \leqslant 3} = \begin{pmatrix} q^2 + pq & pq & p^2 \\ q^2 & 2pq & p^2 \\ q^2 & pq & pq + q^2 \end{pmatrix}$$

的元素 $p_{ij}(s) > 0, 1 \leqslant i, j \leqslant 3$. 故 (5.73) 对 $s = 2$ 时成立, 从而此 Markov 链具有遍历性:

$$\lim_{n \to \infty} p_{ij}(n) = p_j \quad (i, j = 1, 2, 3).$$

为求 $p_j (j = 1, 2, 3)$, 列出方程 (5.75), 有

$$\begin{cases} p_1 = p_1 q + p_2 q, \\ p_2 = p_1 p + p_3 q, \\ p_3 = p_2 p + p_3 p. \end{cases} \tag{5.85}$$

由此得到 $p_2 = \dfrac{p}{q} p_1, p_3 = \left(\dfrac{p}{q}\right)^2 p_1$. 由 (5.76) 及 $\sum_{j=1}^{3} p_j = 1$, 得

$$p_1 \left[1 + \frac{p}{q} + \left(\frac{p}{q}\right)^2 \right] = 1.$$

如果 $p = q = \dfrac{1}{2}$, 则得 $p_1 = p_2 = p_3 = \dfrac{1}{3}$, 这表明在极限情形三状态是等可能的; 如果 $p \neq q$, 则有

$$p_j = \frac{1 - \frac{p}{q}}{1 - (\frac{p}{q})^3} \left(\frac{p}{q}\right)^{j-1} \quad (j = 1, 2, 3).$$

$\square$

例 5.7.8 作为遍历性不成立的平凡的例子, 考虑转移矩阵为

$$P = \begin{pmatrix} 1 & 0 \\ 0 & 1 \end{pmatrix}$$

的 Markov 链. 由于 $P^n = P$, 可见

$$p_{11}(n) = p_{22}(n) = 1, \quad p_{12}(n) = p_{21}(n) = 0.$$

由于 $\lim\limits_{n \to \infty} p_{11}(n) \neq \lim\limits_{n \to \infty} p_{12}(n)$, 故遍历性不成立.

5.7.4　连续参数 Markov 链

另一种情况的 Markov 链, 它的状态空间仍然是离散的, 但时间是连续变化的, 称为连续参数 Markov 链.

定义 5.7.1　设 $\{C_t\}_{t\geqslant 0}$ 为一列取值非负整数值的随机过程. 称随机变量列为连续参数 Markov 链, 如果对任意 $s, t \geqslant 0, 0 \leqslant u < s$, 有

$$\mathbb{P}(C_{s+t}|C_s, C_u, 0 \leqslant u < s) = \mathbb{P}(C_{t+s}|C_s),$$

则称随机变量列 $\{C_t\}_{t\geqslant 0}$ 为连续参数 Markov 链.

连续参数 Markov 链与 (5.58) 的意义类似.

令 $P_{ij}(s, s+t)$ 表示第 s 次的结果在状态 i, 第 $s+t$ 次的结果在状态 j 的条件概率 ($i, j \geqslant 0$ 为整数), 即

$$P_{ij}(s, s+t) = \mathbb{P}(X_{s+t} = j|X_s = i),$$

称 $P_{ij}(s, s+t)$ 为转移概率. 一般来说, $P_{ij}(s, s+t)$ 不仅依赖于 i, j, t, 还依赖于 s, 如果

$$P_{ij}(s, s+t) = \mathbb{P}(X_{s+t} = j|X_s = i) = \mathbb{P}(X_t = j|X_0 = i) = P_{ij}(0, t),$$

称此 Markov 链为齐次的.

以下我们考虑齐次连续参数 Markov 链.

记 $p_{ij}(t) = P_{ij}(s, s+t)$, $\mathcal{P}(t) = (p_{ij}(t))_{ij}$ 为转移概率矩阵. 转移概率矩阵 $\mathcal{P}(t)$ 有性质:

(1) $p_{ij}(t) \geqslant 0, t \geqslant 0$;

(2) $\sum\limits_{j} p_{ij}(t) = 1, t \geqslant 0$;

(3) 满足 C-K 方程: $\mathcal{P}(t+s) = \mathcal{P}(t)\mathcal{P}(s)$;

(4) $\lim\limits_{t \to 0} \mathcal{P}(t) = I$.

对于任意 $t \geqslant 0$, 记

$$p_j(t) = \mathbb{P}(X_t = j), \quad p_j = p_j(0) = \mathbb{P}(X_t = j),$$

分别称 $\{p_j(t)\}$ 和 $\{p_j\}$ 为齐次连续参数 Markov 链的绝对概率分布和初始概率分布, 其中 $j \geqslant 0$ 为整数.

绝对概率分布 $\{p_j(t)\}$ 和初始概率分布 $\{p_j\}$ 的性质如下:

(1) $p_j(t) \geqslant 0$;

(2) $\sum\limits_{j} p_j(t) = 1$;

(3) $p_j(t) = \sum\limits_i p_i p_{ij}(t)$;

(4) $p_j(t+s) = \sum\limits_i p_i(t) p_{ij}(s)$;

(5) $P(X_{t_1} = i_1, \cdots, X_{t_n} = i_n) = \sum\limits_i p_i p_{ii_1}(t_1) p_{i_1 i_2}(t_2 - t_1) \cdots p_{i_{n-1} i_n}(t_n - t_{n-1})$.

设 $\mathcal{P}(t) = (p_{ij}(t))$ 为齐次转移矩阵, 如果它满足

$$\lim_{t \to 0+} p_{ij}(t) = \delta_{ij}, \tag{5.86}$$

则称它为标准的, (5.86) 称为标准性条件.

　　注记 5.7.4　标准性条件是很自然的, 它表示如果 t 很小, 那么从 i 出发, 经过 t 后仍在 i 的概率接近 1, 同时转移矩阵的一些性质也可以用标准转移矩阵来研究. 许多实际问题中出现的马氏链大都满足 (5.86).

　　注记 5.7.5　(5.86) 等价于

$$\lim_{t \to 0+} p_{ii}(t) = 1.$$

　　下面考虑转移矩阵 $\mathcal{P}(t)$ 的可微性.

　　引理 5.7.9　标准转移矩阵 $\mathcal{P}(t)$ 中的每一个 $p_{ij}(t)$ 在 $(0, \infty)$ 中都有有穷的连续导数 $p'_{ij}(t)$.

　　对于 $p_{ij}(t)$ 在 0 点的导数, 有

　　定理 5.7.10　设 $\mathcal{P}(t) = (p_{ij}(t))$ 为标准转移矩阵, 则存在极限 (可能无穷)

$$-\infty \leqslant \lim_{t \to 0+} \frac{p_{ii}(t) - 1}{t} = p'_{ii}(0) \leqslant 0.$$

　　定理 5.7.11　设 $\mathcal{P}(t)$ 为标准转移矩阵, 则存在有穷极限

$$0 \leqslant \lim_{t \to 0+} \frac{p_{ij}(t)}{t} = p'_{ij}(0) \leqslant -p'_{ii}(0).$$

记 $q_{ii} \equiv p'_{ii}(0) = -q_i$, $q_{ij} = p'_{ij}(0)$, 称矩阵

$$Q = (q_{ij}) \tag{5.87}$$

为 $\mathcal{P}(t) = (p_{ij}(t))$ 的密度矩阵. 实际问题中, Q 往往比标准转移矩阵 $\mathcal{P}(t)$ 更容易求.

　　反之, 对满足下面条件的密度矩阵 Q,

$$0 \leqslant q_{ij} \quad (i \neq j), \quad \sum_{j \neq i} q_{ij} = -q_{ii} \equiv q_i < \infty \tag{5.88}$$

如果转移矩阵 $\mathcal{P}(t) = (p_{ij}(t))$ 与 Q 有如下关系:

$$\lim_{t \to 0} \frac{p_{ij}(t) - \delta_{ij}}{t} = q_{ij}, \tag{5.89}$$

则称 $\mathcal{P}(t) = (p_{ij}(t))$ 为 Q 转移矩阵, 以 Q 转移矩阵 $\mathcal{P}(t)$ 为转移概率的 Markov 链 $\{C_t\}_{t \geqslant 0}$ 称为 Q 过程.

注记 5.7.6 满足 (5.89) 的 $\mathcal{P}(t) = (p_{ij}(t))$ 可能不唯一, 此时, Q 转移矩阵一般不唯一. 如果把具有相同 $\mathcal{P}(t) = (p_{ij}(t))$ 的 Q 过程等同起来, 那么 Q 转移矩阵与 Q 过程是一一对应的.

定理 5.7.12 对满足条件 (5.88) 的矩阵 Q, 标准转移矩阵 $\mathcal{P}(t) = (p_{ij}(t))$ 是 Q 转移矩阵的充要条件是它满足

$$\mathcal{P}'(t) = Q\mathcal{P}(t), \tag{5.90}$$

或等价的

$$p'_{ij}(t) = -q_i p_{ij}(t) + \sum_{k \neq i} q_{ik} p_{kj}(t), \tag{5.91}$$

其中 $\mathcal{P}'(t) = (p'_{ij}(t))$

证明 可参见 [7].

注记 5.7.7 (5.90) 或 (5.91) 称为 Kolmogorov 向后方程组.

注记 5.7.8 (5.90) 恒有标准转移矩阵解, 这种解如不唯一, 则必有无穷多个.

例 5.7.13 Poisson 过程 $\{C_t\}_{t \geqslant 0}$ 为齐次连续参数 Markov 链.

例 5.7.14 设 $\{C_t\}_{t \geqslant 0}$ 为齐次连续参数 Markov 链, 具有标准转移概率矩阵 $\mathcal{P}(t) = (p_{ij}(t))$, 称 $\{C_t\}_{t \geqslant 0}$ 为生灭过程, 如果它的密度矩阵 Q 具有下面形式

$$Q = \begin{pmatrix} -b_0 & b_0 & 0 & \cdots & 0 & 0 & 0 & \cdots \\ a_1 & -(a_1 + b_1) & b_1 & \cdots & 0 & 0 & 0 & \cdots \\ \vdots & \vdots & \vdots & & \vdots & \vdots & \vdots & \\ 0 & 0 & 0 & \cdots & a_n & -(a_n + b_n) & b_n & \cdots \\ \cdots & \cdots & \cdots & & \cdots & \cdots & \cdots & \cdots \end{pmatrix}, \tag{5.92}$$

即 Q 满足

$$q_{ii+1} = b_i, \quad q_{ii-1} = a_i, \quad q_{ii} = -(a_i + b_i), \quad q_{ij} = 0 \quad (|i - j| > 1),$$

这里 $b_i > 0 (i \geqslant 0)$, $a_i > 0 (i > 0)$. 定义 $a_0 = 0$.

(5.92) 中矩阵称为生灭矩阵.

生灭过程在许多领域如排队论、生物学、物理学、传染病学中有重要应用, 详见 [7].

例 5.7.15   信用风险即违约风险, 是指合约的交易对手没有履行金融合约中所规定的义务的可能性, 一旦交易对手没有履行义务, 那么违约事件发生. 信用衍生产品使得公司能够像对市场风险那样对信用风险交易. 公司可以主动地管理自己的信用风险, 在保留一些信用风险后, 将其余的利用信用衍生品来保护. 最流行的信用衍生产品之一就是信用违约互换 (dredit default swap), 即 CDS. 每个 CDS 均有两方, 即信用保护的卖出方和买入方, CDS 给买入方提供了对某家公司的信用风险, 这里涉及的某家公司称为参考方, 而该公司违约称为信用事件. CDS 的买入方在信用事件发生时有权利将违约公司债券以债券面值的价格卖给 CDS 的卖出方.

Markov 链的一些性质, 对信用风险定价起着十分重要的作用.

对含有对手信用风险的 CDS 涉及如下四个状态:

- 参考方和 CDS 卖方均未违约;
- 参考方违约但 CDS 卖方未违约;
- 参考方未违约但 CDS 卖方违约;
- 参考方和 CDS 卖方均违约.

分别用 1,2,3,4 来表示以上四个状态, 那么

- $C_t = 1$ 表示参考公司和 CDS 卖方均未违约;
- $C_t = 2$ 表示参考公司违约但 CDS 卖方未违约;
- $C_t = 3$ 表示参考公司未违约但 CDS 卖方违约;
- $C_t = 4$ 表示参考公司和 CDS 卖方均违约.

这样, 得到了一个连续时间 Markov 链 $\{C_t\}_{t \geqslant 0}$, 设相应的转移密度矩阵为 $Q(t)$, 其中元素 q_{ij} 表示从状态 i 到状态 j 的状态转移密度. 假设参考公司和 CDS 卖方的违约互相不影响, 即转移密度矩阵服从 Markov Copula 条件: $q_{24} = q_{13} + q_{14}$, $q_{34} = q_{12} + q_{14}$, 那么转移密度矩阵可写为

$$Q(t) = \begin{pmatrix} -(q_{12}+q_{13}+q_{14}) & q_{12} & q_{23} & q_{14} \\ 0 & -(q_{13}+q_{14}) & 0 & q_{13}+q_{14} \\ 0 & 0 & -(q_{12}+q_{14}) & q_{12}+q_{14} \\ 0 & 0 & 0 & 0 \end{pmatrix}.$$

可以结合信用违约定价的结构化方法计算含有对手信用风险的 CDS 价格 (可参考 [8]).

更多关于连续参数 Markov 链的内容本节暂不进行介绍, 可参见有关应用随机过程书籍.

习 题 5

1. 设 f 与 g 两个可积函数, 且关于 σ-代数 $\mathscr{B}$ 可测. $\mathscr{B}_0 \subset \mathscr{B}$ 为生成 $\mathscr{B}$ 的代数. 如果 $\int_A f d\mathbb{P} = \int_A g d\mathbb{P}$ 对一切 $A \in \mathscr{B}_0$ 成立, 则 $f = g$, $\mathbb{P}$-a.s.

2. 如果对一切 $A \in \mathscr{F}$, $\lambda(A) \geqslant 0$. 证明: $f(\omega) \geqslant 0$, a.e.

3. 如果 Ω 为可数集, 且对每个单点集 $\omega \in \Omega$, $\mu(\omega) > 0$, 证明: 任何符号测度 λ 都是关于 μ 绝对连续的, 并计算 Radon-Nikodym 导数.

4. 设 $F(\cdot)$ 为定义在 $\mathbb{R}^1$ 上满足 $F(0) = 0$, $F(1) = 1$ 的分布函数, α 为 $[0,1]$ 上对应于 F 的概率测度. 如果 $F(x)$ 满足 Lipschitz 条件

$$|F(x) - F(y)| \leqslant A|x - y|,$$

且 m 为 $[0,1]$ 上的 Lebesgue 测度, 证明

(i) $\alpha \ll m$;

(ii) $0 \leqslant \dfrac{d\alpha}{dm} \leqslant A$.

5. 设 γ, λ 与 μ 为三个非负测度, 使得 $\gamma \ll \lambda$ 且 $\lambda \ll \mu$, 那么 $\gamma \ll \mu$, 且

$$\frac{d\gamma}{d\mu} = \frac{d\gamma}{d\lambda} \cdot \frac{d\lambda}{d\mu}, \quad \text{a.e.}$$

6. 设 λ 与 μ 为非负测度, 满足 $\lambda \ll \mu$ 且 $\dfrac{d\lambda}{d\mu} = f$. 证明: g 关于 λ 为可积的当且仅当 g, f 关于 μ 为可积的, 且

$$\int_\Omega g(\omega) d\lambda = \int_\Omega g(\omega) f(\omega) d\mu.$$

7. 设 $\mathscr{F}_1 \subset \mathscr{F}_2 \subset \mathscr{F}$ 为 $\mathscr{F}$ 的两个子 σ-代数, X 为任意可积的随机变量, 令 $X_i = \mathbb{E}[X|\mathscr{F}_i] (i = 1, 2)$,

证明:

$$X_1 = \mathbb{E}[X_2 \mid \mathscr{F}_1], \quad \text{a.e.}$$

8. 如果 $\{X_n\}$ 为鞅, 使差分 $Y_n = X_n - X_{n-1} (n = 1, 2, \cdots)$ 全为平方可积的, 证明: $\mathbb{E}[Y_n Y_m] = 0$ $(n \neq m)$, 且

$$\mathbb{E}[X_n^2] = \mathbb{E}[X_0^2] + \sum_{j=1}^n \mathbb{E}[Y_j^2].$$

如果进而, $\sup_n \mathbb{E}[X_n^2] < \infty$, 证明存在随机变量 X 满足

$$\lim_{n \to \infty} \mathbb{E}[|X_n - X|^2] = 0.$$

9. 证明: 对任意非负正数 k, $\tau(\omega) \equiv k$ 为一个停时.

10. 证明: 如果 τ 为停时, 且 $f : T \to T$ 为非增函数, 满足 $f(t) \geqslant t, t \in T$, 那么 $\tau^*(\tau) = f(\tau(\omega))$ 仍为一个停时.

11. 证明: 如果 τ_1, τ_2 为两个停时, 那么 $\tau_1 \vee \tau_2 = \max(\tau_1, \tau_2)$ 及 $\tau_1 \wedge \tau_2 = \min(\tau_1, \tau_2)$ 亦为停时. 特别, 任何停时 $\tau = \tau(\omega)$ 均可表示为有界停时 $\tau_n(\omega)(\tau_n(\omega) = \tau(\omega) \wedge n)$ 递增的极限, 即

$$\tau(\omega) = \lim_{n \to \infty} \tau_n(\omega), \quad \omega \in \Omega.$$

12. 证明: (i) 对任何停时 τ, $\mathscr{F}_\tau$ 确为子 σ-代数, 即 $\mathscr{F}_\tau$ 关于可数可加性及求余运算是封闭的;

(ii) 如果 $\tau(\omega) \equiv k$, 那么 $\mathscr{F}_\tau \equiv \mathscr{F}_k$;

(iii) 如果 τ_1, τ_2 为两个停时, 且 $\tau_1 \leqslant \tau_2$, 那么 $\mathscr{F}_{\tau_1} \subset \mathscr{F}_{\tau_2}$;

(iv) 如果 τ 为停时, 那么 $\tau(\cdot)$ 为 $\mathscr{F}_\tau$-可测的.

13. 如果 $\{X_n(\omega)\}$ 为定义在可测空间 $(\Omega, \mathscr{F})$ 上的可测函数列, 使得对每个 $n \in T$, $X_n(\cdot)$ 为 $\mathscr{F}_n$-可测的, 那么在 $\mathscr{F}_\tau$-可测集合 $\{\omega : \tau(\omega) < \infty\}$ 上, 函数 $X_\tau(\omega) = X_{\tau_\omega}(\omega)$ 为 $\mathscr{F}_\tau$-可测的.

14. 停时的有界性是重要的. 取 $X_0 = 0$, 且

$$X_n = \xi_1 + \xi_2 + \xi_3 + \cdots + \xi_n, \quad n \geqslant 1,$$

其中 $\{\xi_i\}_{i \geqslant}$ 为独立同分布的随机变量列, 且

$$\mathbb{P}\{\xi_i = 1\} = \frac{1}{2} = \mathbb{P}\{\xi_i = -1\}, \quad i = 1, 2, \cdots.$$

令

$$\tau = \inf\{n : X_n = 1\},$$

则 τ 为停时, 且 $\mathbb{P}\{\tau < \infty\} = 1$, 但 τ 为无界的. 显然, $\mathbb{P}\{X_\tau = 1\} = 1$, 且 $\mathbb{E}[X_\tau] = 1 \neq 0$

对无界停时, 需转化处理. 设停时 τ 为无界的, 对每个 $k \geqslant 1$, 令 $\tau_k = \tau \wedge k$, 则 τ_k 为有界停时, 且对 $k \geqslant 1$, 有 $\mathbb{E}[X_{\tau_k}] = 0$. 当 $k \to \infty$ 时, $\tau_k \uparrow \tau$ 且 $X_{\tau_k} \to X_\tau$. 如果我们能建立 $\{X_{\tau_k}\}$ 的一致可积性, 我们能通过取极限得到 $\mathbb{E}[X_\tau] = \lim_{k \to \infty} \mathbb{E}[X_{\tau_k}] = 0$.

特别, 当 $\sup\limits_{0 \leqslant n \leqslant \tau(\omega)} |X_n(\omega)|$ 为可积函数时, 那么 $\sup\limits_k |X_{\tau_k}(\omega)| \leqslant S(\omega)$ 且 $\mathbb{E}[X_\tau] = 0$.

15. 取 $X_n = \sum\limits_{i=1}^n \xi_i$ 如练习 8. 证明: 如果 τ 为满足 $\mathbb{E}[\tau] < \infty$ 的停时, 那么

$$\sup_{1 \leqslant n \leqslant \tau(\omega)} |X_n(\omega)|$$

为平方可积的, 且 $\mathbb{E}[X_\tau] = 0$.

提示: 先证 $\{X_n^2 - n\}_{n \geqslant 0}$ 为鞅, 然后应用这一事实证之.

16. 令 $\{\xi_j\}_{j=1}^n$ 定义为

$$\xi_j = \begin{cases} 1, & p = \frac{1}{2}, \\ -1, & 1 - p = \frac{1}{2}, \end{cases} \quad (j = 1, 2, \cdots).$$

$X_n = \sum\limits_{j=1}^{n} \xi_j$. 设 Z_n 为 X_n 的鞅变换, 定义为

$$Z_n = \sum_{j=1}^{n} a_{j-1}(\omega)\xi_j = Z_{n-1} + a_{n-1}(\omega)[X_n - X_{n-1}],$$

其中 $a_j(\omega)$ 为 $\mathscr{F}_j$-可测的, $\mathscr{F}_j = \sigma\{\xi_1, \xi_2, \cdots, \xi_j\}$ 为由 $\{\xi_j\}_{j=1}^{n}$ 生成的 σ-代数, 计算期望 $\mathbb{E}[|Z_n|^2]$.

17. 将 Doob 不等式推广到连续参数鞅: 如果 $\{M_t\}_{t \geqslant 0}$ 为连续参数鞅, E_t 为事件

$$E_t = \{\omega : \sup_{0 \geqslant s \geqslant t} |M(s, \omega)| \geqslant l\},$$

那么

$$\mathbb{P}(E_l) \leqslant \frac{1}{l} \int_{E_l} |M_t| d\mathbb{P} \leqslant \frac{1}{l} \int_{\Omega} |M_t| d\mathbb{P},$$

且

$$\mathbb{P}(E_l) \leqslant \frac{1}{l^2} \int_{E_l} |M_t|^2 d\mathbb{P}.$$

18. 证明: 如果 τ_1, τ_2 为停时, 那么 $\tau_1 \vee \tau_2$ 及 $\tau_1 \wedge \tau_2$ 也是停时.

19. 证明: 如果函数 $f(x)$ 满足 $f(x) \geqslant x$, 那么对任意的停时 τ, $f(\tau)$ 也是停时; 特别, 如果 τ 为停时, 对任何正整数 k, $\tau_k = \dfrac{[k\tau] + 1}{k}$ 一定为停时. 其中 $[y]$ 表示不超过 y 的整数.

20. 由练习 14 的结果证明: 如果 $\tau = \tau(\omega)$ 为有界停时, 则存在一列停时 $\{\tau_k\}_{k \geqslant 1}$, 满足 $\tau_k \geqslant \tau, (k = 1, 2, \cdots)$, $\tau_k \to \tau(k \to \infty)$ 且 τ_k 仅取有限个值.

21. 如果 $0 \leqslant \tau_1 \leqslant \tau_2$ 为两个停时, 则 $\mathscr{F}_{\tau_1} \subset \mathscr{F}_{\tau_2}$.

参 考 文 献

[1] 王梓坤. 1976. 概率论基础及其应用. 北京: 科学出版社.

[2] Shiryaev A N. Probability. 2nd ed. New York: Springer, 1996.

[3] 汪嘉冈. 2005. 现代概率论基础. 2 版. 上海: 复旦大学出版社.

[4] Ross S M. 2010. A First course in probability. 8th ed. Upper Saddle River: Pearson Prentice Hall.

[5] 严士健, 王隽骧, 刘秀芳. 2015. 概率论基础. 2 版. 北京: 科学出版社.

[6] Ross S M. 2014. Introduction to probability models. 11th ed. New York: Academic Press.

[7] 施利亚耶夫 A H. 2008. 随机金融基础 (第一卷, 第二卷). 史树中, 译. 北京: 高等教育出版社.

[8] 王玉文, 刘冠琦, 王紫, 等. 2015. 随机金融数学引论. 北京: 科学出版社.

[9] 王梓坤. 1980. 生灭过程与马尔科夫链. 北京: 科学出版社.

[10] 任学敏, 魏嵬, 姜礼尚, 等. 2014. 信用风险估值的数学模型与案例分析. 北京: 高等教育出版社.

附录 A   在保险精算中的应用

A.1   条件期望在保险精算中的应用

A.1.1   保单组合的定价

在非寿险精算中, 有三个重要的随机变量, 分别是损失次数、损失金额和累计损失. 其中, 损失次数通常指因保险事故造成被保险人经济损失的次数, 损失金额是指因保险事故造成被保险人每次经济损失的金额, 累计损失是指因为保险事故造成被保险人总的经济损失.

累计损失的分布模型有个体风险模型和聚合风险模型两种, 其中聚合风险模型将整个保单组合视为一个整体, 并进一步考虑其在保险期间发生的累计损失.

假定存在一个保单组合, 用 N 表示该保单组合在一年内因保险事故而发生损失的次数, 用 X_i 表示该保单组合的第 i 次损失的损失金额, 从而 N 和 $X_i(i = 1, 2, \cdots, N)$ 都是随机变量. 为了简化分析, 我们进一步假设每次损失的金额 $X_i(i = 1, 2, \cdots, N)$ 独立同分布, 且与 N 相互独立, 从而累计损失 Z 可以表示为

$$Z = X_1 + X_2 + \cdots + X_N.$$

根据精算等价原则, 该保单组合的年缴纯保费等于累计损失随机变量 Z 的数学期望, 即

$$P = \mathbb{E}[Z].$$

上式的计算可以根据连续型随机变量数学期望的计算公式, 通过下式求解,

$$P = \mathbb{E}[Z] = \int_{\Omega} z \cdot f_Z(z) dz,$$

其中, Ω 表示累计损失 Z 的样本空间, $f_Z(z)$ 表示累计损失 Z 的密度函数. 累计损失 Z 的分布取决于损失次数 N 和损失金额 X_i 的分布, 称作复合分布, 其计算上往往比较复杂, 通常采用卷积、近似、递推和随机模拟等方法进行. 这就导致年缴纯保费 P 的计算困难, 并且存在精度低的潜在风险.

年缴纯保费的计算还可以借助条件期望的方法实现. 在已知损失次数 N 和损失金额 X_i 的数学期望的条件下, 利用条件期望可以很容易地得到该保单组合的纯保费预测, 结果如下所示:

$$P = \mathbb{E}[Z] = \mathbb{E}\left[\sum_{i=1}^{N} X_i\right]$$

$$= \mathbb{E}_N\left[\mathbb{E}_X\left[\sum_{i=1}^{n} X_i \mid N = n\right]\right]$$

$$= \mathbb{E}_N[n \cdot \mathbb{E}_X[X]]$$

$$= \mathbb{E}_N[N] \cdot \mathbb{E}_X[X].$$

条件期望的运用使得在计算过程中, 避免了利用卷积、近似等方法求解 $f_Z(z)$ 的过程, 同时也避免了复杂的积分运算.

上述例子中所涉及的条件期望的计算较为简单, 是随机变量在其整个样本空间上的条件期望. 还存在其他一些比较复杂的情况, 需要考虑连续型随机变量在其样本空间的某一子空间上的条件期望.

A.1.2　天气指数保险定价

指数保险以特定的指数代替实际损失作为赔偿基础, 当实际指数达到合同约定的赔付标准时, 保险公司进行赔偿. 指数保险以客观的、公开的指标作为赔偿基础, 具有结构透明、管理成本低、不易发生道德风险和逆向选择等优点.

天气指数保险是国内外应用最为广泛的一种指数保险类型. 它基于作物产量和天气指标之间的相依关系, 利用天气指标预测产量, 并利用预测产量与正常产量的差额确定保险损失.

用随机变量 Y 表示作物产量, 随机变量 W 表示天气指标, 作物产量和天气指标之间存在相依关系, 用 $f_{Y,W}(y, w)$ 表示 Y 和 W 的联合密度函数, 可以得到给定天气指标条件下的产量的条件分布

$$f_{Y|W}(y \mid W = w) = \frac{f_{Y,W}(y, w)}{g_W(w)},$$

其中, $g_W(w)$ 为天气指标 W 的密度函数. 基于该条件分布即可得到给定天气指标的条件期望产量

$$\mu_{Y|W}(w) = \mathbb{E}[Y \mid W = w].$$

上式反映了作物产量和天气指标之间的非线性相依关系, 当给定天气指标 $W = w$ 时, 可以得到产量的预测值 $\mu_{Y|W}(w)$, 我们将之称为气象产量, 用 y_c 表示天气指数保险的保障产量, 当气象产量低于保障产量时, 赔付差额, 从而得到赔付函数

$$I(W) = [y_c - \mu_{Y|W}(w) \mid \mu_{Y|W}(w) \leqslant y_c, 0 \mid \mu_{Y|W}(w) > y_c],$$

进一步地, 可以得到天气指数保险的费率

$$P = \mathbb{E}[I(W)] = \int_{\{w: \mu_{Y|W}(w) \leqslant y_c\}} [y_c - \mu_{Y|W}(w)] g_W(w) dw.$$

A.2 Markov 链在保险精算中的应用

A.2.1 多状态模型

多状态模型是概率论中的一种特殊的随机过程, 其索引集是时间, 并且在任意时间点, 过程处于任意有限 (或无限) 状态 (称为状态空间) 中的值. 多状态模型的核心内容是其状态空间和状态之间的转移概率. 状态空间是对象的所有可能的状态构成的空间 (数学表示), 转移概率描述对象在各种状态之间的随机运动. 通常, 对象是一个人, 但也可以是其他感兴趣的机制、合同或者天气等.

近年来, 多状态模型得到了广泛的应用. 很多我们熟悉的问题都可以在多状态模型框架下建模, 下面就几种典型的多状态模型进行介绍.

1. 生存死亡模型

生存死亡模型是最简单的多状态模型. 模型有两种状态: 生存、死亡. 在任何时刻, 一个人只能处于两种状态之一, 并且可以从生存状态转换为死亡状态, 但是无法从死亡状态装换为生存状态. 状态转换如图 1 所示.

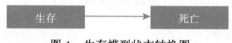

图 1 生存模型状态转换图

2. 多元风险模型

在一些更复杂的保险合同中, 规定了保单的多种可能的状态, 保险给付的金额需要根据保单的状态而定, 同时还要考虑状态转移的情况, 如养老金保险、伤残保险、疾病保险等. 这些保险合同将保单状态的转移和保险给付结合起来, 根据状态的发生确定给付金额, 根据转移矩阵确定给付发生的概率, 并依据此计算保费等. 图 2 描述了双重赔偿意外死亡保险.

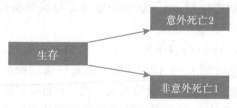

图 2 双风险模型

在图 2 所示的保险中, 若被保险人因意外死亡则可以得到双倍的赔偿. 在这种情况下, 我们需要知道一个活着的被保险人因意外而死亡的概率及其非意外死亡的概率.

在多元风险模型中还可以包括更多的状态, 譬如, 在伤病收入保险中, 被保险人在伤病后可获得定期的给付, 而有些伤病收入保险的定期给付额将因工作能力丧失的原因不同而不同, 如疾病导致的工作能力丧失与事故导致的工作能力丧失可能不同, 而且, 被保险人还可能因为死亡、解约、残疾或期满而终止保险, 此时保险公司是否给付以及给付多少均因事故不同而不同.

3. 多生命模型

另一个经常使用的多状态模型是多生命模型. 对于一些保险产品, 以多个被保险人的生存或死亡为给付条件, 并根据多个生命体的生存情况的不同, 保险赔付有所差异. 比如, 有一些夫妻共同投保的保险产品仅在双方死亡时才支付死亡赔偿金, 用以保障孩子的基本生活需求; 而其他保险则在第一个人死亡时支付, 用以保障留下来的人的生活需求; 年金以被保险人的存活为给付条件, 在其存活期内进行周期性的系列给付, 但是有些年金的给付是根据群体的存活状况确定生存给付, 全部生存和只有一个还活着的情况下有不同的利益, 金额可能还取决于哪一个还活着. 图 3 描绘了两生命模型.

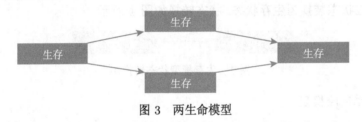

图 3   两生命模型

A.2.2   多状态模型的 Markov 性

分析多状态模型的基本工具是 Markov 链. Markov 链的定义我们在第 5 章介绍过了, 它是具有无记忆性并存在有限个或可列个状态的随机过程. 也就是说, 如果一个多状态模型, 具有无记忆性, 那么这个多状态模型构成一个 Markov 链. 进一步地, 如果一个多状态模型, 离开状态的概率还与状态所处的时间无关, 那么这个多状态模型构成一个齐次 Markov 链.

在保险实践中, Markov 性并不总是成立的. 例如失能收入保险, 被保险人在时刻 t 处于残疾状态, 在时刻 $t+s$ 该被保险人恢复健康的概率不仅依赖于时刻 t 的状态, 而且还取决于被保险经历残疾的时间长度. 下面我们针对上面列举的几种多状态模型, 具体阐述 Markov 性质及齐次性质所代表的实际含义及其合理性.

1. 生存死亡模型

在生存死亡模型中, 状态只能从生存转移到死亡, 而无法从死亡转移到生存. 在计算转移概率的时候, 初始状态通常是生存, 那么之前时刻的状态也是生存的,无记忆性自然满足. 正常来说, 转移的概率是会随着初始时刻而发生变化, 也就是说个体死亡的概率与其年龄有关, Markov 链非齐次. 但是, 在寿命的指数分布假定下, 个体在任意年龄死亡的概率是常数, 此时 Markov 链是齐次的.

2. 多元风险模型

多元风险模型和生存死亡模型类似, 如图 2 所示, 状态只能从生存出发, 转移到意外死亡或者非意外死亡, 无记忆性自然满足.

3. 多元生命模型

在多元生命模型中, 如图 3 所示, 模型包括三种类型的状态: 两个人都生存, 只有一个人生存, 两个人都死亡. 状态的转移只能发生在从两个人生存的状态转移到一个人生存的状态 (简记转移 1) 和从一个人生存的状态转移到全部死亡 (简记转移 2) 两种情况. Markov 性即是要求, 在转移 2 中, 转移发生的概率只与年龄有关, 而与丧偶的时间长度无关. 一个人死亡的可能性可能取决于配偶是否还活着, 而不是取决于丧偶的时间, 这可能是一个合理的假设.

A.2.3 离散 Markov 链和连续参数 Markov 链

Markov 链的索引集通常是时间, 并随时处于任意有限状态 (称为状态空间) 中. 根据 Markov 链的时间的取值不同, 可以将 Markov 链分成离散 Markov 链和连续参数 Markov 链.

1. 离散 Markov 链

离散 Markov 链是指时间和状态都离散的 Markov 链. 在离散 Markov 链中, 我们仅跟踪整数时刻的状态, 尽管转换可以随时发生, 但我们只关心在时间 k 和 $k+1$ 之间是否发生了转换, 其中 k 是整数, 并不关心确切的转换时间.

假设 Markov 链有 $n+1$ 种状态, 用 $P(k)$ 表示 k 时刻的转移矩阵,

$$P(k) = \begin{pmatrix} p_{00}(k) & \cdots & p_{0j}(k) & \cdots & p_{0n}(k) \\ \vdots & & \vdots & & \vdots \\ p_{i0}(k) & \cdots & p_{ij}(k) & \cdots & p_{in}(k) \\ \vdots & & \vdots & & \vdots \\ p_{n0}(k) & \cdots & p_{nj}(k) & \cdots & p_{nn}(k) \end{pmatrix}.$$

此时, Markov 链在不同状态之间的转移概率与状态起始时刻有关, 每个时间都需要一个矩阵来描述状态之间的转移规律. 若 Markov 链是齐次的, 则有 $P(k) = P$, 此时, 只需要用一个转移矩阵就可以描述整个 Markov 链的转移过程. 此外, 在齐次

Markov 假定下, 用 P 表示一步转移矩阵, 那么根据 Chapman-Kolmogorov 方程, l 步转移后的转移矩阵为 P^l.

下面看一个简单的例子.

设任意相继的两天中, 雨天转晴天的概率为 $\frac{1}{3}$, 晴天转雨天的概率为 $\frac{1}{2}$, 任一晴或雨是互为逆事件. 也就是说, Markov 链是齐次的, 用一个矩阵既可以描述所有时刻状态转移的规律, 以 0 表示晴天状态, 以 1 表示雨天状态. 那么, Markov 链的一步转移矩阵为

$$P = \begin{pmatrix} \frac{1}{2} & \frac{1}{2} \\ \frac{1}{3} & \frac{2}{3} \end{pmatrix}.$$

进一步地, Markov 链的两步转移矩阵为

$$P^2 = \begin{pmatrix} \frac{5}{12} & \frac{7}{12} \\ \frac{7}{18} & \frac{11}{18} \end{pmatrix}.$$

如果已知 5 月 1 日为晴天, 那么 5 月 3 日为晴天的概率为

$$p_{00}(2) = \frac{5}{12}.$$

齐次 Markov 链的性质简单, 在很多场景下又具有合理性. 下面我们先讨论齐次 Markov 链中状态的性质.

在齐次离散 Markov 链中, 核心内容是其状态空间和状态之间的转移概率. 状态空间是对象的所有可能的状态构成的空间 (数学表示), 转移概率描述对象在各种状态之间的随机运动. 根据 Markov 链的各种状态之间的互相转换方式, 可以对状态进行分类.

相通状态   如果从状态 i 经有限步可达状态 j, 那么称状态 i **可达**状态 j. 进一步, 如果状态 j 也可以到达 i, 那么就称状态 i 和状态 j 是**相通**的. 特别地, 状态 i 和自身是相通的.

状态的相通具有等价性. 如果状态 i 和 j 是相通的, 状态 j 和 k 是相通的, 那么状态 i 和 k 也是相通的. 也就是说相通关系是等价关系. 彼此相通的状态构成一个**等价类**. 如果一个 Markov 链只包含一个等价类, 那么就称此 Markov 链是**不可约**的.

常返状态和非常返状态   给定状态 i, 以 r_i 表示过程从 i 出发, 经有限步返回 i 的概率. 如果 $r_i = 1$, 就称状态 i 是**常返**的. 如果 $r_i < 1$, 称状态是**非常返**的. 对常返状态 i, 从 i 出发, 过程会无穷多次返回 i. 对非常返状态, 从 i 出发, 过程只有有限多次返回 i.

当 Markov 链的状态空间有限时, 并且对某个状态 i, $r_i < 1$, 若用 X 表示 Markov 链返回状态 i 的次数, 则 X 服从几何分布 geometric(r_i),

$$\mathbb{P}(X = x) = r_i(1 - r_i)^{x-1}, \quad x = 1, 2, \cdots.$$

根据上述性质, 还可以计算 Markov 链返回某一非常返状态的期望次数.

吸收状态　如果 $p_{ii} = 1$, 称状态 i 是**吸收状态**. 也就是说, 从状态 i 出发只能返回其自身, 而无法到达其他状态. 譬如, 在寿险保单中, 被保险人的死亡就是一种吸收状态.

下面看一个具体的例子.

给定转移概率矩阵

$$P = \begin{pmatrix} 0.8 & 0.1 & 0.1 \\ 0.2 & 0.8 & 0 \\ 0 & 0 & 1 \end{pmatrix},$$

可以看出:

(1) 状态 2 是吸收状态;

(2) 从状态 0 出发, 可以到达状态 2, 但是从状态 2 不能达到状态 0, 所以状态 0 和 2 不相通;

(3) 状态 0 和 1 相通, 所以它们构成了一个等价类;

(4) 对应于转移概率矩阵 P 的 Markov 链是可约的, 它包含两个等价类, 即 $\{0, 1\}$ 和 $\{2\}$.

如果 Markov 链包含至少一个吸收状态, 那么经过有限步转移后, 每个非吸收状态会到达某个吸收状态. 过程不管从哪个状态出发, 总会到达吸收状态. 就像是一个人, 一生中会经历健康、疾病、或者贫穷、富贵, 但是总会面临死亡. 既然如此, 那么一个 Markov 链, 从某个非常返状态 i 出发, 在到达某个吸收状态之前, 会到达非常返状态 j 的预期次数是多少呢? 同样的, Markov 链从非常返状态出发, 需要经过多少步转换, 才会抵达吸收状态呢? 换句话说, 一个健康的人, 在死亡之前发生残疾的概率是多少? 而一个身患残疾的人, 恢复正常的概率是多少? 一个健康的人一生中预期会有多少次身患残疾? 健康的人未来预期还能活多少年?

为了回答上述问题, 我们引入基本矩阵的概念.

基本矩阵Q　假设 Markov 链有 n 种状态, 包含至少一个吸收状态, 而且非吸收状态都是非常返的. 设对状态编号, 使得 $\{0, 1, \cdots, t-1\}$ 是非常返状态, $\{t, \cdots, n-1\}$ 是吸收状态. 以 S 表示转移概率矩阵 P 中对应于非常返状态的子矩阵, 则称 $(I - S)^{-1}$ 为 Markov 链的基本矩阵, 记为 Q, 其中 I 是单位矩阵.

基本矩阵虽然从定义上来看有些抽象, 但是却有着非常重要的现实含义.

假设 Markov 链的状态 i 和 j 非常返 $(i \neq j)$, 从状态 i 出发, 在到达某个吸收状态前, 到达状态 j 的期望次数为 Q_{ij}; 从状态 i 出发, 到达某个吸收状态所需要转换的步数为 $\sum\limits_{j=1}^{t-1} Q_{ij}$; 从状态 i 出发, 到达状态 j 的概率为 $r_{ij} = \dfrac{Q_{ij}}{Q_{jj}}$ $(Q_{jj} > 0$, 因为从状态 j 出发回到状态 j 的次数包括初始次数); 从状态 i 出发, 返回状态 i 的概率为 $r_{ii} = r_i = \dfrac{Q_{ii} - 1}{Q_{ii}}$.

为了加深对上述概念的理解, 请看下面的例子.

已知 Markov 链, 含有四个状态: $(0, 1, 2, 3)$, 转移概率矩阵如下:

$$P = \begin{pmatrix} 0.15 & 0.1 & 0.5 & 0.25 \\ 0.1 & 0.2 & 0 & 0.6 \\ 0 & 0 & 1 & 0 \\ 0 & 0 & 0 & 1 \end{pmatrix},$$

不难发现, 状态 0 和 1 是非常返的, 状态 2 和 3 是吸收状态, 对应的 $n = 4, t = 2$. 则非常返状态的子矩阵 S 为

$$S = \begin{pmatrix} 0.15 & 0.1 \\ 0.1 & 0.2 \end{pmatrix},$$

从而基本矩阵 Q 为

$$Q = (I - S)^{-1} \approx \begin{pmatrix} 1.194 & 0.149 \\ 0.149 & 1.269 \end{pmatrix}.$$

由基本矩阵 Q 的各位置元素所表示的实际含义, 若初始状态为 1, 那么在到达吸收状态之前, 过程到达状态 0 的期望次数为 $Q_{10} = 0.149$; 同理, 若初始状态为 1, 那么在到达吸收状态之前, 过程达到状态 1 的期望次数为 $Q_{11} = 1.269$; 若初始状态为 1, 那么在到达吸收状态之前, 过程所需要的转换步数为

$$\sum_{j=0}^{t-1} Q_{1j} = 0.149 + 1.269 = 1.418,$$

从状态 1 出发, 到达状态的概率为

$$r_{10} = \frac{Q_{10}}{Q_{00}} = \frac{0.149}{1.194} \approx 0.125,$$

从状态 1 出发, 返回状态 1 的概率为

$$r_1 = \frac{Q_{11} - 1}{Q_{11}} = \frac{1.269 - 1}{1.269} \approx 0.212.$$

2. 连续参数 Markov 链

连续参数 Markov 链是指状态空间仍然离散, 但是时间连续取值的 Markov 链. 与离散的 Markov 链不同, 连续参数 Markov 链中状态的转换可以发生在任何时刻.

由于在连续参数 Markov 链中, 时间是连续变化的, 我们不仅仅需要了解对象在某个时间段内的转移概率, 还对任意时间点发生状态转换的概率感兴趣. 为了便于计算, 假定连续参数 Markov 链满足如下假设: 在任意小的时间区间 $(x, x+h)$ 内发生两次及以上的状态转移的概率为 $o(h)$, 即当 $h \longrightarrow 0$ 时, $o(h) \longrightarrow 0$; 在 x 时刻处于状态 i, 在 $x+s$ 时刻处于状态 j 的概率

$$_h p_x^{ij} = \mathbb{P}[Y(x+h) = j \mid Y(x) = i]$$

关于 h 可微.

在 Markov 链的上述假定下, 给出转移概率强度的概念, 定义

$$\mu_x^{ij} = \lim_{h \to 0} \frac{_h p_x^{ij}}{h}$$

为对象在 x 时刻在状态 i 和状态 j 之间的转移概率强度.

转移强度这个概念和寿险精算中的死力是类似的, 都是瞬间变化的度量. 利用转移强度, 可以计算出在指定时间间隔内从一种状态过渡到另一种状态的概率.

用 $_h p_x^{\overline{ii}}$ 表示对象在时间区间 $(x, x+h)$ 内一直处于状态 i 的概率, 即

$$_h p_x^{\overline{ii}} = \mathbb{P}[Y(x+t) = i, \forall t \in [0, h] \mid Y(x) = i].$$

结合转移概率强度的定义, 则有

(1) $_h p_x^{ij} = h \cdot \mu_x^{ij} + o(h)$;

(2) $_h p_x^{ii} =_h p_x^{\overline{ii}} + o(h)$;

进一步可得

(3) $_h p_x^{\overline{ii}} = 1 - h \sum_{j \neq i} \mu_x^{ij} + o(h) = \exp\left(-\int_0^h \sum_{j \neq i} \mu_{x+s}^{ij} ds\right)$;

(4) Kolmogorov 前向方程:

$$\frac{d}{dh} {}_h p_x^{ij} = \sum_{k \neq j} ({}_h p_x^{ik} \mu_{x+h}^{kj} - {}_h p_x^{ij} \mu_{x+h}^{jk}).$$

在利用转移概率强度计算连续参数 Markov 链的区间转移概率时, 可忽略高阶无穷小 $o(h)$, $_h p_x^{ii} \approx_h p_x^{\overline{ii}}$. 连续参数 Markov 链的各种转移概率都可以利用转移概率强度计算求得, 感兴趣的读者可以自己尝试推导, 这里我们不一一阐述.

近年来, Markov 链在保险精算领域得到了广泛的应用. 下面来看 Markov 链在保险精算中的应用案例.

A.2.4　应用案例

Markov 链在保险精算领域有着广泛的应用, 很多我们所熟悉的保险问题都能够利用 Markov 链建模. 在一些寿险保单中, 保险给付的金额需要根据保险合同中规定的被保险人的状态而定, 同时还要考虑状态转移的情况, 如养老金保险、伤残保险、疾病保险等. 这些保险合同将保单状态的转移和保险给付结合起来, 根据状态的发生确定给付金额, 根据转移矩阵确定给付发生的概率, 并依据此计算保费等.

根据净保费的计算原理, 若保费采用趸缴的方式在签单时刻一次性缴纳全部, 则

$$\text{趸缴净保费} = \mathbb{E}(\text{保险给付的现值}),$$

其中, $\mathbb{E}$ 表示数学期望. 若进一步假设利率为 0, 从而

$$\text{趸缴净保费} = \mathbb{E}(\text{保险给付}).$$

下面我们来看一下如何基于 Markov 链方法计算寿险保单的趸缴净保费. 这里我们重点介绍基于离散 Markov 链的保费的计算问题, 连续参数 Markov 链的相关计算在原理上和离散 Markov 链是类似的, 读者可以自己试着练习.

为了简化分析, 下面的案例中, 我们都不考虑利率的影响, 假设利率为 0.

1. Markov 链在寿险中的应用

在不考虑利率的影响下, 趸缴保费即为预期保险赔付的总额, 此时, 对于一些赔付比较简单的险种, 可以利用基本矩阵直接计算保费. 看下面的例子.

保险公司为雇主提供团体残疾保险. 当雇员处于残疾状态时, 每月保险公司支付 500 元. 保险公司应用三状态 Markov 链对每份保单建模, 时间单位为月.

以状态 0, 1, 2 分别表示正常、残疾、死亡. 各种状态之间转移情况如图 4 所示.

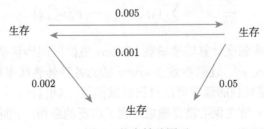

图 4　状态转移图示

根据上述状态转移图, 可以得到 Markov 链的转移矩阵为

$$P = \begin{pmatrix} 0.993 & 0.005 & 0.002 \\ 0.001 & 0.949 & 0.05 \\ 0 & 0 & 1 \end{pmatrix}.$$

从而可以初步判断 0,1 是非常返状态, 2 是吸收状态, 从而非常返状态子矩阵为

$$S = \begin{pmatrix} 0.993 & 0.005 \\ 0.001 & 0.949 \end{pmatrix},$$

进一步可得基本矩阵

$$Q = (I - S)^{-1} \approx \begin{pmatrix} 144.886 & 14.205 \\ 2.841 & 19.886 \end{pmatrix}.$$

若雇员的初始状态为 0(正常), 为非常返状态. 在死亡之前, 他将在残疾状态持续 $Q_{01} = 14.205$ 个月, 每个月得到保险公司的 500 元赔付, 在不考虑利率的情况下, 保险公司的预期支付总额为

$$500 \times 14.205 = 7102.5(元).$$

保险公司的预期支付总额也即该保险的趸缴净保费.

下面我们再来看复杂条件下, 如何基于 Markov 链计算保费.

考虑一个 4 年期人寿保险, 若被保险人在 4 年内死亡, 则可在死亡年度末得到 100 元的死亡赔偿金. 若被保险人在 4 年内伤残, 则可在伤残的年度末得到 100 元的赔偿, 并在后续年度只要被保险人伤残就可以得到 200 元的赔偿.

这个保险可以利用三状态齐次离散 Markov 链建模, 三种状态分别是: 生存 (0)、伤残 (1)、死亡 (2). 转移概率矩阵为

$$P = \begin{pmatrix} 0.7 & 0.2 & 0.1 \\ 0.5 & 0.3 & 0.2 \\ 0 & 0 & 1 \end{pmatrix}.$$

假设投保人通过体检确定身体健康, 并采用趸缴的方式在签单时刻缴纳全部保费, 利率 $i = 0$, 求该保险的趸缴净保费.

上述保险包含两种类型的给付: 死亡给付、伤残给付. 所以在计算净保费的时候, 需要分别计算两种给付的净保费, 并将两笔净保费汇总, 方可得到总的净保费.

1) 死亡给付对应的净保费的计算

计算趸缴净保费, 只需确定被保险人在各年度内死亡的概率. 根据一步转移概率矩阵 P, 可得

$$P^2 = \begin{pmatrix} 0.59 & 0.2 & 0.21 \\ 0.5 & 0.19 & 0.31 \\ 0 & 0 & 1 \end{pmatrix}, \quad P^3 = \begin{pmatrix} 0.513 & 0.178 & 0.309 \\ 0.445 & 0.157 & 0.398 \\ 0 & 0 & 1 \end{pmatrix}.$$

初始时刻的状态为正常 (0), 从而在第一年内死亡的概率为 0.1, 第二年内死亡的概率为 0.21, 第三年内死亡的概率为 0.309. 进一步可得死亡给付的趸缴净保费

$$1000 \times 0.1 + 1000 \times 0.21 + 1000 \times 0.309 = 619(元).$$

2) 伤残给付对应的净保费的计算

根据合同约定, 被保险人可以在伤残年度末, 也就是伤残后的第一个年度初得到 100 元, 若后续年度保持伤残状态, 则可在每年的年初得到 200 元的年金给付. 和死亡给付的趸缴净保费计算过程类似, 可以得到伤残给付的趸缴净保费

$$100 \times 0.2 + 100 \times 0.7 \times 0.2 + 100 \times 0.59 \times 0.2 + 100 \times 0.513 \times 0.2 + 200 \times 0.2 + 200 \times$$
$$0.2 + 200 \times 0.178 = 171.66(元).$$

综合上述两笔保费可得该保险的趸缴净保费为

$$619 + 171.66 = 790.66(元).$$

Markov 链的一些性质, 在非寿险定价中起着十分重要的作用. 在非寿险的保险实践中, 有很多状态转移的具体事例. 下面来看 Markov 链在非寿险中的应用.

2. Markov 链在非寿险中的应用

为了保费的公平性与合理性, 在投保的时候, 保险公司通常会根据风险等级将保单持有人分类, 并在续保的时候, 根据上一保单周期内的索赔记录, 将保单持有人被重新分类, 一个最为典型的例子就是机动车辆保险的奖惩系统. 奖惩系统 (bonus-malus system, BMS, 又称 no-claim discount, NCD), 在整个保险市场中有着广泛的应用, 其中, 最为大家所熟知的就是机动车辆保险的奖惩系统.

机动车辆保险的奖惩系统是一种用于根据年度理赔历史记录来奖励或惩罚驾驶员的系统, 世界各国在机动车保险中普遍施行了奖惩系统. 对上一年度没有发生索赔的投保人, 在下一年度续保的时候提供保费的优惠, 但是, 对上一年度发生索赔的投保人, 在下一年续保的时候提高其保费. 对机动车保险实行奖惩系统可以更好地反映被保险人的风险等级, 减少保险公司小额赔案的费用, 还能够鼓励被保险人谨慎驾驶.

中国保险行业协会 2006 年制定的机动车辆商业保险条款 (B 款) 规定的奖惩系统如表 1 所示.

表 1 中的机动车辆保险的奖惩系统形成了一个 Markov 过程, 该过程存在四个状态, 也即四种奖惩等级, 对应的奖惩系数分别为 $c_1 = 0.7, c_2 = 0.8, c_3 = 0.9, c_4 = 1$, 其转移概率矩阵为

$$P = \begin{pmatrix} p_{11} & p_{12} & p_{13} & p_{14} \\ p_{21} & p_{22} & p_{23} & p_{24} \\ p_{31} & p_{32} & p_{33} & p_{34} \\ p_{41} & p_{42} & p_{43} & p_{44} \end{pmatrix},$$

其中, p_{ij} 表示从第 i 奖惩等级转移到第 j 奖惩等级的概率. 根据表 1 的状态转移规则, 被保险人的续期保费取决于他当年的奖惩系数和赔款次数, 从而转移概率取决于当年发生相应各种赔款次数的概率. 假设被保险人在各年度的赔付次数的分布是不随时间而发生变化的, 用 p_i 表示发生 i 次赔款的概率

$$p_i = \mathbb{P}[N = i],$$

则转移概率矩阵可以表示为

$$P = \begin{pmatrix} p_0 & p_1 & p_2 & 1 - p_0 - p_1 - p_2 \\ p_0 & 0 & p_1 & 1 - p_0 - p_1 \\ 0 & p_0 & 0 & 1 - p_0 \\ 0 & 0 & p_0 & 1 - p_0 \end{pmatrix}.$$

表 1 双风险模型

保费等级	索赔经验	保费系数
1	上三年无赔付记录	0.7
2	上二年无赔付记录	0.8
3	上年无赔款记录	0.9
4	初次投保	1.0
5	上年发生一次赔款	1.0
6	上年发生二次赔款	1.05
7	上年发生三次赔款	1.10
8	上年发生四次赔款	1.20
9	上年发生五次赔款	1.30
10	上年发生五次以上赔款	1.50

3. Markov 链的极限性质及其在天气预报中的应用

用 P 表示 Markov 链的一步转移概率矩阵, 那么 n 步转移概率矩阵为 P^n. 看下面例子.

假设一步转移矩阵 $P = \begin{pmatrix} 0.8 & 0.2 & 0 \\ 0.3 & 0.6 & 0.1 \\ 0.4 & 0.4 & 0.2 \end{pmatrix}$, 设当前状态为 1, 经过两个时间周期后, 根据转移规则, 处于状态 j 的概率为

$$
\begin{aligned}
&\mathbb{P}[X_2 = j \mid X_0 = 1] \\
=& \mathbb{P}[X_1 = i \mid X_0 = 1]\mathbb{P}[X_2 = j \mid X_1 = i] \\
=& p_{1i}p_{ij}, \quad j = 0, 1, 2.
\end{aligned}
$$

如果定义时刻 0 的状态向量为 $(p_0, q_0, r_0) = (0, 1, 0)$, 那么时刻 k 的状态向量为

$$
(p_k, q_k, r_k) = (p_0, q_0, r_0)P^k.
$$

在时刻 2 过程处于各种状态的概率为

$$
(p_2, q_2, r_2) = (0, 1, 0) \begin{pmatrix} 0.8 & 0.2 & 0 \\ 0.3 & 0.6 & 0.1 \\ 0.4 & 0.4 & 0.2 \end{pmatrix} \begin{pmatrix} 0.8 & 0.2 & 0 \\ 0.3 & 0.6 & 0.1 \\ 0.4 & 0.4 & 0.2 \end{pmatrix} = (0.46, 0.46, 0.08),
$$

从而可知, 在时刻 2 过程处于状态 2 的概率为 0.08.

上面例子, 我们考虑的是 Markov 链的有限步转移概率, 下面我们考虑极限情况, 看一个具体的例子.

某城市天气变化可用 Markov 链描述, 它有如下特征:

(1) 每天的天气是三种状态之一: 晴、云、雨;

(2) 如果当天是晴, 下一天出现晴, 云、雨的概率分别是 0, 0.5, 0.5;

(3) 如果当天是云, 下一天出现晴, 云、雨的概率分别是 0.25, 0.25, 0.5;

(4) 如果当天是雨, 下一天出现晴, 云、雨的概率分别是 0.25, 0.5, 0.25;

则关于天气变化的转移概率矩阵为

$$
P = \begin{pmatrix} 0 & 0.5 & 0.5 \\ 0.25 & 0.25 & 0.5 \\ 0.25 & 0.5 & 0.25 \end{pmatrix}.
$$

那么, 很久之后的某一天, 出现晴天的概率是多少呢?

这一问题所考虑的条件与现在的天气状况无关, 也就是说, 现在的天气状况可能是三种状态中的任意一种, 我们用状态 $i(i = 1, 2, 3)$ 表示; 而未来的天气状况是确

定的晴天, 我们用状态 1 表示. 求解这一随机事件发生的概率, 也即求解 $\lim\limits_{n\to\infty} p_{i1}^{(n)}$, 其中, $p_{i1}^{(n)}$ 表示从状态 i 到状态 1 的 n 步转移概率.

不失一般性的, 我们假设存在 m 种状态, 若 $\lim\limits_{n\to\infty} p_{ij}^{(n)}$ 存在, 记为 $\pi_j = \lim\limits_{n\to\infty} p_{ij}^{(n)}$, 则由 $P^{n+1} = P^n P$ 和 Fatou 引理, 我们有

$$\pi_j \geqslant \sum_i \pi_i p_{ij},$$

进一步地,

$$1 \geqslant \sum_j \pi_j \geqslant \sum_j \sum_i \pi_i p_{ij} = \sum_i \pi_i \sum_j p_{ij} = \sum_i \pi_i = 1,$$

从而等号成立, 既

$$(\pi_1, \cdots, \pi_m) = (\pi_1, \cdots, \pi_m)P = (\pi_1, \cdots, \pi_m)P^n, \quad n \geqslant 0,$$

并且 $\sum\limits_{j=1}^{m} \pi_j = 1$.

上述结论就是著名的 Markov 链定理 (极限定理).

Markov 链定理 如果一个非周期 Markov 链存在 m 种状态, 具有转移概率矩阵 P, 且它的任何两个状态都是连通的, 那么 $\lim\limits_{n\to\infty} p_{ij}^{(n)}$ 存在且与 i 无关, 记 $\pi_j = \lim\limits_{n\to\infty} p_{ij}^{(n)}, i = 1, 2, \cdots, m; j = 1, 2, \cdots, m$, 则有

(1) $\pi_j = \sum\limits_{i=1}^{m} \pi_i p_{ij}$;

(2) $\boldsymbol{\pi} = (\pi_1, \cdots, \pi_m)$ 是 $\boldsymbol{\pi}P = \boldsymbol{\pi}$ 的唯一非负解;

(3) $\sum\limits_{i=1}^{m} \pi_i = 1$,

称 $\boldsymbol{\pi}$ 为马氏链的平稳分布.

上述定理即是说, 对于一个 Markov 链, 无论当前状态如何, 经过很多步的转移后, 都将趋近于一个稳定状态. 借助上述结论, 我们就可以解决前面所提到的天气预测的问题.

求解方程组

$$(\pi_1, \pi_2, \pi_3)\begin{pmatrix} 0 & 0.5 & 0.5 \\ 0.25 & 0.25 & 0.5 \\ 0.25 & 0.5 & 0.25 \end{pmatrix} = (\pi_1, \pi_2, \pi_3),$$

可得

$$(\pi_1, \pi_2, \pi_3) = (0.2, 0.4, 0.4),$$

也就是说, 经过很多天之后, 出现晴天的概率是 0.2.

4. Markov 链的极限性质在随机模拟中的应用

　　Markov 链 Monte Carlo(MCMC) 算法是一类算法的统称, 在生成随机变量或者处理复杂计算方面非常有用. Bayes 理论框架下, 模拟后验样本就经常使用 MCMC 方法. 其基本思想就是建立在 Markov 链的 Markov 链定理的基础上的, 通过令 Markov 链的平稳分布为待估参数的后验分布, 利用 Markov 链产生后验分布样本, 并利用 Markov 链达到平稳分布时的样本进行参数估计.

参 考 文 献

[1]　孟生旺, 刘乐平, 肖争艳. 2015. 非寿险精算学. 3 版. 北京: 中国人民大学出版社.

[2]　张连增. 2010. 寿险精算. 北京: 中国财政经济出版社.

[3]　Dickson D C M, Hardy M R, Waters H R. 2013. Actuarial mathematics for life contingent risks. Cambridge: Cambridge University Press.

附录 B 在信用联结票据中的应用——用 Markov 链方法对含交易对手风险的一篮子参考资产的信用联结票据定价

B.1 引　言

信用联结票据 (Credit-Linked Note, CLN)[1], 是将固定收益证券与信用违约期权相结合的一种信用衍生工具, 是一种向投资者支付高息来补偿参照实体风险的票据. 在信用联结票的交易过程中涉及交易的买卖双方, 这就不得不考虑因为交易对手未能履行合约中约定的义务而造成经济损失的风险. 而考虑一篮子信用联结票据中的信用事件被第 1、2 或第 n 个参考实体的违约触发[2] 是不能满足现实需要的, 应在此基础上进一步考虑交易对手违约的情况.

B.2 Markov 链模型

在对信用联结票据的定价过程中, Markov 链模型是一种常用的方法. 为此, 简单介绍一下这里需要用到的 n 维 Markov Copula 的相关知识.

引理 B.2.1 [2,p.2]　考虑 n 个 Markov 链 $Z_1, Z_2, \cdots, Z_n$ 并且分别在 $S_1, \cdots, S_n$ 中取值, 假设它们的密度矩阵分别为

$$A^{Z_1}(t) = [\alpha_{1}{}_{j_1}^{i_1}(t)]_{i_1,j_1 \in S_1},$$

$$A^{Z_2}(t) = [\alpha_{2}{}_{j_2}^{i_2}(t)]_{i_2,j_2 \in S_2},$$

$$\vdots$$

$$A^{Z_n}(t) = [\alpha_{n}{}_{j_n}^{i_n}(t)]_{i_n,j_n \in S_n}.$$

考虑如下方程组的未知量

$$\sum_{(j_2,j_3,\cdots,j_n)\in S_2\times S_3\times\cdots\times S_n} \lambda_{j_1 j_2\cdots j_n}^{i_1 i_2\cdots i_n}(t) = \alpha_{1 j_1}^{i_1},$$

$$\forall i_2 i_3\cdots i_n, i_2' i_3'\cdots i_n' \in S_2\times S_3\cdots\times S_n, \forall i_1,j_1\in S_1, i_1\neq j_1;$$

$$\sum_{(j_1,j_3,\cdots,j_n)\in S_1\times S_3\times\cdots\times S_n} \lambda_{j_1 j_2\cdots j_n}^{i_1 i_2\cdots i_n}(t) = \alpha_{2 j_2}^{i_2},$$

$$\forall i_1 i_3\cdots i_n, i_1' i_3'\cdots i_n' \in S_1\times S_3\cdots\times S_n, \forall i_2,j_2\in S_2, i_2\neq j_2;$$

$$\vdots$$

$$\sum_{(j_1,j_2,\cdots,j_{n-1})\in S_1\times S_2\times\cdots\times S_{n-1}} \lambda_{j_1 j_2\cdots j_n}^{i_1 i_2\cdots i_n}(t) = \alpha_{n j_n}^{i_n},$$

$$\forall i_1\cdots i_{n-1}, i_1'\cdots i_{n-1}' \in S_1\times\cdots\times S_{n-1}, \forall i_n,j_n\in S_n, i_n\neq j_n;$$

其中 $i_1,j_1\in S_1; \cdots; i_n,j_n\in S_n$, 并且 $(i_1 i_2\cdots i_n)\neq(j_1 j_2\cdots j_n)$.

假设上面的方程组有解, 那么可以得到一个矩阵函数

$$A(t) = [\lambda_{j_1 j_2\cdots j_n}^{i_1 i_2\cdots i_n}(t)]_{i_1 j_1\in S_1,\cdots,i_n j_n\in S_n}.$$

定义 B.2.1 [2,p.2]   一个关于 Markov 链 $Z_1, Z_2, \cdots, Z_n$ 的 Markov Copula 条件指的是满足引理 B.2.1 所有密度矩阵 $A(t)$.

这里用到 $n+1$ 维 Markov 链的构造, 特别, 令 $S_i = (0,1), i = 1,2,\cdots,n,n+1$, 其中, 0 表示没有违约的状态, 1 表示发生违约的状态.

B.3   含交易对手信用风险的一篮子参考资产的首次违约的 CLN 定价

引入完备概率空间 $(\Omega,\mathscr{G},\mathbb{P})$, $\mathscr{G} = \mathscr{F}\cup\mathscr{H}$ 是全部市场信息流, 其中 $\mathscr{F} = \{\mathscr{F}_t\}_{t\geqslant 0}$ 是参考信息流, $\mathscr{H} = \{\mathscr{H}_t^{B_i}\}_{t\geqslant 0}$, $i = 1,2,\cdots n$ 是参考资产违约信息流,

$$\mathscr{H}_t^{B_i} = \sigma\{\tau_{B_i}\leqslant s, s\leqslant t\}, \quad i = 1,2,\cdots,n,$$

τ_{B_i} 为参考资产 B_i 的违约时间, $\mathbb{P}$ 是一个鞅测度.

对于一个购买面值为 1、含对手信用风险的 n 个参考资产的 CLN 投资者来说, 考虑首次违约的现金流:

• 在 n 个参考资产 $B_1, B_2, \cdots, B_n$ 发生第一次违约以及合约到期日 T 前, 获得的利息为常数连续利息率 k;

• 当参考资产 B_i 的第一次违约 $\tau_{(1)} = \min(\tau_{B_i})(i = 1,2,\cdots,n)$ 发生在 CLN 卖方 A 违约以及合约到期日 T 之前时, CLN 买方获得 R_{B_i}, $i = 1,2,\cdots,n$;

• 当 CLN 的卖方违约发生在参考资产第一次违约时间 $\tau_{(1)}$ 之前以及合约到期日 T 之前时, CLN 买方获得 R_A;

- 当第一次违约是参考资产 B_i, B_j 同时发生且在 CLN 卖方 A 违约以及合约到期日 T 之前时, CLN 买方获得 $\min(R_{B_i}, R_{B_j})$, $i, j = 1, 2, \cdots, n$;
- 当第一次违约是参考资产 B_i 与 CLN 卖方 A 同时发生在合约到期日 T 之前时, CLN 买方获得 $R_A R_{B_i}, i = 1, 2, \cdots, n$;
- 当第一次违约是参考资产 B_i, B_j, B_k 同时发生且在 CLN 卖方 A 违约以及合约到期日 T 之前时, CLN 买方获得 $\min(R_{B_i}, R_{B_j}, R_{B_k})$, $i, j, k = 1, 2, \cdots, n$;

$$\vdots$$

- 当第一次违约是参考资产 B_1, B_2, $\cdots$, B_n 同时发生且在 CLN 卖方 A 违约以及合约到期日 T 之前同时违约时, CLN 买方获得 $\min(R_{B_1}, R_{B_2}, \cdots, R_{B_n})$;
- 当第一次违约是参考资产 $B_1, B_2, \cdots B_n$ 与 CLN 卖方 A 在合约到期日 T 之前同时违约时, CLN 买方获得 $R_A \min(R_{B_1}, R_{B_2}, \cdots R_{B_n})$;
- 在合约到期日 T, 获得本金, 其中 $R_{B_i} \in [0,1]$ 为参考资产 B_i 的回收率 $(i = 1, 2 \cdots, n)$, $R_A \in [0,1]$ 为 CLN 卖方 A 的回收率.

借鉴 [3] 中的方法, 在 $t \leqslant T$ 时, 这张含对手信用风险的 n 个参考资产首次违约的信用联结票据的价值过程为

$$
\begin{aligned}
U_t^1 =& \int_t^T k I_{\tau_{B_1} > s} \cdots I_{\tau_{B_n} > s} I_{\tau_A > s} e^{-\int_t^s r_\theta d\theta} ds \\
&+ I_{t \leqslant \tau_{B_1} \leqslant T} I_{\tau_{B_2} > \tau_{B_1}} \cdots I_{\tau_{B_n} > \tau_{B_1}} I_{\tau_A > \tau_{B_1}} R_{B_1} e^{-\int_t^{\tau_{B_1}} r_\theta d\theta} \\
&+ \cdots \\
&+ I_{t \leqslant \tau_{B_n} \leqslant T} I_{\tau_{B_1} > \tau_{B_n}} \cdots I_{\tau_{B_{n-1}} > \tau_{B_n}} I_{\tau_A > \tau_{B_n}} R_{B_n} e^{-\int_t^{\tau_{B_n}} r_\theta d\theta} \\
&+ I_{t \leqslant \tau_A \leqslant T} I_{\tau_{B_1} > \tau_A} \cdots I_{\tau_{B_n} > \tau_A} R_A e^{-\int_t^{\tau_A} r_\theta d\theta} \\
&+ I_{t \leqslant \tau_{B_1} = \tau_{B_2} \leqslant T} I_{\tau_{B_3} > \tau_{B_1}} \cdots I_{\tau_{B_n} > \tau_{B_1}} I_{\tau_A > \tau_{B_1}} \min(R_{B_1}, R_{B_2}) e^{-\int_t^{\tau_{B_1}} r_\theta d\theta} \\
&+ \cdots \\
&+ I_{t \leqslant \tau_{B_{n-1}} = \tau_{B_1} \leqslant T} I_{\tau_{B_1} > \tau_{B_n}} \cdots I_{\tau_{B_{n-2}} > \tau_{B_n}} I_{\tau_A > \tau_{B_n}} \min(R_{B_{n-1}}, R_{B_n}) e^{-\int_t^{\tau_{B_n}} r_\theta d\theta} \\
&+ I_{t \leqslant \tau_{B_1} = \tau_A \leqslant T} I_{\tau_{B_2} > \tau_{B_1}} \cdots I_{\tau_{B_n} > \tau_{B_1}} R_{B_1} R_A e^{-\int_t^{\tau_{B_1}} r_\theta d\theta} \\
&+ \cdots + I_{t \leqslant \tau_{B_n} = \tau_A \leqslant T} I_{\tau_{B_1} > \tau_{B_n}} \cdots I_{\tau_{B_{n-1}} > \tau_{B_n}} R_{B_n} R_A e^{-\int_t^{\tau_{B_n}} r_\theta d\theta} \\
&+ \cdots + I_{t \leqslant \tau_{B_1} = \cdots = \tau_{B_n} \leqslant T} \min(R_{B_1}, \cdots, R_{B_n}) e^{-\int_t^{\tau_{B_1}} r_\theta d\theta} \\
&+ \cdots + I_{t \leqslant \tau_{B_1} = \cdots = \tau_{B_n} = \tau_A \leqslant T} R_A \min(R_{B_1}, \cdots, R_{B_n}) e^{-\int_t^{\tau_{B_1}} r_\theta d\theta} \\
&+ I_{\tau_{B_1} > T} \cdots I_{\tau_{B_n} > T} I_{\tau_A > T} e^{-\int_t^T r_\theta d\theta}.
\end{aligned}
\tag{B.1}
$$

对应的含对手信用风险的 n 个参考资产的首次违约的 CLN 的价格为

$$u_t^1 = \mathbb{E}[U_t^1|\mathscr{G}_t] \tag{B.2}$$

下面将应用 Markov 链方法对含对手信用风险的 n 名首次违约 CLN 进行定价, 通过对 n 名首次违约的现金流进行分析, 含对手信用风险的 $n+1$ 个参考资产的首次违约的 CLN 涉及 2^{n+1} 个状态, 并且用 $1,2,\cdots,2^{n+1}$ 标注这些状态:

$C_t = 1$: $B_1, B_2, \cdots, B_n$ 以及卖方 A 都没有违约;

$C_t = 2$: B_1 违约, 其他参考资产以及卖方 A 都没有违约;

$$\vdots$$

$C_t = n+1$: B_n 违约, 其他参考资产以及卖方 A 都没有违约;

$C_t = C_{n+1}^0 + C_{n+1}^1$: 卖方 A 违约而参考资产 $B_1, B_2, \cdots, B_n$ 未违约;

$C_t = C_{n+1}^0 + C_{n+1}^1 + 1$: B_1, B_2 同时违约, 其他参考资产以及卖方 A 都没有违约;

$$\vdots$$

$C_t = C_{n+1}^0 + C_{n+1}^1 + C_{n+1}^2$: B_n 以及卖方 A 同时违约, 其他参考资产没有违约;

$$\vdots$$

$C_t = C_{n+1}^0 + C_{n+1}^1 + \cdots + C_{n+1}^{n+1} = 2^{n+1}$: $B_1, B_2, \cdots, B_n$ 以及卖方 A 同时违约.

根据 n 维 Markov 链的构造[3], 并且令 $S_i = (0,1)$, $i = 1,2,\cdots,n+1$, 求出相应的转移密度矩阵, 使其满足 Markov Copula 条件, 得到相应的状态转移密度矩阵. 其中 $\lambda_j^i(t)$, $i,j \in \{1,2,\cdots,2^{n+1}\}$ 表示从状态 i 到状态 j 的状态转移密度, 对应的转移概率矩阵 $\Lambda(t) = \{\lambda_j^i(t)\}_{i,j=1,2,\cdots,2^{n+1}}$, 其中 $\lambda_j^i(t) \in \mathscr{F}_t$, 具体形式如下:

$$\begin{pmatrix} \lambda_1^1 & \cdots & \lambda_j^1 & \cdots & \lambda_{2^{n+1}}^1 \\ & & \cdots & & \\ \lambda_1^i & \cdots & \lambda_j^i & \cdots & \lambda_{2^{n+1}}^i \\ & & \cdots & & \\ \lambda_j^{2^{n+1}} & \cdots & \lambda_j^{2^{n+1}} & \cdots & \lambda_{2^{n+1}}^{2^{n+1}} \end{pmatrix}$$

令 $H_t^i = I_{C_t=i}$, $H_t^{ij} = \sum\limits_{0<u\leqslant t} H_{u^-}^i H_u^j$, $i,j = 1,2,\cdots,2^{n+1}$, $t \in \mathbb{R}_+$, 设 $H_0^1 = 1$, 有

$$I_{t\leqslant\tau_{B_1}\leqslant T}I_{\tau_{B_2}>\tau_{B_1}}\cdots I_{\tau_{B_n}>\tau_{B_1}}I_{\tau_A>\tau_{B_1}} = \sum_{0<u\leqslant t} H_{u^-}^1 H_u^2.$$

$$\vdots$$

$$\vdots$$

$$I_{t\leqslant\tau_{B_1}=\tau_{B_2}\leqslant T}I_{\tau_{B_3}>\tau_{B_1}}\cdots I_{\tau_{B_n}>\tau_{B_1}}I_{\tau_A>\tau_{B_1}} = \sum_{0<u\leqslant t} H_{u^-}^1 H_u^{C_{n+1}^0+C_{n+1}^1+1}.$$

$$\vdots$$

$$I_{t\leqslant\tau_{B_1}=\cdots\tau_{B_n}=\tau_A\leqslant T} = \sum_{0<u\leqslant t} H_{u^-}^1 H_u^{2^{n+1}}.$$

根据条件 Markov 链的构造方法[3], 可以得到

$$\mathbb{E}[I_{\tau_{B_1}>t}\cdots I_{\tau_{B_n}>t}I_{\tau_A>t}|\mathscr{F}_t] = e^{-\int_0^t \sum\limits_{i=2}^{2^{n+1}}\lambda_i^1(s)ds}.$$

定理 B.3.1 t 时刻含有对手信用风险的 n 个参考资产的是第一次违约的信用联结票据的价格为

$$u_t^1 = I_{\tau_{B_1}>t}\cdots I_{\tau_{B_n}>t}I_{\tau_A>T}\mathbb{E}\Big[\int_t^T e^{-\int_t^s (r_\theta+\sum\limits_{i=2}^{2^{n+1}}\lambda_i^1(\theta))d\theta}[k + \lambda_2^1(s)R_{B_1}$$

$$+ \lambda_3^1(s)R_{B_2} + \cdots + \lambda_{n+1}^1(s)R_{B_n} + \lambda_{n+2}^1(s)R_A + \lambda_{n+3}^1\min(R_{B_1},R_{B_2})$$

$$+ \cdots + \lambda_{C_{n+1}^0+C_{n+1}^1+C_{n+1}^2}^1 R_A R_{B_n} + \lambda_{C_{n+1}^0+C_{n+1}^1+C_{n+1}^2+1}^1(s)\min(R_{B_1},R_{B_2},R_{B_3})$$

$$+ \cdots + \lambda_{C_{n+1}^0+C_{n+1}^1+\cdots+C_{n+1}^{n+1}}^1(s)R_A\min(R_{B_1},\cdots R_{B_n})]ds$$

$$+ e^{-\int_t^T r_\theta + \sum_{i=2}^{2^{n+1}}\lambda_i^1(\theta)d\theta}|\mathscr{F}_t].$$

证明 对 (B.1) 中的各项分别应用 (B.2) 式求其条件数学期望, 具体如下:

$$\mathbb{E}[\int_t^T kI_{\tau_{B_1}>s}\cdots I_{\tau_{B_n}>s}I_{\tau_A>s}e^{-\int_t^s r_\theta d\theta}ds|\mathscr{G}_t]$$

$$= \frac{I_{\tau_{B_1}>t}\cdots I_{\tau_{B_n}>t}I_{\tau_A>t}}{\mathbb{E}[I_{\tau_{B_1}>t}\cdots I_{\tau_{B_n}>t}I_{\tau_A>t}]}\mathbb{E}[\int_t^T kI_{\tau_{B_1}>s}\cdots I_{\tau_{B_n}>s}I_{\tau_A>s}e^{-\int_t^s r_\theta d\theta}ds|F_t]$$

$$= \frac{I_{\tau_{B_1}>t}\cdots I_{\tau_{B_n}>t}I_{\tau_A>t}}{\mathbb{E}[I_{\tau_{B_1}>t}\cdots I_{\tau_{B_n}>t}I_{\tau_A>t}]}\mathbb{E}[\int_t^T k\mathbb{E}[I_{\tau_{B_1}>s}\cdots I_{\tau_{B_n}>s}I_{\tau_A>s}|\mathscr{F}_t]e^{-\int_t^s r_\theta d\theta}ds|\mathscr{F}_t]$$

$$= I_{\tau_{B_1}>t} \cdots I_{\tau_{Bn}>t} I_{\tau_A>t} \mathbb{E}[\int_t^T k e^{-\int_t^s (r_\theta + \sum_{i=2}^{2^{n+1}} \lambda_i^1(\theta)) d\theta} ds | \mathscr{F}_t],$$

$$\mathbb{E}[I_{\tau_{B_1}>T} \cdots I_{\tau_{Bn}>T} I_{\tau_A>T} e^{-\int_t^T r_\theta d\theta} | \mathscr{G}_t]$$
$$= I_{\tau_{B_1}>t} \cdots I_{\tau_{Bn}>t} I_{\tau_A>t} E[e^{-\int_t^T (r_\theta + \sum_{i=2}^{2^{n+1}} \lambda_i^1(\theta)) d\theta} | F_t],$$

$$\mathbb{E}[I_{t \leqslant \tau_{B_1} \leqslant T} I_{\tau_{B_2}>\tau_{B_1}} \cdots I_{\tau_{Bn}>\tau_{B_1}} I_{\tau_A>\tau_{B_1}} R_{B_1} e^{-\int_t^{\tau_{B_1}} r_\theta d\theta} | \mathscr{G}_t]$$
$$= \frac{I_{\tau_{B_1}>t} \cdots I_{\tau_{Bn}>t} I_{\tau_A>t}}{\mathbb{E}[I_{\tau_{B_1}>t} \cdots I_{\tau_{Bn}>t} I_{\tau_A>t} | \mathscr{F}_t]} \mathbb{E}[\int_t^T I_{t \leqslant \tau_{B_1} \leqslant T} I_{\tau_{B_2}>\tau_{B_1}} \cdots I_{\tau_{Bn}>\tau_{B_1}} I_{\tau_A>\tau_{B_1}} R_{B_1}$$
$$e^{-\int_t^{\tau_{B_1}} r_\theta d\theta} ds | \mathscr{F}_t]$$
$$= \frac{I_{\tau_{B_1}>t} \cdots I_{\tau_{Bn}>t} I_{\tau_A>t}}{\mathbb{E}[I_{\tau_{B_1}>t} \cdots I_{\tau_{Bn}>t} I_{\tau_A>t} | \mathscr{F}_t]} \mathbb{E}[\int_t^T \sum_{0<u \leqslant t} H_{u^-}^1 H_u^2 R_{B_1} e^{-\int_t^u r_\theta d\theta} ds | \mathscr{F}_t]$$
$$= \frac{I_{\tau_{B_1}>t} \cdots I_{\tau_{Bn}>t} I_{\tau_A>t}}{\mathbb{E}[I_{\tau_{B_1}>t} \cdots I_{\tau_{Bn}>t} I_{\tau_A>t} | \mathscr{F}_t]} \mathbb{E}[R_{B_1} \int_t^T e^{-\int_t^u r_\theta d\theta} dH_u^{12} | \mathscr{F}_t]$$
$$= \frac{I_{\tau_{B_1}>t} \cdots I_{\tau_{Bn}>t} I_{\tau_A>t}}{\mathbb{E}[I_{\tau_{B_1}>t} \cdots I_{\tau_{Bn}>t} I_{\tau_A>t} | \mathscr{F}_t]} \mathbb{E}[R_{B_1} \int_t^T e^{-\int_t^u r_\theta d\theta} (dM_u^{12} + \lambda_2^1(u) H_u^1 du | \mathscr{F}_t],$$

M_u^{12} 是一个鞅, 所以 $\mathbb{E}[\int_t^T e^{-\int_t^u r_\theta d\theta} dM_u^{12} | \mathscr{F}_t] = 0^{[3]}$.

从而, 将上式化为

$$\mathbb{E}[I_{t \leqslant \tau_{B_1} \leqslant T} I_{\tau_{B_2}>\tau_{B_1}} \cdots I_{\tau_{Bn}>\tau_{B_1}} R_{B_1} e^{-\int_t^{\tau_{B_1}} r_\theta d\theta} | \mathscr{G}_t]$$
$$= \frac{I_{\tau_{B_1}>t} \cdots I_{\tau_{Bn}>t} I_{\tau_A>t}}{\mathbb{E}[I_{\tau_{B_1}>t} \cdots I_{\tau_{Bn}>t} I_{\tau_A>t} | \mathscr{F}_t]} \mathbb{E}[R_{B_1} \int_t^T e^{-\int_t^u r_\theta d\theta} \lambda_2^1(u) H_u^1 du | \mathscr{F}_t]$$
$$= I_{\tau_{B_1}>t} \cdots I_{\tau_{Bn}>t} I_{\tau_A>t} \mathbb{E}[\int_t^T e^{-\int_t^s r_\theta d\theta} \lambda_2^1(s) R_{B_1} ds | \mathscr{F}_t].$$

同样的, 可以得到其他各项结果, 定理得证.

B.4   含交易对手信用风险的一篮子参考资产的第 i 次违约的 CLN 定价

之前考虑的是在其中一个参考资产发生违约合约就终止的情况, 然而在现实中, 可能存在即使首次违约发生, 但是合约未必终止的情况, 而合约的终止发生在第 i 个资产发生违约的时候. 接下来给出含交易对手信用风险的一篮子参考资产的第 i 次违约的 CLN 定价.

对于一个购买面值为 1、含对手信用风险的 n 个参考资产的 CLN 投资者来说, 根据第 i 次违约的现金流, 得到在 $t \leqslant T$ 时, 这张含对手信用风险的 n 名第 i 次违约 CLN 的价值过程为

$$
V_t^i = \int_t^T k I_{\tau_i > s} I_{\tau_A > s} e^{-\int_t^s r_\theta d\theta} ds + I_{t \leqslant \tau_{(i)} = \tau_{B_1} \leqslant T} I_{\tau_A > \tau_{(i)}} R_{B_1} e^{-\int_t^{\tau_{(i)}} r_\theta d\theta}
$$
$$
+ \cdots + I_{t \leqslant \tau_{B_n} = \tau_{(i)} \leqslant T} I_{\tau_A > \tau_A} R_{B_n} e^{-\int_t^{\tau_{(i)}} r_\theta d\theta} + I_{t \leqslant \tau_A \leqslant T} I_{\tau_{(i)} > \tau_A} R_A e^{-\int_t^{\tau_A} r_\theta d\theta}
$$
$$
+ I_{t \leqslant \tau_{(i)} = \tau_{B_1} = \tau_{B_2} \leqslant T} I_{\tau_A > \tau_{(i)}} \min(R_{B_1}, R_{B_2}) e^{-\int_t^{\tau_{(i)}} r_\theta d\theta}
$$
$$
+ \cdots + I_{t \leqslant \tau_{(i)} = \tau_{B_{n-1}} = \tau_{B_n} \leqslant T} I_{\tau_A > \tau_{(i)}} \min(R_{B_{n-1}}, R_{B_n}) e^{-\int_t^{\tau_{(i)}} r_\theta d\theta}
$$
$$
+ I_{t \leqslant \tau_{(i)} = \tau_{B_1} = \tau_A \leqslant T} R_{B_1} R_A e^{-\int_t^{\tau_{(i)}} r_\theta d\theta} + \cdots
$$
$$
+ I_{t \leqslant \tau_{(i)} = \tau_{B_n} = \tau_A \leqslant T} R_{B_n} R_A e^{-\int_t^{\tau_{(i)}} r_\theta d\theta}
$$
$$
+ \cdots + I_{t \leqslant \tau_{(i)} = \tau_{B_1} = \cdots = \tau_{B_n} \leqslant T} \min(R_{B_1}, \cdots R_{B_n}) e^{-\int_t^{\tau_{(i)}} r_\theta d\theta}
$$
$$
+ \cdots + I_{t \leqslant \tau_{(i)} = \tau_{B_1} = \cdots = \tau_{B_n} = \tau_A \leqslant T} R_A \min(R_{B_1}, \cdots R_{B_n}) e^{-\int_t^{\tau_{(i)}} r_\theta d\theta}
$$
$$
+ I_{\tau_{B_1} > T} \cdots I_{\tau_{B_n} > T} I_{\tau_A > T} e^{-\int_t^T r_\theta d\theta},
$$

其中 $\tau_{(i)}$ 表示将 n 个参考资产的违约时间从小到大排列后的第 i 个数值.

仿照定理 B.3.1 的方法, 可以得到如下结论:

定理 B.4.1 t 时刻含有对手信用风险的 n 个参考资产的第 i 次违约的信用联结票据的价格为

$$
v_t^i = I_{\tau_{(i)} > t} I_{\tau_A > t} \mathbb{E}\Big[\int_t^T e^{-\int_t^s (r_\theta + \sum_{i=2}^{2^{n+1}} \lambda_i^1(\theta))d\theta}[k + \lambda_2^1(s)R_{B_1}
$$
$$
+ \lambda_3^1(s)R_{B_2} + \cdots + \lambda_{n+1}^1(s)R_{B_n} + \lambda_{n+2}^1(s)R_A + \lambda_{n+3}^1 \min(R_{B_1}, R_{B_2})
$$
$$
+ \cdots + \lambda_{C_{n+1}^0 + C_{n+1}^1 + C_{n+1}^2}^1(s)R_A R_{B_n} + \lambda_{C_{n+1}^0 + C_{n+1}^1 + C_{n+1}^2 + 1}^1(s)\min(R_{B_1}, R_{B_2}, R_{B_3})
$$
$$
+ \cdots + \lambda_{C_{n+1}^0 + C_{n+1}^1 + \cdots + C_{n+1}^{n+1}}^1(s)R_A \min(R_{B_1}, \cdots R_{B_n})]ds + e^{-\int_t^T r_\theta + \sum_{i=2}^{2^{n+1}} \lambda_i^1(\theta)d\theta} | \mathscr{F}_t\Big].
$$

参 考 文 献

[1] 何洪华. 2015. 马氏链框架下含对手信用风险的信用联结票据定价. 苏州: 苏州大学.

[2] 崔婷婷, 王玉文. 2016. 用马氏链方法对一篮子参考资产的信用联结票据定价. 哈尔滨师范大学自然科学学报, 4: 1-4.

[3] 任学敏, 魏嵬, 姜礼尚, 等. 2016. 信用风险的估值数学模型与案例分析. 北京: 高等教育出版社.